普通高等教育本科土建类专业系列教材

土木工程识图

主　编　吴艳丽　杨　焱

副主编　武创举　刘亚萍

主　审　姬程飞　王涛涛

北京理工大学出版社
BEIJING INSTITUTE OF TECHNOLOGY PRESS

内容简介

本书编写力求理论联系实际，密切结合专业，条理性强，既简明扼要又突出重点，图文结合，深入浅出，便于学生自学。其主要内容有建筑施工图、结构施工图、建筑给排水施工图、建筑电气工程图、采暖与通风空调工程图、道路工程图、桥梁工程图、涵洞工程图、隧道工程图。

本书可作为土木工程相关专业制图课程的通用教材，也可作为研究生、相关科技人员参考书。

版权专有　侵权必究

图书在版编目（CIP）数据

土木工程识图 / 吴艳丽，杨焱主编. —北京：北京理工大学出版社，2020.1（2023.1重印）

ISBN 978-7-5682-8049-5

Ⅰ. ①土… Ⅱ. ①吴… ②杨… Ⅲ. ①土木工程－建筑制图－识图－高等学校－教材　Ⅳ. ①TU204

中国版本图书馆 CIP 数据核字（2020）第 005539 号

出版发行	/ 北京理工大学出版社有限责任公司
社　　址	/ 北京市海淀区中关村南大街 5 号
邮　　编	/ 100081
电　　话	/（010）68914775（总编室）
	（010）82562903（教材售后服务热线）
	（010）68944723（其他图书服务热线）
网　　址	/ http：//www.bitpress.com.cn
经　　销	/ 全国各地新华书店
印　　刷	/ 北京紫瑞利印刷有限公司
开　　本	/ 787 毫米 × 1092 毫米　1/16
印　　张	/ 20
字　　数	/ 536 千字
版　　次	/ 2020 年 1 月第 1 版　2023 年 1 月第 3 次印刷
定　　价	/ 58.00 元

责任编辑 / 江　立
文案编辑 / 赵　轩
责任校对 / 刘亚男
责任印制 / 李志强

图书出现印装质量问题，请拨打售后服务热线，本社负责调换

前 言

本书在充分分析应用型本科高校特点并认真听取专家各方面建议的基础上,参照国家土木工程制图标准,参阅国内同类优秀教材编写而成。本书为土木工程相关专业的识图部分,包括了土木类相关专业的识图:建筑工程(建筑、结构、水、电、暖)、道路工程、桥梁工程、涵洞工程、隧道工程,内容比较丰富,各高校可以根据不同专业特点进行选学,建议课时:每周4课时。

为了帮助学生更好地学习,本书具有以下特点:

(1) 本书注重与工程实际密切结合,通过各类具有代表性的工程图纸,系统介绍了土木类工程图的识读方法和原则;专业例图源于工程实际,有利于提高学生识读施工图的能力;注重与企业合作开发教材;参编人员有来自企业一线的工程技术人员,使教材更贴近工程实际,符合职业能力培养的要求。

(2) 本书是在《房屋建筑制图统一标准》《总图制图标准》《建筑制图标准》《建筑结构制图标准》,《给水排水制图标准》《暖通空调制图标准》《道路工程制图标准》等标准的基础上编写的,更加注重专业识图的应用,力求做到以"应用"为主,注重基本理论、基本概念和基本方法的阐述,深入浅出,图文结合,使其更具有针对性和实用性。

(3) 每章的开头均有教学要求,便于学生理清学习思路。

(4) 本书密切结合工程实际,书中大部分专业例图取自实际工程,使专业例图与实际工程结合起来,便于学生在学习过程中理论联系实际,提高学习效果。

本书由黄河交通学院吴艳丽、杨焱担任主编。全书由黄河交通学院交通工程学院为主的教师共同完成,具体编写人员分工如下:

黄河交通学院吴艳丽编写第1章、第6章、第7章;郑州升达经贸管理学院刘亚萍编写第2章;黄河交通学院杨焱编写第3章、第4章、第5章;黄河交通学院武创举编写第8章、第9章。

参加本书绘图与相关编写工作的有孙金林、翟晓霞、王丹、赵慧冰、宋彦军等。

为满足需要,本书与吴艳丽、杨焱主编的《土木工程识图习题集》配套使用,同时本书配有多媒体课件。本书在编写过程中,参考了赵文兰主编的《画法几何与土木工程制图》及林国华主编的《土木工程制图》等书籍,在此特表示衷心感谢。同时对为本书付出辛勤劳动的编辑同志表示衷心感谢!

由于编者水平有限,书中难免存在和错漏之处,敬请读者和同行批评指正。

编 者

目 录

第1章 建筑施工图 (1)
1.1 建筑工程图概述 (1)
1.1.1 基本概念 (1)
1.1.2 建筑工程图的产生、内容与用途 (2)
1.1.3 房屋的组成及其作用 (3)
1.1.4 模数协调 (4)
1.1.5 标准图与标准图集 (5)
1.2 建筑施工图识图基础 (5)
1.2.1 比例与图线 (6)
1.2.2 定位轴线及其编号 (6)
1.2.3 剖切符号和立面指向符号 (8)
1.2.4 索引符号、详图符号与引出线 (9)
1.2.5 其他符号 (11)
1.2.6 尺寸和标高 (12)
1.2.7 图名 (13)
1.2.8 常用建筑材料图例 (13)
1.2.9 建筑施工图的识读方法 (15)
1.3 建筑设计说明 (15)
1.3.1 图纸目录 (15)
1.3.2 设计说明 (16)
1.4 总平面图 (21)
1.4.1 总平面图的形成与用途 (21)
1.4.2 总平面图的比例 (22)
1.4.3 总平面图的图例 (22)
1.4.4 总平面图的基本内容 (24)
1.4.5 总平面图的尺寸标注 (24)
1.4.6 总平面图的识读 (25)
1.5 建筑平面图 (25)

· 1 ·

1.5.1 建筑平面图的形成与用途 (25)
  1.5.2 建筑平面图的内容 (26)
  1.5.3 平面图的识读 (26)
  1.5.4 屋顶平面图 (27)
  1.5.5 平面图的画法 (27)
 1.6 建筑立面图 (32)
  1.6.1 建筑立面图的形成与用途 (32)
  1.6.2 建筑立面图的基本内容 (32)
  1.6.3 建筑立面图的识读 (32)
  1.6.4 建筑立面图的画法 (35)
 1.7 建筑剖面图 (36)
  1.7.1 建筑剖面图的形成与用途 (36)
  1.7.2 建筑剖面图的基本内容 (36)
  1.7.3 建筑剖面图的识读 (36)
  1.7.4 建筑剖面图的画法 (38)
 1.8 建筑详图 (39)
  1.8.1 建筑详图的用途 (39)
  1.8.2 建筑详图的分类 (39)
  1.8.3 建筑详图的索引 (40)
  1.8.4 楼梯详图 (40)
  1.8.5 卫生间详图 (45)
  1.8.6 外墙身详图 (46)
  1.8.7 门窗详图 (47)

第2章 结构施工图 (51)
 2.1 结构施工图概述 (51)
  2.1.1 结构施工图的概念与分类 (51)
  2.1.2 结构施工图与建筑施工图的关系 (52)
  2.1.3 结构施工图的表示方法 (52)
  2.1.4 结构施工图中常用的构件代号 (53)
 2.2 钢筋混凝土结构施工图基础知识 (54)
  2.2.1 钢筋通用构造 (54)
  2.2.2 钢筋混凝土结构施工图的组成 (57)
  2.2.3 结构施工图的识读 (57)
 2.3 结构设计总说明 (58)
  2.3.1 图纸目录 (58)
  2.3.2 设计说明的具体内容 (59)
  2.3.3 结构设计总说明案例 (60)
 2.4 基础图 (63)
  2.4.1 基础平面图 (63)

  2.4.2 基础详图 ··· (63)
  2.4.3 独立基础平法识图 ··· (65)
  2.4.4 条形基础平法识图 ··· (68)
 2.5 柱结构图 ··· (74)
  2.5.1 柱构件 ··· (74)
  2.5.2 柱平法施工图 ·· (74)
  2.5.3 列表注写方式 ·· (75)
  2.5.4 柱列表注写施工图识读练习 ······································ (76)
  2.5.5 截面注写方式 ·· (76)
  2.5.6 柱截面注写施工图识读练习 ······································ (78)
 2.6 梁结构图 ··· (80)
  2.6.1 梁构件 ··· (80)
  2.6.2 梁平法施工图 ·· (81)
  2.6.3 梁平面注写方式 ·· (82)
  2.6.4 梁截面注写方式 ·· (85)
  2.6.5 梁平法施工图识读 ·· (86)
 2.7 楼层、屋顶结构图 ·· (88)
  2.7.1 楼层、屋顶结构平面图的形成 ·································· (88)
  2.7.2 楼层、屋顶结构平面图的内容 ·································· (88)
  2.7.3 板构件 ··· (88)
  2.7.4 有梁楼盖板平法施工图 ··· (88)
  2.7.5 无梁楼盖板平法施工图 ··· (91)
 2.8 楼梯结构图 ··· (94)
  2.8.1 楼梯结构的内容 ·· (94)
  2.8.2 现浇钢筋混凝土板式楼梯平法识图 ·························· (94)

第3章 建筑给排水施工图 ··· (100)
 3.1 建筑给排水系统概述 ·· (100)
  3.1.1 建筑给水系统 ·· (100)
  3.1.2 建筑排水系统 ·· (100)
 3.2 建筑给排水施工图识图基础 ··· (103)
  3.2.1 给水/排水制图一般规定 ··· (103)
  3.2.2 图例 ··· (106)
  3.2.3 图样画法 ··· (109)
  3.2.4 图纸基本内容 ·· (112)
 3.3 建筑给排水施工图的识读 ··· (113)
  3.3.1 平面图的识读 ·· (113)
  3.3.2 系统图的识读 ·· (113)
  3.3.3 详图的识读 ··· (114)
  3.3.4 施工图识读举例 ·· (114)

第4章 建筑电气工程图 (127)
4.1 概述 (127)
4.1.1 建筑电气工程图的特点 (127)
4.1.2 建筑电气工程图的组成 (128)
4.2 电气工程图的识读 (129)
4.2.1 常用的图例符号和文字符号 (129)
4.2.2 识图的方法和步骤 (133)
4.2.3 配电箱系统图 (135)
4.2.4 电气照明平面图 (136)
4.2.5 电气动力平面图 (137)
4.2.6 防雷接地平面图 (137)
4.2.7 配电干线系统图 (139)
4.3 智能建筑电气工程施工图 (142)
4.3.1 火灾自动报警系统施工图 (142)
4.3.2 共用天线电视系统施工图 (143)
4.3.3 电话通信系统施工图 (143)
4.4 变配电工程图 (144)
4.4.1 高压配电系统图 (144)
4.4.2 低压配电系统图 (144)
4.4.3 变电所主接线图 (146)

第5章 采暖与通风空调工程图 (148)
5.1 采暖与通风工空调工程概述 (148)
5.1.1 采暖工程 (148)
5.1.2 通风工程 (149)
5.1.3 空气调节系统 (150)
5.2 采暖工程施工图 (151)
5.2.1 采暖工程施工图的组成 (151)
5.2.2 壁式采暖施工图识读实例 (154)
5.2.3 辐射采暖施工图识读实例 (156)
5.3 通风空调工程图 (157)
5.3.1 通风空调工程图识图基础 (157)
5.3.2 通风空调工程图识图实例（一） (160)
5.3.3 通风空调工程图识图实例（二） (164)

第6章 道路工程图 (169)
6.1 概述 (169)
6.1.1 道路的组成 (169)
6.1.2 道路工程图样的基本规定 (170)
6.1.3 道路工程图内容 (172)

6.2 公路路线工程图 (172)
- 6.2.1 公路路线平面图 (172)
- 6.2.2 路线纵断面图 (177)
- 6.2.3 横断面设计图 (182)

6.3 公路路面工程图 (185)
- 6.3.1 路面结构组成与表达 (185)
- 6.3.2 公路路面结构施工图 (186)

6.4 路基路面排水工程图 (190)
- 6.4.1 路基路面排水工程概述 (190)
- 6.4.2 路基路面排水工程图识读 (190)

6.5 城市道路路线工程图 (197)
- 6.5.1 城市道路工程图设计说明 (197)
- 6.5.2 城市道路平面布置图 (197)
- 6.5.3 城市道路平面图 (197)
- 6.5.4 城市道路纵断面图 (198)
- 6.5.5 城市道路横断面图 (198)

6.6 道路交叉口工程图 (205)
- 6.6.1 平面交叉概述 (205)
- 6.6.2 平面交叉工程图识读 (205)
- 6.6.3 立体交叉概述 (212)
- 6.6.4 立体交叉识图 (216)

6.7 城市道路路灯照明工程图 (220)
- 6.7.1 路灯照明工程图概述 (220)
- 6.7.2 路灯照明工程图识读 (221)

6.8 市政排水工程图 (226)
- 6.8.1 市政排水工程图概述 (226)
- 6.8.2 基础资料 (226)
- 6.8.3 设计总说明 (227)
- 6.8.4 雨水、污水汇水范围图 (227)
- 6.8.5 管位图 (227)
- 6.8.6 排水平面图 (227)
- 6.8.7 雨水、污水纵断面图 (232)
- 6.8.8 材料表 (235)

6.9 市政给水工程图 (236)
- 6.9.1 市政给水工程图概述 (236)
- 6.9.2 基础资料 (236)
- 6.9.3 管网平差 (236)
- 6.9.4 设计总说明 (236)
- 6.9.5 给水平面图 (238)

  6.9.6 给水纵断面图 ……………………………………………………………… (238)
  6.9.7 给水管道节点详图 …………………………………………………… (241)
  6.9.8 材料表 ………………………………………………………………… (243)

第7章 桥梁工程图 …………………………………………………………………… (244)

7.1 桥梁工程概述 …………………………………………………………………… (244)
  7.1.1 桥梁的基本组成 ……………………………………………………… (244)
  7.1.2 桥梁的分类 …………………………………………………………… (246)

7.2 桥梁工程图识图基础 …………………………………………………………… (250)
  7.2.1 混凝土等级和钢筋保护层 …………………………………………… (250)
  7.2.2 钢筋的弯钩和弯起 …………………………………………………… (250)
  7.2.3 钢筋混凝土结构图的内容与图示方法 ……………………………… (251)

7.3 桥梁工程图识读 ………………………………………………………………… (254)
  7.3.1 桥位平面图 …………………………………………………………… (254)
  7.3.2 桥位地质断面图 ……………………………………………………… (255)
  7.3.3 预应力混凝土空心板桥总体布置图与构件图 ……………………… (255)
  7.3.4 钢筋混凝土连续箱梁桥总体布置图 ………………………………… (271)
  7.3.5 斜拉桥桥型总体布置图 ……………………………………………… (273)

7.4 桥梁工程图读图和画图步骤 …………………………………………………… (279)
  7.4.1 读图 …………………………………………………………………… (279)
  7.4.2 画图 …………………………………………………………………… (279)

第8章 涵洞工程图 …………………………………………………………………… (285)

8.1 涵洞工程概述 …………………………………………………………………… (285)
  8.1.1 涵洞工程的特性 ……………………………………………………… (285)
  8.1.2 涵洞的组成与分类 …………………………………………………… (285)
  8.1.3 涵洞的构造 …………………………………………………………… (287)

8.2 涵洞工程图识读 ………………………………………………………………… (290)
  8.2.1 涵洞工程图识图基础 ………………………………………………… (290)
  8.2.2 不同涵洞工程图的识读 ……………………………………………… (290)

第9章 隧道工程图 …………………………………………………………………… (298)

9.1 隧道工程图概述 ………………………………………………………………… (298)
  9.1.1 隧道概述 ……………………………………………………………… (298)
  9.1.2 隧道洞门的类型及构造 ……………………………………………… (298)
  9.1.3 隧道工程图的内容 …………………………………………………… (301)

9.2 隧道平面图 ……………………………………………………………………… (301)
9.3 隧道纵断面图 …………………………………………………………………… (303)
9.4 隧道洞门图 ……………………………………………………………………… (305)
9.5 横断面图 ………………………………………………………………………… (305)

参考文献 ………………………………………………………………………………… (310)

第 1 章 建筑施工图

★教学内容

建筑工程图概述；建筑施工图识图基础；建筑设计说明；总平面图；建筑平面图；建筑立面图；建筑剖面图；建筑详图。

★教学要求

1. 掌握建筑工程识图相关概念与识图基础，了解绘制建筑施工图的目标和要求、步骤和方法，会识读并绘制简单的建筑工程施工图。

2. 了解房屋工程图的特点、培养绘制和阅读房屋工程图的基本能力。

3. 掌握房屋工程图的基本内容和特点，了解房屋的基本组成及其作用、施工图的产生及其分类、图示特点和阅读步骤。

4. 熟练掌握施工图中常用的符号，了解总平面图的图示方法、用途及图示内容；了解建筑平面图的作用和图示内容，掌握建筑平面图的图示方法、尺寸注法及有关建筑配件图例的规定和读图；了解建筑立面图的作用和图示内容，掌握建筑立面图的图示方法、尺寸注法及有关规定和读图；了解建筑剖面图的作用和图示内容，掌握建筑剖面图的图示方法及有关规定和读图；了解建筑详图的作用和图示内容，了解各种建筑详图（外墙身详图、楼梯详图、门窗详图）的图示方法。

5. 会绘制和阅读建筑施工图的平、立、剖面图及详图。

6. 掌握建筑施工图设计的基本内容和过程，掌握相关建筑设计规范，掌握建筑细部的处理原则和方法，学习在建筑设计思维方法上的技巧，能够将所学专业基础知识与工程实际相结合，为进一步的专业实践奠定基础。加强对学生工程实践能力、相关专业协调与适应能力、建筑理论与方法应用能力、信息获取与应用能力的培养。

1.1 建筑工程图概述

1.1.1 基本概念

建筑工程，指通过对各类房屋建筑及其附属设施的建造和与其配套的线路、管道、设备的安装活动所形成的工程实体。它是为新建、改建或扩建房屋建筑物和附属构筑物设施所进行的规划、勘察、设计和施工、竣工等各项技术工作和完成的工程实体以及与其配套的线路、管道、设备的安装工程,也指各种房屋、建筑物的建造工程,又称建筑工作量。

其中"房屋建筑物"的建造工程包括厂房、剧院、旅馆、商店、学校、医院和住宅等,其新建、改建或扩建必须兴工动料,通过施工活动才能实现;"附属构筑物设施"指与房屋建筑配套的水塔、自行车棚、水池等。"线路、管道、设备的安装"指与房屋建筑及其附属设施相配套的电气、给排水、暖通、通信、智能化、电梯等线路、管道、设备的安装活动。

建筑工程图是表达建筑物的造型、结构构造、尺寸大小和材料做法的图样。因此,建筑工程图是房屋建筑施工的重要依据,也是进行施工技术管理的重要文件。

建造房屋要经过设计与施工两个阶段。设计时需要把想象中的房屋用图形表示出来,这种图形统称为房屋工程图,简称房屋图。

直接用来为施工服务的图样,是建造房屋的技术依据,要做到整套图纸完整统一、尺寸齐全、明确无误等。这类图纸称为房屋施工设计图,简称施工图。

1.1.2 建筑工程图的产生、内容与用途

1. 建筑工程图的产生

房屋设计步骤一般分为三个阶段,第一阶段为初步设计阶段;第二阶段为技术设计阶段;第三阶段为施工图设计阶段。

(1) 初步设计阶段。必须首先提出各种初步设计方案,画出简略的房屋平、立、剖面设计图和总体布置图以及各设计方案的技术、经济指标和工程概算等(对于有些建筑,常加绘能给予人们视觉印象和造型感受的透视图)作为设计过程中用来研究、比较、审批等反映概貌和设计意图的图样,称为房屋初步设计图。这种初步设计图样中的平、立、剖面图常用 1∶200、1∶400 等的比例来绘制。有时也可用 1∶100 的比例绘制。

(2) 技术设计阶段。对于大型的比较复杂的工程也有采用三个设计阶段的,即在两个设计阶段之间还有一个技术设计阶段,用来深入解决各工种之间的协调等技术问题。

(3) 施工图设计阶段。施工图设计阶段的主要任务是为施工服务,即在技术设计的基础上,结合建筑结构、设备等各工程的相互配合、协调、校核和调整,并把满足工程施工的各项具体要求反映在图纸中。

2. 房屋施工图的分类与作用

在工程建设中,首先要进行规划、设计,并绘制成图,然后照图施工。

遵照建筑制图标准和建筑专业的习惯画法绘制建筑物的多面正投影图,并注写尺寸和文字说明的图样,叫建筑图。

建筑图包括建筑物的方案图、初步设计图(简称初设图)和扩大初步设计图(简称扩初图)以及施工图。

施工图根据其内容和各工程不同分为以下几种:

(1) 建筑施工图(简称建施图)。建施图主要用来表示建筑物的规划位置、外部造型、内部各房间的布置、内外装修、构造及施工要求等。它的内容主要包括施工图首页、总平面图、各层平面图、立面图、剖面图及详图。

(2) 结构施工图(简称结施图)。结施图主要表示建筑物承重结构的结构类型、结构布置、构件种类、数量、大小及做法。它的内容包括结构设计说明、结构平面布置图及构件详图。

(3) 设备施工图(简称设施图)。设施图主要表达建筑物的给水排水、暖气通风、供电照

明、燃气等设备的布置和施工要求等。它主要包括各种设备的布置图、系统图和详图等内容。

建筑施工图是在确定建筑平、立、剖面初步设计的基础上绘制的，必须满足施工建造的要求。建筑施工图是表示建筑物的总体布局、外部造型、内部布置、细部构造、内外装饰以及一些固定设施等必须与结构、设备、施工图取得一致、并互相配合与协调。

建筑施工图主要用来作为施工放线，砌筑基础及墙身、铺设楼板、楼梯、屋顶、安装门窗、室内外装饰以及编制预算和施工组织计划等的依据。

建筑施工图一般包括施工总说明（有时包括结构总说明）、总平面图、门窗表、建筑平面图、建筑立面图、建筑剖面图和建筑详图等图纸。

1.1.3 房屋的组成及其作用

建筑物按其使用功能通常可分为：①工业建筑（厂房、仓库、动力间等）；②农业建筑（谷物场、饲养场、拖拉机站等）；③民用建筑：居住建筑（住宅、宿舍、公寓等）；公共建筑（学校、旅馆、会堂等）。

各种不同的建筑物，尽管它们在使用要求、空间组成、外形处理、结构形式、构造方式及规模大小等各自有着不同特点，但构成建筑物的主要部分是基础、墙（或柱）、楼（地面）、屋顶、楼梯、门、窗等。此外，一般建筑物尚有台阶（坡道）、散水、雨篷、阳台、雨水管、明沟、走廊、勒脚、踢脚板以及其他各种构配件和装饰等。图1-1所示为房屋的组成示意图。一般来说，基础、墙和柱、楼板、地面、屋顶等是建筑物的主要部分；门、窗、楼梯等则是建筑物的附属部分。基础起着承受和传递荷载的作用；屋顶、外墙、雨篷等起着隔热、保温、避风遮雨的作用；屋面、天沟、雨水管、散水等起着排水的作用；台阶、门、走廊、楼梯起着沟通房屋内外、上下交通的作用；窗则主要用于采光和通风；墙裙、勒脚、踢脚板等起着保护墙身的作用。

（1）地基和基础。

①地基：是建筑物下面的土层。它承受基础传来的整个建筑物的荷载，包括建筑物的自重、作用于建筑物上的人与设备的质量及风雪荷载等。

②基础：位于墙柱下部，是建筑物的地下部分。它承受建筑物上部的全部荷载并把它传给地基。

（2）墙和柱。承重墙和柱是建筑物垂直承重构件，它承受屋顶、楼板层传来的荷载连同自重一起传给基础。此外，外墙还能抵御风、霜、雨、雪对建筑物的侵袭，使室内具有良好的生活与工作条件，即起围护作用；内墙还把建筑物内部分割成若干空间，起分割作用。

（3）楼板和地面。楼板是水平承重构件，主要承受作用在它上面的竖向荷载，并将它们连同自重一起传给墙或柱。同时将建筑物分为若干层。楼板对墙身还起着水平支撑的作用。底层房间的地面贴近地基土，承受作用在它上面的竖向荷载，并将它们连同自重直接传给地基。

（4）楼梯。楼梯是指楼层间垂直交通通道。

（5）屋顶。屋顶是建筑物最上层的覆盖构造层，它既是承重构件又是围护构件。它承受作用在其上的各种荷载并连同屋顶结构自重一起传给墙或柱；同时起到保温、防水等作用。

（6）门和窗。门是提供人们进出房屋或房间以及搬运家具、设备等的建筑配件。有的门兼有采光、通风的作用；窗的主要作用是通风采光。

（7）其他。

①勒脚：是建筑物外墙的墙脚，即建筑物的外墙与室外地面或散水部分的接触墙体部位的加厚部分。也可这样定义：为了防止雨水反溅到墙面，对墙面造成腐蚀破坏，结构设计中对窗台以下一定高度范围内进行外墙加厚，这段加厚部分称为勒脚。

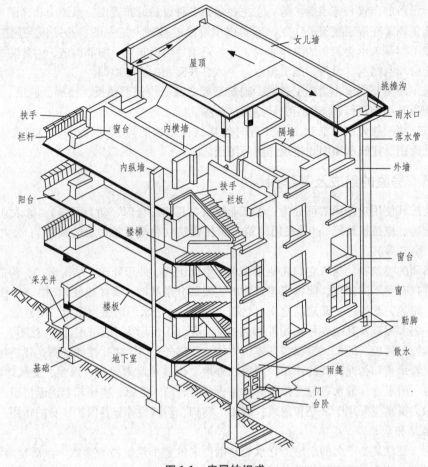

图 1-1 房屋的组成

②纵墙与横墙：建筑上沿建筑物长轴方向布置的墙称为纵墙，沿建筑物短轴方向布置的墙称为横墙。

③女儿墙：女儿墙是建筑物屋顶四周围的矮墙，主要作用除维护安全外，也会在低处施作防水压砖收头，以避免防水层渗水或是屋顶雨水漫流。依国家建筑规范规定，上人屋顶女儿墙高度一般不得低于1.1 m，最高不得大于1.5 m。上人屋顶的女儿墙的作用是保护人员的安全，并对建筑立面起装饰作用。不上人屋顶的女儿墙的作用除立面装饰作用外，还固定油毡。

④散水：散水是指房屋外墙四周的勒脚处（室外地坪上）用片石砌筑或用混凝土浇筑的有一定坡度的散水坡。散水的作用是迅速排走勒脚附近的雨水，避免雨水冲刷或渗透地基，防止基础下沉，以保证房屋的巩固耐久。散水宽度一般应不小于80 cm，当屋檐较大时，散水宽度要随之增大，以便屋檐上的雨水都能落在散水上迅速排散。散水的坡度一般为5%，外缘应高出地坪20～50 mm，以便雨水排出流向明沟或地面他处散水，与勒脚接触处应用沥青砂浆灌缝，以防止墙面雨水渗入缝内。

⑤挑檐沟：突出外墙面外侧，在斜屋面檐口之下，接住斜屋面上流下的雨水，使雨水不直接向下滴落的构件。

1.1.4 模数协调

为使建筑物的设计、施工、建材生产以及使用单位和管理机构之间容易协调，用标准化的方法使建筑制品、建筑构配件和组合件实现工厂化规模生产，从而加快设计速度，提高施工质量及效率，改善建筑物的经济效益，进一步提高建筑工业化水平，国家颁布了《建筑模数协调标准》（GB/T 50002—2013）。

模数协调使符合模数的构配件、组合件能用于不同地区、不同类型的建筑物，促使不同材料、形式和不同制造方法的建筑构配件、组合件有较大的通用性和互换性。在建筑设计中能简化设计图的绘制，在施工中能使建筑物及其构配件和组合件的放线、定位和组合等更有规律、更趋统一、协调，从而便于施工。

模数是选定的尺寸单位，作为尺度协调的增值单位。模数协调选用的基本尺寸单位，叫基本模数。基本模数的数值为100 mm，其符号为M，即M = 100 mm，整个建筑物和建筑物的一部分以及建筑组合件的模数化尺寸，应是基本模数的倍数。模数协调标准选定的扩大模数和分模数叫导出模数，导出模数是基本模数的整倍数和分数。

水平扩大模数基数为3M、6M、12M、15M、30M、60M，其相应的尺寸分别为300、600、1 200、1 500、3 000、6 000（mm）竖向扩大模数的基数为3M与6M，其相应的尺寸为300 mm和600 mm。

分模数基数为1/10M、1/5M、1/2M，其相应的尺寸为10、20、50（mm）。

水平基本模数主要用于门窗洞口和构配件断面等处，1M数列按100 mm进级，幅度由1M至20M。其相应尺寸为100、200、300……2 000（mm）。

竖向基本模数主要用于建筑物的层高、门窗洞口和构配件断面等处。其幅度由1M至36M。

水平扩大模数主要用于建筑物的开间（柱距）、进深（跨度）、构配件尺寸和门窗洞口等处。其3M数列按300 mm进级，幅度由3M至7.5M，相应尺寸为300、600、900……7 500（mm）。

竖向扩大模数的3M数列主要用于建筑物的高度、层高和门窗洞口等处。6M数列主要用于建筑物的高度与层高。它们的数列幅度皆不受限制。

分模数主要用于缝隙、构造节点、构配件断面等处。其1/10M数列按10 mm进级，幅度由1/10M至2M；1/5M数列按50 mm进级，幅度由1/5M至4M；1/2M数列按50 mm进级，幅度由1/2M至10M。

1.1.5 标准图与标准图集

为了加快设计与施工的速度，提高设计与施工的质量，把各种常用的、大量性的房屋建筑及建筑构配件，按"国标"规定的统一模数，根据不同的规格标准，设计编出成套的施工图，以供选用。这种图样，叫作标准图或通用图。将其装订成册即标准图集。标准图集的使用范围限制在图集批准单位所在的地区。

标准图有两种，一种是整幢房屋的标准设计（定型设计）；另一种是目前大量使用的建筑构配件标准图集。建筑标准图集的代号常用"建"或字母"J"表示。如北京市"实腹钢门窗图集"代号为"京I891"。西南地区（云、贵、川、渝、藏）"屋面构造图集"代号为"西南J202"。重庆市的"楼地面作法标准图集"代号为"渝建7503"。结构标准图集的代号常用"结"或字母"G"表示。如四川省"空心板图集"代号为"川G202"。重庆市"楼梯标准图集"代号为"渝结7905"等。

1.2 建筑施工图识图基础

建筑施工图除了要符合一般的投影原理，以及视图、剖面和断面等的基本图示方法外，为了保证制图质量，提高效率，表达统一和便与识读，我国制定了国家标准《房屋建筑制图统一标准》(GB/T 50001—2017),在绘图时,应严格遵守国家标准中的规定。

1.2.1 比例与图线

建筑物是庞大而复杂的形体,必须采用不同的比例来绘制图纸。对于整个建筑物,其局部和细部都分别予以缩小画出;特殊细小的线脚有时不缩小,甚至需要放大画出。工程中有三种比例形式,分别是放大比例、原值比例和缩小比例。放大比例,是指比值大于1的比例,如10∶1、5∶1等;原值比例是指比值为1的比例;缩小比例是指比值小于1的比例,如1∶10和1∶5等。由于建筑物一般尺寸较大,因此在房屋建筑施工图中一般采用缩小比例。

在房屋建筑图纸中,为了表明不同的内容,可采用不同线型的宽度的图线来表达。绘图时,首先应按照需要绘制的图样的具体情况,选定粗实线的宽度"b",于是其他线型的宽度也就随之确定。粗实线的宽度"b"一般与所绘制图形的比例和图形的复杂程度有关。建议以表1-1作为选择图线宽度时的参考。

表1-1 图线宽度

图线名称	图的比例			
	1∶1、1∶2、1∶5、1∶10	1∶20、1∶50	1∶100	1∶200
粗线	b			
	1.2、1.0(mm)	0.7(mm)	0.5(mm)	0.3(mm)
中实线	$0.5b$			
细线	$0.35b$			
特粗线	$1.5b$			

1.2.2 定位轴线及其编号

建筑施工图中的定位轴线是施工定位、放线的重要依据。凡是承重墙、柱子等主要承重构件都应画上轴线来确定其位置。

定位轴线的绘制应符合以下条件:

(1) 定位轴线采用细单点长画线绘制,并予编号。宜标注在下方与左侧,横向编号采用阿拉伯数字,从左向右顺序编写,竖向编号采用大写拉丁字母,自下而上顺序编号。

(2) 定位轴线应编号,编号应注写在轴线端部的圆内。圆应用细实线绘制,直径为8~10 mm。定位轴线圆的圆心应在定位轴线的延长线或延长线的折线上。

(3) 除较复杂需采用分区编号或圆形、折线形外,一般平面上定位轴线的编号,宜标注在图样的下方或左侧。横向编号应用阿拉伯数字,从左至右顺序编写;竖向编号应用大写拉丁字母,自下而上顺序编写(图1-2)。

(4) 拉丁字母作为轴线号时,应全部采用大写字母,不应用同一个字母的大小写来区分轴线号。拉丁字母的I、O、Z不得用作轴线编号。当字母数量不够使用时,可增用双字母或单字母加数字注脚。

(5) 组合较复杂的平面图中定位轴线也可采用分区编号(图1-3)。编号的注写形式应为"分区号-该分区编号"。"分区号-该分区编号"采用阿拉伯数字或大写拉丁字母表示。

第1章 建筑施工图

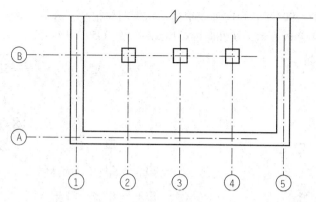

图1-2 定位轴线的编号顺序

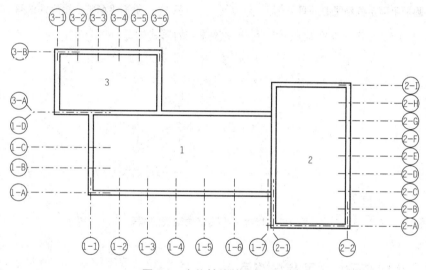

图1-3 定位轴线的分区编号

（6）附加定位轴线的编号，应以分数形式表示，并应符合下列规定：

①两根轴线的附加轴线，应以分母表示前一轴线的编号，分子表示附加轴线的编号。编号宜用阿拉伯数字顺序编写；

②1号轴线或Ⓐ号轴线之前的附加轴线的分母应以01或0A表示。

（7）一个详图适用于几根轴线时，应同时注明各有关轴线的编号（图1-4）。

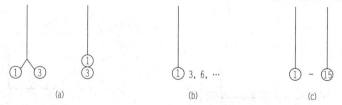

图1-4 详图的轴线编号

（a）用于两根轴线时；（b）用于3根或3根以上轴线时；（c）用于3根以上连续编号的轴线时

（8）通用详图中的定位轴线，应只画圆，不注写轴线编号。

（9）圆形与弧形平面图中的定位轴线，其径向轴线应以角度进行定位，其编号宜用阿拉伯数字表示，从左下角或-90°（若径向轴线很密，角度间隔很小）开始，按逆时针顺序编写；其环向轴线宜用大写拉丁字母表示，从外向内顺序编写（图1-5、图1-6）。

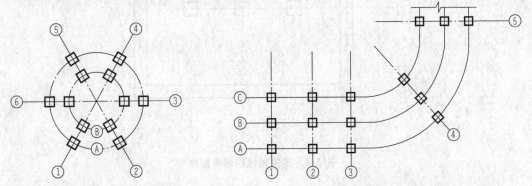

图1-5 圆形平面定位轴线的编号　　　　图1-6 弧形平面定位轴线的编号

（10）折线形平面图中定位轴线的编号可按图1-7的形式编写。

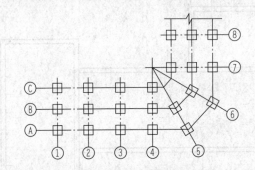

图1-7 折线形平面定位轴线的编号

1.2.3 剖切符号和立面指向符号

1. 剖视的剖切符号

剖视的剖切符号应由剖切位置线及剖视方向线组成，均应以粗实线绘制。剖视的剖切符号应符合下列规定：

（1）剖切位置线的长度宜为6~10mm；剖视方向线应垂直于剖切位置线，长度应短于剖切位置线，宜为4~6mm，也可采用国际统一和常用的剖视方法，如图1-8所示。绘制时，剖视的剖切符号不应与其他图线相接触。

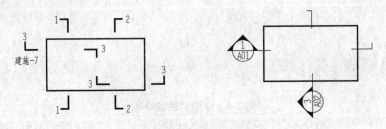

图1-8 剖视的剖切符号

（2）剖视的剖切符号的编号宜采用阿拉伯数字，按剖切顺序由左至右、由下向上连续编排，

并应注写在剖视方向线的端部;

(3) 需要转折的剖切位置线,应在转角的外侧加注与该符号相同的编号。

(4) 建(构)筑物剖面图的剖切符号应注在±0.000标高的平面图或首层平面图上。

(5) 局部剖面图(不含首层)的剖切符号应注在包含剖切部位的最下面一层的平面图上。

2. 断面的剖切符号

断面的剖切符号应符合下列规定:

(1) 断面的剖切符号应只用剖切位置线表示,并应以粗实线绘制,长度宜为6~10 mm。

(2) 断面的剖切符号的编号宜采用阿拉伯数字,按顺序连续编排,并应注写在剖切位置线的一侧;编号所在的一侧应为该断面的剖视方向,如图1-9所示。

剖面图或断面图,如与被剖切图样不在同一张图内,应在剖切位置线的另一侧注明其所在图纸的编号,也可以在图上集中说明。

3. 立面指向符号

立面指向符号是室内设计工程图中独有的符号。当工程图中用立面图表示垂直界面时,就要使用立面指向符号,以便能确指立面图究竟是哪个垂直界面的立面。立面指向符号由一个等边直角三角形和圆圈组成,如图1-10所示。

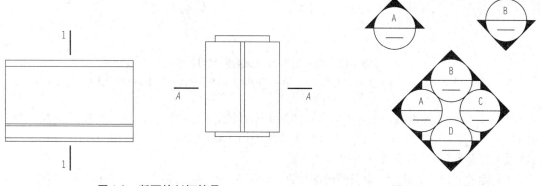

图1-9　断面的剖切符号　　　　　　图1-10　立面指向符号

等边直角三角形中,直角所指方向的垂直界面就是立面图所要表示的界面。圆圈上半部的数字为立面图的编号,下半部的数字为该立面图所在图纸的编号。如立面图就在本张图纸上,下半部就可画一段横线。

1.2.4　索引符号、详图符号与引出线

1. 索引符号

(1) 图样中的某一局部或构件,如需另见详图,而详图为本页的详图时,应以索引符号索引[图1-11(a)]。索引符号是由直径为8~10 mm的圆和水平直径组成,圆及水平直径应以细实线绘制。举例,图1-11(a)表示详图索引为本页的详图。

(2) 索引出的详图,如与被索引的详图同在一张图纸内且有确定的详图编号时,应在索引符号的上半圆中用阿拉伯数字注明该详图的编号,并在下半圆中间画一段水平细实线[图1-11(b)]。举例,图1-11(b)表示详图索引为本页的第5个详图。

(3) 索引出的详图,如与被索引的详图不在同一张图纸内,应在索引符号的上半圆中用阿拉伯数字注明该详图的编号,并在索引符号的下半圆用阿拉伯数字注明该详图所在图纸的编号[图1-11(c)]。数字较多时,可加文字标注。举例,图1-11(c)表示详图索引为第2页的第5

个详图。

（4）索引出的详图，如采用标准图，应在索引符号水平直径的延长线上加注该标准图册的编号［图1-11（d）］。需要标注比例时，文字在索引符号右侧或延长线下方，与符号下对齐。举例，图1-11（d）表示详图索引为图集12YJ6第2页的第5个详图。

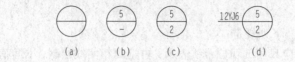

图1-11　索引符号

(a)、(b) 详图在本页；(c) 详图在第2页；(d) 详图在图集12YJ6的第2页

（5）索引符号如用于索引剖视详图，应在被剖切的部位绘制剖切位置线，并以引出线引出索引符号，引出线所在的一侧应为剖视方向。索引符号的编写同上一条的规定（图1-12）。

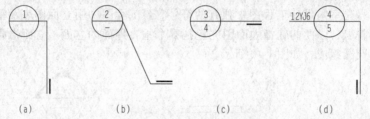

图1-12　用于索引剖面详图的索引符号

(a) 本页第1个详图；(b) 本页第2个详图；(c) 第4页的第3个详图；(d) 图集12YJ6第5页的第4个详图

图1-12（a）表示剖视详图索引为本页的第1个详图；图1-12（b）表示剖视详图索引为本页的第2个详图；图1-12（c）表示剖视详图索引为第4页的第3个详图；图1-12（d）表示剖视详图索引为图集12YJ6第5页的第4个详图。

（6）零件、钢筋、杆件、设备等的编号直径宜以5～6 mm的细实线圆表示，同一图样应保持一致，其编号应用阿拉伯数字按顺序编写（图1-13）。消火栓、配电箱、管井等的索引符号，直径以4～6 mm为宜。

2. 详图符号

详图的位置和编号，应以详图符号表示。详图符号的圆应以直径为14 mm粗实线绘制。详图应按下列规定编号：

（1）详图与被索引的图样同在一张图纸内时，应在详图符号内用阿拉伯数字注明详图的编号（图1-14）。

（2）详图与被索引的图样不在同一张图纸内时，应用细实线在详图符号内画一水平直径，在上半圆中注明详图编号，在下半圆中注明被索引的图纸的编号（图1-15）。

图1-13　零件、　　　图1-14　与被索引图样同在　　　图1-15　与被索引图样不在
钢筋等的编号　　　　一张图纸内的详图符号　　　　　同一张图纸内的详图符号

3. 引出线

引出线是用来标注文字说明的。这些文字，用以说明引出线所指部位的名称、尺寸、材料和

做法等。引出线有三种，即局部引出线、共同引出线和多层构造引出线。

（1）局部引出线。局部引出线单指某个局部附加的文字，只用来说明这个局部的名称、尺寸、材料和做法。局部引出线用细实线绘制。一般采用水平或水平方向成 30°、45°、60°、90°的直线，或经上述角度再折为水平线的折线。附加文字宜注写在横线的上方，也可注写在横线的端部。如图 1-16 所示。

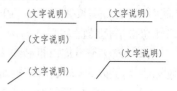

图 1-16　局部引出线

为使图面整齐清楚，用斜线或折线作引出线时，其斜线或折线部分与水平方向形成的角度最好一致，如均为 45°、60°等。

（2）共同引出线。共同引出线用来指引名称、尺寸、材料和做法相同的部位。引出线宜互相平行，也可画成集于一点的放射线，如图 1-17 所示。因为，如果一个一个地引出，不仅工作量大，还会影响图面的清晰性。共同引出线还有一种画法，叫"串联式引出线"。可将多个名称、尺寸、材料和做法相同的部位，用一条引出线"串联"起来，统一附加说明。为使被指引的部分确切无误，可在被指示的部位画几个小圆点，如图 1-18 所示。

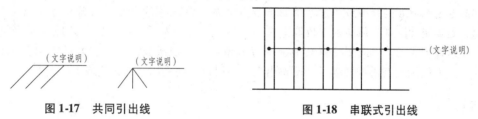

图 1-17　共同引出线　　　　图 1-18　串联式引出线

（3）多层构造引出线。多层构造引出线用于指引多层构造物。如由若干构造层次形成的墙面、地面等。当构造层次为水平方向时，文字说明的顺序应由上至下地标注，即与构造层次的顺序相一致。当构造层次为垂直方向时，文字说明的顺序也应由上至下地标注，其顺序应与构造层次由左至右的顺序相一致，如图 1-19 所示。

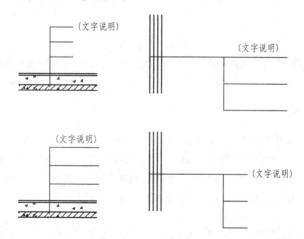

图 1-19　多层构造引出线

1.2.5　其他符号

除以上符号外，还有对称符号、连接符号、指北针、风向频率玫瑰图、云线都应符合相关的规定标准。

(1) 对称符号由对称线和两端的两对平行线组成。对称线用细单点长画线绘制；平行线用细实线绘制，其长度宜为6~10 mm，每对的间距宜为2~3 mm；对称线垂直平分于两对平行线，两端超出平行线宜为2~3 mm［图1-20（a）］。

(2) 连接符号应以折断线表示需连接的部位。两部位相距过远时，折断线两端靠图样一侧应标注大写拉丁字母表示连接编号。两个被连接的图样应用相同的字母编号［图1-20（b）］。

(3) 指北针的形状符合图1-20（c）的规定，其圆的直径宜为24 mm，用细实线绘制；指针尾部的宽度宜为3 mm，指针头部应注"北"或"N"字。需用较大直径绘制指北针时，指针尾部的宽度宜为直径的1/8。

(4) 对图纸中局部变更部分宜采用云线，并宜注明修改版次［图1-20（d）］。

(5) 风向频率玫瑰图。在建筑总平面图上，通常应按当地实际情况绘制风向频率玫瑰图。全国各地主要城市风向频率玫瑰图见《建筑设计资料集》（有的总平面图上画上指北针而不画风向频率玫瑰图）。风向频率玫瑰图上所表示风的吹向，是指从外部吹向地区中心的方向，各方向上按统计数值画出的线段，表示此方向风频率的大小，线段越长表示该风向出现的次数越多。将各个方向上表示风频的线段按风速数值百分比绘制成不同颜色的分线段，即表示出各风向的平均风速，此类统计图称为风向频率玫瑰图［图1-20（e）］。为了直观地反映某地的风速和风向，通常以风玫瑰图表示。风向图可将某地一季各方位风向出现次数统计出，并计算出其占总次数的百分比，也可用颜色或符号将风速反映出来。一般风向图采用8个方位或16个方位。

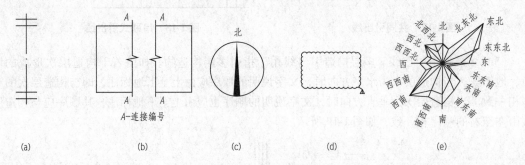

图1-20　其他符号

(a) 对称符号；(b) 连接符号；(c) 指北针；(d) 变更云线；(e) 风向频率玫瑰图

1.2.6　尺寸和标高

尺寸单位的规定：除标高及建筑总平面图以米（m）为单位外，其余一律以毫米（mm）为单位。标高是标注建筑物高度的一种尺寸形式。标高符号在室内设计工程图中一般用于平面图和立面图上。标高符号以等腰三角形表示，接触短横线的角为90°，三角形高约3 mm。在同一图纸上的标高符号应大小相等，对齐画出。其具体画法如图1-21所示。

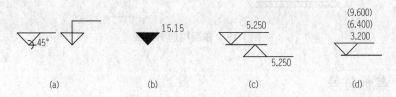

图1-21　标高符号的画法

(a) 标高符号；(b) 总平面图室外地坪标高符号；(c) 标高的指向；(d) 同一位置注写多个标高数字

标高符号用于平面图，即用来表示楼地面的标高，标高符号的尖角下不画短画线，如图 1-22（a）所示。

标高符号用于剖、立面图，即用来表示门、窗、梁板的标高，则应在标高符号的尖角下画一短画线，自然，这一短画线应与标高所指的位置相平齐，如图 1-22（b）所示。

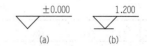

图 1-22 标高符号
(a) 平面图标高；(b) 剖、立面图标高

按规定，相对标高为零的地方，应注写成 ±0.000，以此处为基准，负标高处应在标高数字前加上"−"号，如 −0.600；正标高处，则不在标高数字前加"＋"号，如 1.200 不写成 ＋1.200。标高数字以 m（米）为单位，小数点后取 3 位。

总平面图中或底层平面图中的室外整平地面标高用符号"▼"，标高数字注写在涂黑三角形的正上方，也可注在左面或上方。黑基角底为直角等腰三角形，高约 3 mm。

标高有绝对标高和相对标高两种。

（1）绝对标高。我国把青岛附近某地区的黄海的平均海平面定为绝对标高的零点，其他各地标高都以它为基础。

（2）相对标高。在建筑的施工图上要注明许多标高，如果全用绝对标高，不但数字烦琐，而且不容易得出各部分的高差。因此，除总图外，一般都采用相对标高，即把底层室内主要地坪标高定为相对标高的零点，并在建筑工程的总说明中说明相对标高和绝对标高的关系。再由当地附近的水准点（绝对标高）来测定拟建工程的底层地面标高。

1.2.7 图名

平面图、剖面图的图名和比例尺应注写在图样的下面。图名下应画一条粗实线，线长与图名所占长度基本相等。比例尺的字号，应比图名的字号小一号，字的底部与图名取平，其下不画线，如图 1-23 所示。

详图的图名可用详图号表示，也可同时用详图号和图样的名称表示。其正确的表示方法如图 1-24 所示。

详图号的圆圈应为粗实线，直径约为 14 mm，圆圈内数字为详图号。

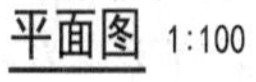

平面图 1:100　　　　　⑤ 剖面详图 1:10

图 1-23 图名举例 　　　图 1-24 详图图名举例

1.2.8 常用建筑材料图例

由于房屋的构配件和材料种类较多，建筑工程中所用的建筑材料有很多种，为了在图（剖面图、断面图）上把它们清楚地表示出来，国家标准规定了各种建筑材料图例，表 1-2 是常用的几种建筑材料的表示方法。

表 1-2 常用建筑材料图例

序号	名称	图例	备注
1	自然土壤	 ⫻⫻⫻	包括各种自然土壤
2	夯实土壤	 ⫽⫽⫽	

续表

序号	名称	图例	备注
3	砂、灰土		靠近轮廓线绘较密的点
4	砂砾石、碎砖三合土		
5	石材		
6	毛石		
7	普通砖	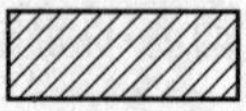	包括实心砖、多孔砖、砌块等砌体。断面较窄不易绘出图例线时，可涂红
8	耐火砖		包括耐酸砖等砌体
9	空心砖	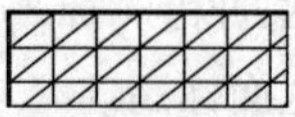	指非承重砖砌体
10	饰面砖	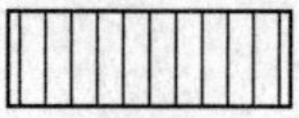	包括铺地砖、马赛克、陶瓷砖、人造大理石等
11	焦渣、矿渣	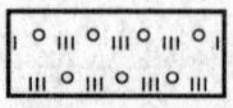	包括与水泥、石灰等混合而成的材料
12	混凝土		（1）本图例指能承重的混凝土及钢筋混凝土 （2）包括各种强度等级、集料、添加剂的混凝土 （3）在剖面图上画出钢筋时，不画图例线 （4）断面图形小，不易画出图例线时，可涂黑
13	钢筋混凝土		
14	多孔材料		包括水泥珍珠岩、沥青珍珠岩、泡沫混凝土、非承重加气混凝土、软木、蛭石制品等
15	纤维材料	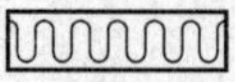	包括矿棉、岩棉、玻璃棉、麻丝、木丝板、纤维板等
16	泡沫塑料材料		包括聚苯乙烯、聚乙烯、聚氨酯等多孔聚合物类材料
17	木材		（1）上图为横断面，上左图为垫木、木砖或木龙骨； （2）下图为纵断面
18	胶合板	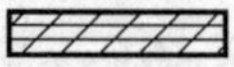	应注明为×层胶合板
19	石膏板	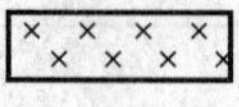	包括圆孔、方孔石膏板、防水石膏板等

续表

序号	名称	图例	备注
20	金属		(1) 包括各种金属 (2) 图形小时，可涂黑
21	网状材料		(1) 包括金属、塑料网状材料 (2) 应注明具体材料名称
22	液体	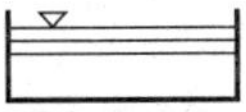	应注明具体液体名称
23	玻璃		包括平板玻璃、磨砂玻璃、夹丝玻璃、钢化玻璃、中空玻璃、加层玻璃、镀膜玻璃等
24	橡胶		
25	塑料		包括各种软、硬塑料及有机玻璃等
26	防水材料		构造层次多或比例大时，采用上面图例
27	粉刷	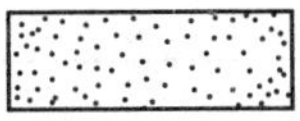	本图例采用较稀的点

1.2.9 建筑施工图的识读方法

建筑施工图识读时需要注意以下几点要求：

(1) 要了解房屋的组成及各部分的构造，只有这样才容易看懂图纸。

(2) 掌握正投影原理，熟悉施工图的规定画法以及常用的图例、符号、线型和比例。

(3) 注意各类图的尺寸单位，如总平面图中尺寸以米（m）为单位，而建筑平面图的尺寸以毫米（mm）为单位。

(4) 看图时必须由整体到局部，循序渐进，逐步深入。首先看目录和总说明，了解工程概况，然后按照图纸编排顺序的先后分类进行阅读。

(5) 看图时要细心，要将图纸相互对照看，注意图形上相互之间是否吻合，尺寸数字是否吻合，原图和详图是否吻合。除应能看懂图纸外，还应能校核出图纸中的错误。

1.3 建筑设计说明

建筑设计说明是指概括总体问题的说明。它一般包括图纸目录和设计说明的具体内容。

1.3.1 图纸目录

图纸目录应包括各类图纸中每张图纸的名称和编号。图纸目录应先列新绘制图纸，后列选用的标准图或重复利用图。表1-3所示为某老年人活动中心建筑施工图图纸目录。由表1-3可知，本工程建筑施工图共有8张图纸。

表1-3　某老年人活动中心建筑施工图图纸目录

序号	图别	图号	图纸名称	张数	图纸规格
1	建施	01	建筑图纸目录　建筑施工图设计说明 围护结构保温隔热措施及热工性能指标表	1	A2＋1/4
2	建施	02	建筑施工图设计说明　室内装修做法表　门窗表 门窗大样　卫生间浴室平面详图	1	A2＋1/4
3	建施	03	一层平面图	1	A2＋1/4
4	建施	04	二层平面图	1	A2＋1/4
5	建施	05	三层平面图　节点详图	1	A2＋1/4
6	建施	06	①～⑯轴立面图　⑯～①轴立面图	1	A2＋1/4
7	建施	07	Ⓐ～Ⓔ轴立面图　Ⓔ～Ⓐ轴立面图　1－1剖面图　2－2剖面图　3－3剖面图　节点详图	1	A2＋1/4
8	建施	08	楼梯平面详图	1	A2＋1/4

1.3.2　设计说明

设计说明主要包括委托单位、工程名称、建筑面积、结构形式、层数、设计标高、设计依据、施工要求及注意事项等，不同的工程设计说明会略有所不同。举例某老年人活动中心建筑施工图设计说明包括的内容有：①设计依据；②工程概况；③设计标高；④墙体工程；⑤屋面工程；⑥门窗工程；⑦外装修工程；⑧内装修工程；⑨油漆涂料工程；⑩室外工程（室外设施）；⑪室内工程（室内设施）；⑫节能设计；⑬无障碍设计；⑭防火设计；⑮隔声设计；⑯环保及室内环境污染控制设计；⑰其他施工中注意事项。

工程概况内容一般应包括建筑名称、建设地点、建设单位、建筑面积、建筑基底面积、项目设计规模等级、设计使用年限、建筑层数和建筑高度、建筑防火分类和耐火等级、人防工程类别和防护等级、人防建筑面积、屋面防水等级、地下室防水等级、主要结构类型、抗震设防烈度等，以及能反映建筑规模的主要技术经济指标，如住宅的套型和套数（包括每套的建筑面积、使用面积）、旅馆的客房间数和床位数、医院的门诊人次和住院部的床位数、车库的停车泊位数等。

建筑节能设计说明应该包括：①设计依据；②项目所在地的气候分区及围护结构的热工性能限值；③建筑的节能设计概况、围护结构的屋面（包括天窗）、外墙（非透明幕墙）、外窗（透明幕墙）、架空或外挑楼板、分户墙和户间楼板（居住建筑）等构造组成和节能技术措施，明确外窗和透明幕墙的气密性等级；④建筑体形系数计算、窗墙面积比（包括天窗屋面比）计算和围护结构热工性能计算，确定设计值。

图1-25所示为某老年人活动中心的设计总说明。

建筑施工图设计说明

一、设计依据

1.1 甲方设计任务书、提供的航测图、建筑红线图及甲乙双方签订的设计合同。

1.2 甲方确认的初步设计文件修改意见。

1.3 本工程的建设主管单位、城市建设规划管理部门、消防部门、人防部门对本工程初步设计的审查批文。

1.4 现行的国家有关建筑设计主要规范、规程和规定：

《民用建筑设计统一标准》 （GB 50352—2019）
《办公建筑设计规范》 （JGJ 67—2006）
《建筑设计防火规范》（2018年版） （GB 50016—2014）
《公共建筑节能设计标准》 （GB 50189—2015）
《屋面工程技术规范》 （GB 50345—2012）
《工程建设标准强制性条文（房屋建筑部分）》（2009年版）
《建筑工程设计文件编制深度规定》（2008年版）
《全国民用建筑工程技术措施规划建筑》（2009年版）
《无障碍设计规范》 （GB 50763—2012）

二、项目概况

2.1 项目名称：河南省内黄监狱职工之家，建设地点：河南省内黄县。

2.2 总建筑面积：1 503.48 m²，建筑基底面积：873.18 m²，建筑高度 8.850 m。

2.3 建筑层数：地上 3 层。

2.4 耐火等级为：二级。

2.5 屋面防水层合理使用年限为 15 年。

2.6 主要结构类型：框架结构，抗震设防烈度：7.0 度，设计基本地震加速度值为 0.15g，设计使用年限 50 年。

2.7 建筑物和图功能：一层为健身房、小会议室、办公室、阅览室、传达室办公室和图书室；三层为储藏室。

三、设计标高

3.1 本工程 ±0.000 相当于绝对标高由现场实际情况而定。

3.2 各层标注标高为建筑完成面标高，屋面标高为结构面标高。

3.3 本工程标高以 m 为单位，总平面尺寸及坐标以 m 为单位，其他尺寸以 mm 为单位。

四、墙体工程

4.1 轴线定位：框架柱详见结施图。

4.2 墙体材料：承重墙、构造柱详见尺寸及厚度详见结施图，填充外墙采用 200 mm 厚加气混凝土砌块，填充墙采用 200 mm 厚加气混凝土砌块，内隔墙采用 200 mm 厚加气混凝土砌块。

4.3 墙体构造措施：加气混凝土砌块外墙外墙合女儿墙压顶做 100 mm 厚通长现浇钢筋混凝土圈梁，纵向配筋 3ϕ8 两端锚入混凝土墙柱或构造柱内，分布筋 ϕ6@200，混凝土强度等级 C20；填充墙构造柱位置及做法详见结施图；填充墙与混凝土墙柱相接处及电线导管等设槽处，填充墙网丝网布夹放粘贴附聚丙玻璃纤网格布抹聚合物砂浆加强加强带处及各基体的搭接宽度不小于 150 mm；顶层内墙面粉刷砂浆中宜掺入抗裂纤维，长度不小于 300 mm 的墙梁可根据施工需要浇筑混凝土砌块堵实，其他加气混凝土墙施工工艺及各构造要求参照图集《加气混凝土砌块》（12YJ3－4）。

4.4 墙体防水：厕浴间四周墙板底四周墙下除门洞外，向上做 180 mm 高混凝土翻边，与楼板一同浇筑。

4.5 墙身防潮层：在室内地坪下约 60 mm 处做 20 mm 厚 1:2 水泥砂浆内加 3%~5% 防水剂的墙身防潮层（在地标高差变化处混凝土构造可不做），当室内地坪变化处做，如埋土侧外，还应满刷 1.5 mm 厚聚氨酯防水涂料（或其他防潮材料）。

4.6 墙体预留洞封堵：墙上的预留洞见结施说明；混凝土墙预留洞的封堵填实，防火墙上留洞填堵见建筑施工图和设备图，砌筑墙预留洞过梁见结施施工图，砌筑墙的封堵用 C20 细石混凝土填实，防火墙上留洞填堵见建筑施工图和设备图，设备安装完毕后，用 C20 细石混凝土填实，防火墙上留洞填堵为防火封堵。

五、屋面工程

5.1 本工程屋面防水等级为Ⅲ级，防水层合理使用年限为 15 年，屋面节点索引见建施"屋面平面图"。

5.2 屋面做法为 12YJ1 屋 6（B1－65－F1），屋面管道见 UPVC 管材，雨水管见屋面平面图。

5.3 屋面排水组织见 12YJ1 屋面平面图，所有保温材料厚度，应按照国家预算 12YJ5－1 第 22 页 2，雨水管为充分考虑外保温平台排水找坡为 2%，雨水找坡平台排水找坡均为 1%。

固定件长度无充分考虑外保温材料厚度，所有平屋面水平合排水找坡均为 1%。

厚高聚物改性沥青防水卷材

图 1-25 某老年人活动中心设计总说明

5.4 泛水做法见12YJ5-1第10页详图B，女儿墙压顶及防水层收头做法见12YJ5-1第9页详图F。
5.5 屋面落水口做法见12YJ5-1第19页详图2（内排水），雨水管配件组合做法见12YJ5-1第21页详图1（内排水）。

六、门窗工程
6.1 建筑外门窗抗风压性能分级为2级，气密性能分级为4级，水密性能分级为3级，保温性能分级为7级，隔声性能分级为3级。
6.2 门窗玻璃的选用应遵照《建筑玻璃应用技术规程》（JGJ 113—2015）和《建筑玻璃管理规定》（发改运行[2003] 2116号）执行。
6.3 门窗立面表示洞口尺寸，门窗加工尺寸要按照装修面厚度由承包商自行调整。门窗制作安装应实测现场各洞口尺寸及各门窗编号个数，以防止由于构造误差造成安装困难。
6.4 门窗立樘：外门立樘见门窗身节点图，外墙详图。
6.5 门窗选料：颜色、玻璃选型见"门窗表"附注，门立樘五金件要求为合格件不锈钢配件，外墙门开启窗型材采用深褐色塑钢框料，6+12+6（mm）厚中空玻璃，空间层为12 mm。
6.6 凡距玻璃边均应加设防窗扇脱落的限位装置，首层外窗应加设护栏，做法为12YJ1第9页详图2。卫生间窗宜高出楼地面20 mm。

七、外装修工程
7.1 外装修设计和做法索引见立面图、外墙详图。
7.2 设有外墙外保温构造的建筑详见建筑外墙节能保温构造二次设计的轻钢构架、装饰物等，向施工单位设计与使用单位商定。
7.3 承包商进行二次设计的器身处其他信息报知由使用单位所供应并供现场确认样板，经确认后按样板，向建设设计单位提供预埋件的设置要求。
7.4 外装修选用的各项材料其材质、规格、颜色等，均由施工单位提供样板，经建设和设计单位确认后封样，并据此验收。

八、内装修工程
8.1 内装修工程执行《建筑内部装修设计防火规范》（GB 50037—2013）；一般执行《建筑地面设计规范》（GB 50222—2017），楼地面部分执行《建筑地面设计规范》。
8.2 楼地面构造交接处和地坪高度变化处，除图中另有注明外均位于不平开启门平面处。

8.3 凡设有地漏房间应做防水门，应低于相邻房间≥15 mm或做挡水，挑阳台墙衣架由施工单位制作样板和选材时选用成品，楼面0.5%~1%坡度向地漏；有水房间的楼地面保温应做防水层。
8.4 内装修选用的各项材料，均由施工单位制作样板和选材时选用成品，经建设和设计单位确认，经建设和设计单位确认，经建设和设计单位确认样板，并据此进行验收。

九、油漆涂料工程
9.1 室内装修所采用的油漆涂料见"室内装修做法表"。
9.2 内木门油漆选用深褐色醇酸磁漆，做法为12YJ1第82页涂22。
9.3 楼梯平台、护窗栏杆选用黑色醇酸磁漆，做法为12YJ1第82页涂22。棕色醇酸磁漆，做法为12YJ1第82页涂22。
9.4 室内外各类露明金属件的油漆为刷防锈漆1道后再做同室内外部位相同颜色的漆，做法为12YJ1第80页涂15。
9.5 钢结构表面处理按照《涂覆涂料前钢材表面处理表面清洁度的目视评定》（GB/T 8923）规定钢构件表面需采取喷砂处理，表面需达到Sa2（1/2）除锈等级。
9.6 各项油漆由施工单位制作样板，经确认后封样，并据此进行验收。

十、室外设施（室外设施）
10.1 台阶坡道做法见12YJ6第9页详图1。
10.2 散水做法见12YJ9-1第63页详图2。
10.3 台阶挡墙做法见12YJ6第9页详图2。

十一、室外工程（室外设施）
11.1 卫生洁具由设计单位与设计单位商定。
11.2 灯具等影响美观的器具的器身处信息报知由使用单位使用成品后，位置应不影响人员通行及消防设备运行。
11.3 底层大厅处设信息报知由使用单位使用成品后，位置应不影响人员通行及消防设备运行。

十二、节能设计
12.1 建筑节能设计依据《公共建筑节能设计标准》（GB 50189—2015）。
12.2 本工程建筑专业的节能设计涉及如下方面：
总平面规划中的朝向、间距、自然通风和绿化。
单体体形中的体形、自然通风、窗墙比。
围护结构（屋顶、外墙、楼梯间隔墙、外门窗）的保温措施及其热工性能指标。
12.3 围护结构保温措施隔热措施及热工性能指标详见下表：

图1-25 某老年人活动中心设计总说明（续）

数为 0.43 W/(m²·K)。屋面保温拟采用 65 mm 厚挤塑聚苯乙烯泡沫塑料板，其燃烧性能 B1 级；屋面传热系数不小于 500 mm 的 A 级 50 mm 厚岩棉板设置水平防火隔离带，屋顶与外墙交界处及屋顶开口部位四周的保温层，屋顶防水层及保温层采用 40 mm 厚 C20 细石混凝土内配 φ4@150×150 钢筋网片作为不燃材料进行覆盖。

12.4 外墙保温采用 50 mm 厚膨胀聚苯板外墙外保温系统，做法详见 12YJ3-1D 型其燃烧性能为 B2 级，每两层在楼层处做阻止火势蔓延的水平防火隔离带，做法详见《JH膨胀玻化微珠保温砂浆构造》(09YJT3-2) 页，其宽度为 300 mm，燃烧性能为 A 级，外墙平均传热系数 0.49 W/(m²·K)。

12.5 在建筑内临楼梯间和走廊一侧墙体做 20 mm 厚胶粉聚苯颗粒保温浆料，墙体传热系数 0.69 W/(m²·K)。

12.6 外门窗采用塑钢型材，6+12+6 (mm) 厚中空玻璃，空气间层为 12 (mm)，传热系数为 2.6 W/(m²·K)。

围护结构保温隔热措施及热工性能指标表

部位		传热系数 K / (W·m⁻²·K⁻¹)		热阻 R / (m²·K·W⁻¹)	
		规定指标	设计指标	规定指标	设计指标
屋顶		$K \leq 0.45$	$K = 0.43$		
外墙		$K \leq 0.50$	$K = 0.49$		
热桥					
不采暖地下室上部楼板		$K \leq 0.50$	$K = 0.71$		
楼梯间隔墙					
户门		$K \leq 1.65$	$K = 0.69$		
外门窗		$K \leq 3.00$	$K = 2.60$		
地面	周边地面			$R \geq 1.5$	$R = 1.69$
	非周边地面			$R \geq 1.5$	$R = 1.69$
窗墙面积比：北向 0.12，南向 0.17，东向 0.09，西向 0.06，体形系数 0.36					

选用主要图集号 (OBJT19-20-2012)

	工程用料做法	选用主要图集号
1		12YJ1
2	外墙外保温构造	12YJ3-1
3	常用窗	12YJ4-1
4	平屋面	12Y65-1
5	室外装修及配件	12YJ6
6		12YJ1
7	厨房、卫生间排气道	12YJ8 楼梯
8		12YJ9-1
9	卫生间洗漱设施	12YJ11-3
		12YJ12
10	无障碍构造	12YJ13

十三、无障碍设计

13.1 本工程建筑性质为二类办公建筑（含室外地面坡度，执行《无障碍设计规范》(GB 50763—2012)，无障碍设计部位有建筑入口、卫生间（含无障碍厕位）。

残障人士通过的门扇用大门把手和关门拉手，门扇下方设 350 mm 高的护门板，门扇弹簧门采用肘关节自动开启门。板门闭器弹簧力采用符合人体视觉玻璃横式门力小的，设置两侧疏散走道观察线安装玻璃视窗并以斜面过渡。无障碍坡道栏杆扶手法详见 12YJ13 第 17 页详图 1，坡道做法详见 12YJ1 坡 2。

13.2 楼梯台阶应扶手，楼梯做法详见《建筑设计防火规范》(2018 年版)》(GB 50016—2014)。

十四、防火设计

14.1 本工程其耐火等级为二级，耐火板限 1.5 h；管道穿过墙楼板时，消火栓灭火系统。

14.2 本工程设有应急照明系统及疏散指示标志照明系统，消火栓灭火系统。

14.3 防火分区：本建筑为一个防火分区；楼梯间部疏散楼梯，一部为室外疏散楼梯的门采用乙级防火门。

14.4 防火墙构造：楼板采用钢筋混凝土现浇板，双面抹灰，采用 C20 细石混凝土板与钢结构缝填塞密实；隔墙应砌至梁板底部。

十五、隔声设计

15.1 办公室关窗状态下噪声级别 ≤50 dB。

15.2 内墙 200 mm 厚加气混凝土砌块，双面抹灰，空气计权隔声量 ≥40 dB。

15.3 楼板 100 mm 厚钢筋混凝土现浇板，下部抹灰，上部 0 mm 厚面层，计权标准化平均撞击声压声级 ≤75 dB。

图 1-25 某老年人活动中心设计总说明（续）

室内装修做法表

部位 房间名称	楼、地面 编号	楼、地面 名称	踢脚 编号	踢脚 名称	内墙面 编号	内墙面 名称	顶棚 编号	顶棚 名称	备注
一层：健身房、小会议室、办公室、阅览室大厅、传达室、图书阅览室	地19	地砖楼面	踢22	面砖踢脚	内墙4 涂24	混合砂浆墙面	顶3 涂24	混合砂浆顶棚	内墙所有门窗洞口反墙身阳角均做水泥砂浆抹护角参见 12YJ7-P14-1
一层：楼梯间	楼10	地砖楼面	踢22	面砖踢脚	内墙4 涂24	混合砂浆墙面	顶3 涂24	混合砂浆顶棚	
二层：卫生间、浴室	地52	地砖楼面			内墙11	面砖墙面	顶3 涂24	水泥砂浆顶棚	
二层：办公室楼梯间、图书阅览室	楼10	地砖楼面	踢22	面砖踢脚	内墙4 涂24	混合砂浆墙面	顶3 涂24	混合砂浆顶棚	
三层：储藏室、楼梯间	楼1	水泥砂浆楼面	踢1	水泥踢脚	内墙7	水泥砂浆墙面	顶3 涂24	混合砂浆顶棚	

注：装修不同步时室内均预留毛墙、毛地面。

图 1-25 某老年人活动中心设计总说明（续）

十六、环保及室内环境污染控制设计
16.1 总体规划采取了有利于环保和控污的措施。
16.2 各种污染物（如废气、废水、过敏、噪声、油污等）均采取了有效措施控制和防治并达标。
16.3 尽量采用可回收再利用的建筑材料，不使用焦油类、石棉类产品材料。
16.4 建筑设计充分利用地形地貌，尽量不破坏原有的生态环境。

十七、其他施工中注意事项
17.1 各种设备管线交叉点坚向距离，保证设计规定的空间净高尺寸。
17.2 土建施工中应注意将建筑、结构水电等专业施工图纸相互对照，确认诸墙体及楼板各种预留孔洞尺寸及部位无误时方可进行施工，若有疑问应提前与设计院沟通解决。
17.3 本工程建筑内部装修设计可由业主及建设方根据需要进行二次装修，二次装修材料及做法应当符合《建筑内部装修设计防火规范》(GB 50222—2017) 的要求。
17.4 经营存放和使用甲乙类危险品的商店作坊和储藏间严禁附设本楼内。
17.5 室外工程（道路坚向）另详见总图。
17.6 室外景观由建设单位另行委托设计。
17.7 施工中应严格执行国家各项施工质量验收规范。

1.4 总平面图

1.4.1 总平面图的形成与用途

建筑总平面图是假设在建设区的上空向下投影所得的水平投影图。在画有等高线或坐标方格网的地形图上，加画上新设计的乃至将来拟建的房屋、道路、绿化（必要时还可画出各种设备管线布置以及地表水排放情况）并标明建筑基地方位及风向的图样，便是总平面图，如图 1-26 所示。

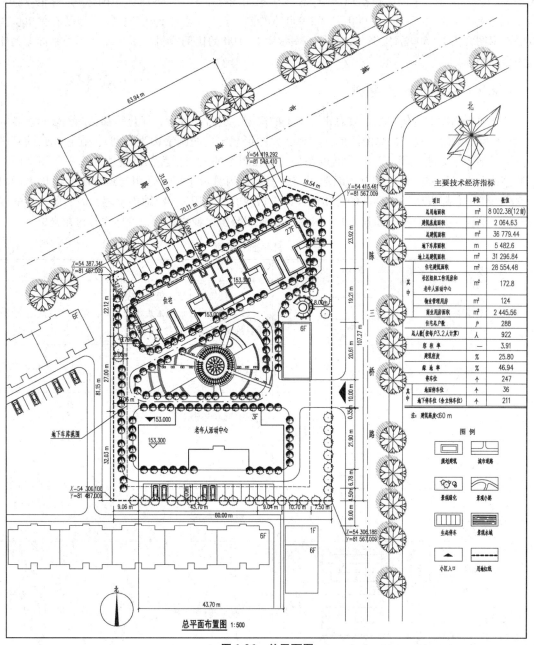

图 1-26　总平面图

总平面图是用来表示整个建筑基地的总体布局,包括新建房屋的位置、朝向以及周围环境(如原有建筑物、交通道路、绿化、地形、风向等)的情况。总平面图是新建房屋定位、放线以及布置施工现场的依据。

1.4.2 总平面图的比例

如果图样上某线段长度为 10 mm,实际物体上与其相对应部位的线段长度也是 10 mm,则比例为 1 比 1,写成 1:1。如果图样上某线段的长度为 10 mm,而实际物体上与其相对应部位的线段长度为 1 000 mm,则比例为 1 比 100,写成 1:100。比例的大小是指其比值的大小,如 1:50 大于 1:100。由于总平面图包括地区较大,《国家制图标准》(以下简称"国标")规定:总平面图的比例应用 1:500、1:1 000、1:2 000 来绘制。实际工程中,由于国土局以及有关单位提供的地形图常为 1:500 的比例,故总平面图常用 1:500 的比例绘制。图 1-26 所示总平面图的比例为 1:500。

1.4.3 总平面图的图例

由于总平面图的比例较小,故总平面图上的房屋、道路、桥梁、绿化等都用图例表示。表 1-4 列出的为"国标"规定的总图图例(图例:以图形规定出的画法称为图例)。在较复杂的总平面图中,如用了一些"国标"上没有的图例,应在图纸的适当位置加以说明。总平面图常画在有等高线和坐标网格的地形图上,地形图上的坐标称为测量坐标,是用与地形图相同比例画出的 50 m×50 m 或 100 m×100 m 的方格网,此方格网的竖轴用 x,横轴用 y 表示。一般房屋的定位应标注其三个角的坐标,如建筑物、构筑物的外墙与坐标轴线平行,可标注其对角坐标。

表 1-4 总平面图图例

位置	图例	说明
新建的建筑图	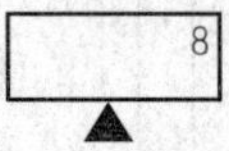	(1) 建筑物外墙用粗实线表示。 (2) 需要时,可用 ▲ 表示出入口,可在图形内右上角用点数或数字表示层数
原有的建筑物		用细实线表示
计划扩建的项目		用中粗虚线表示
拆除的建筑物	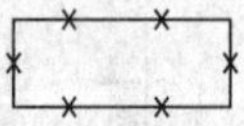	用细实线表示
新建的地下建筑物或构筑物	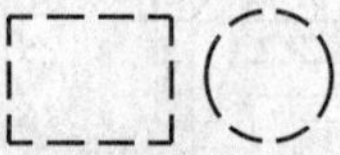	用粗虚线表示
铺砌场地	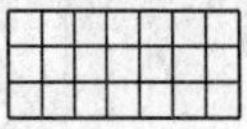	
敞棚或敞廊	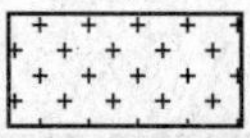	

续表

位置	图例	说明
围墙及大门	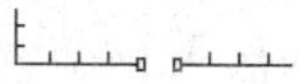 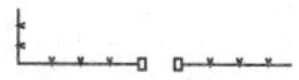	上图为砖石、混凝土或金属材料的围墙。 下图为镀锌铁丝网、篱笆等围墙。 如仅表示围墙时，不画大门
挡土墙		被挡土在凸出的一侧
坐标	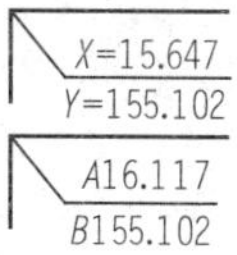 $X=15.647$ $Y=155.102$ $A16.117$ $B155.102$	上图表示测量坐标，下图表示施工坐标
填挖边坡	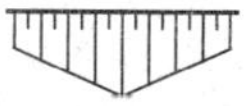	边坡较长时，可一端或两端局部表示
护坡	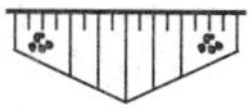	
室内标高	 3.600	
室外标高	 ▼143.000	
新建的道路	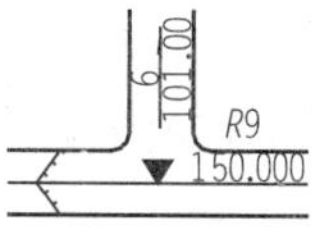 R9 150.000	①"R9"表示道路转弯半径为9 m，"150.000"为路面中心的标高，"6"表示6%，为纵向坡度，"101.00"表示变坡点间距离。 ②图中斜线为道路断面示意，根据实际需要绘制
原有的道路	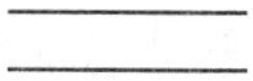	
计划扩建的道路	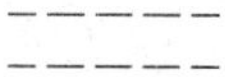	
人行道	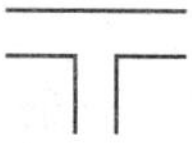	
桥梁（公路桥）	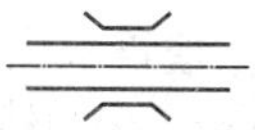	用于旱桥时应注明
雨水井与消火栓井		上图表示雨水井，下图表示消火栓井
针叶乔木		

续表

位置	图例	说明
常绿阔叶乔木		
针叶灌木		
常绿阔叶灌木		
草地	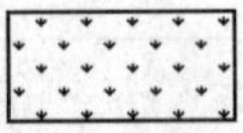	
花坛	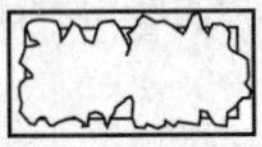	

1.4.4 总平面图的基本内容

总平面图上需要注明以下内容：

（1）标明新建筑的总体布局，如拨地范围、各建筑物以及构筑物的相对位置、道路和绿化的布置情况、土方填挖情况、地面坡度及雨水排水方向等。

（2）确定新建房屋的平面位置，一般根据原有房屋或道路来定位，并标出定位尺寸，看看是否有要拆除的建筑物。

（3）注明地坪的绝对标高，注明新建建筑物底层室内地坪和室外地坪的绝对标高。

（4）画上指北针，指北针用于注明建筑物及构筑物的朝向。

（5）画上风向频率玫瑰图，风向频率玫瑰图用于表明该地区的常年主导风向。

（6）建筑物的层数，新建房屋的层数在房屋图形右上角上用点数或数字表示。一般低层、多层用点数表示层数，高层用数字表示，如果为群体建筑；也可统一用点数或数字表示。

（7）坐标网。总图中的坐标网有两种形式：测量坐标网和建筑坐标网。

测量坐标网是与地形图同比例的 50 m×50 m 或 100 m×100 m 的方格网。X 为南北方向轴线，X 的增量在 X 轴线上；Y 为东西方向轴线，Y 的增量在 Y 轴线上。测量坐标网交叉处画成十字线。

建筑物、构筑物平面两方向与测量坐标网不平行时常用建筑坐标。A 轴相当于测量坐标中的 X 轴，B 轴相当于测量坐标中的 Y 轴，选适当位置作坐标原点。画垂直的细实线。

（8）等高线。总平面图中通常用一组高层相等的封闭——等高线，表示地形高低起伏，等高线上标注的数字是绝对标高，单位为"m"。

1.4.5 总平面图的尺寸标注

总平面图上的尺寸应标注新建房屋的总长、总宽以及与周围房屋或道路的间距，尺寸以米（m）为单位，标注到小数点后两位。尺寸标注方法如图 1-26 所示。

1.4.6 总平面图的识读

总平面图的识读步骤如下:

(1) 看图名、比例、图例及有关的文字说明。图 1-26 所示为某老年人活动中心的总平面图,总平面图绘图比例为 1∶500,图中所涉及的图例在平面图的右下方予以给出。在平面图的右侧标注了该小区的主要建筑经济指标。

(2) 了解拟建建筑、原有建筑物位置、形状。在总平面图上将建筑物分成五种情况,即新建建筑物、原有建筑物、计划扩建的预留地或建筑物、拆除的建筑物和新建的地下建筑物或构筑物,当我们阅读总平面图时,要区分哪些是新建建筑物、哪些是原有建筑物。在设计中,为了清楚表示建筑物的总体情况,一般还在总平面图中建筑物的右上角以点数或数字表示楼房层数。如图 1-26 所示,在用地红线范围内平面图的正中间为一花园,花园的北侧为 27 层的住宅,总高度 >60 m,花园的南侧为 3 层的老年人活动中心楼,花园的东侧为 6 层的办公用房,均为新建建筑物。在用地红线范围外,北侧为城市道路,沿道路两侧为常绿阔叶乔木;东侧为城三桥路,沿道路两侧为常绿阔叶乔木;西侧和南侧为原有建筑物,南侧用地红线附近有常绿阔叶灌木,东侧为小区入口。

(3) 了解地形情况和地势高低。一般用等高线表示,由等高线可以分析出地形的高低起伏情况。如图 1-26 所示,该地区为平原区,地势平坦,无须标注等高线。

(4) 了解拟建房屋的平面位置和定位依据。拟建建筑的定位有三种方式:第一种是利用新建筑与原有建筑或道路中心线的距离确定新建筑的位置;第二种是利用施工坐标确定新建建筑的位置;第三种是利用大地测量坐标确定新建建筑的位置。如图 1-26 所示,通常采用建筑坐标在用地红线的四周。此用地红线为五边形,因此需要标 5 个坐标,从左上方开始,按顺时针方向其坐标分别为 (54 387.341,81 487.009)、(54 419.292,81 549.410)、(54 413.461,81 567.009)、(54 306.188,81 567.009)、(54 306.188,81 487.009)。

(5) 了解拟建房屋的朝向和主要风向,指北针和风向频率玫瑰图。如图 1-26 所示,在总平面图的右上方有风向频率玫瑰图,由风向频率玫瑰图可知主要风向为东北方向。

(6) 看新建房屋的标高。如图 1-26 所示,新建建筑物室内标高为 153.000 mm,室外标高为 153.300 mm,室内外高差为 0.300 mm,在总图中标高的单位以 m 计。

(7) 了解道路交通及管线布置情况。主要表示道路位置、走向以及与新建建筑的联系等。如图 1-26 所示,沿着北侧的建筑物、南侧的建筑物、中间的花园周围都布有道路,还有停车位,能够满足小区交通要求。

(8) 了解绿化、美化的要求和布置情况。如图 1-26 所示,在沿建筑物两侧均有绿化,总平面图中间还有专门花园,绿地率达到 46.94%,能够满足绿化的要求。

1.5 建筑平面图

1.5.1 建筑平面图的形成与用途

平面图的形成通常是假想用一水平剖切面经过门窗洞口将房屋剖开,移去剖切平面以上的部分,将余下部分用直接正投影法投影到 H 面上而得到的正投影图。即平面图实际上是剖切位置位于门窗洞口处的水平剖面图,如图 1-27 所示。

建筑平面图是用以表达房屋建筑的平面形状，房间布置，内外交通联系，以及墙、柱、门窗等构配件的位置、尺寸、材料和做法等内容的图样。建筑平面图简称"平面图"。

平面图是建筑施工图的主要图样之一，是施工过程中，房屋的定位放线、砌墙、设备安装、装修及编制概预算、备料等的重要依据。

1.5.2 建筑平面图的内容

建筑平面图一般应包括以下内容：
（1）轴线编号、门窗位置及编号、墙柱位置、各房间的名称等。
（2）室内外的有关尺寸及室内外地面的标高。
（3）电梯、楼梯的位置及楼梯上下方向及数量。
（4）各种符号，如剖面图的剖切符号、索引详图符号、指北针等。
（5）其他细部，如卫生洁具、散水、花池、台阶和坡道等。

1.5.3 平面图的识读

下面以图1-27所示某老年人活动中心的平面图为例来说明平面图的内容及识读。

1. 平面布置

从图1-27中可以看出建筑物的平面形状、内部房间布置、入口、走廊、楼梯位置及房间名称或编号，如图中的办公室、门厅、楼梯、会议室、阅览室、传达室、卫生间、休息区、健身房等。

2. 平面尺寸标注

建筑平面图标注的尺寸有外部尺寸和内部尺寸。

外部尺寸：在水平方向和竖直方向各标注三道。最外一道尺寸标注房屋水平方向的总长、总宽，称为总尺寸。图1-27所示建筑物总长53 300 mm，总宽21 800 mm；中间一道尺寸标注房屋的开间、进深，称为轴线尺寸（注：一般情况下两横墙之间的距离称为"开间"；两纵墙之间的距离称为"进深"）。最里边一道尺寸标注房屋外墙的墙段及门窗洞口尺寸，称为细部尺寸。如图1-27所示，传达室的开间4 500 mm，进深6 000 mm，为细部尺寸。

如果建筑平面图图形对称，宜在图形的左边、下边标注尺寸，如果图形不对称，则需在图形的各个方向标注尺寸，或在局部不对称的部分标注尺寸。

内部尺寸：应标注各房间长、宽方向的净空尺寸，墙厚及轴线的关系、柱子截面、房屋内部门窗洞口、门垛等细部尺寸。如图1-27所示，传达室的门尺寸2 100 mm（高）×1 000 mm（宽），传达室的窗尺寸1 500 mm（高）×2 400 mm（宽），此为内部尺寸。

3. 线型

建筑平面图的线型，按"国标"规定，凡是剖到的墙、柱的断面轮廓线，宜用粗实线，门扇的开启示意线用中粗实线表示，其余可见投影线则用细实线表示。如果需要表示水平剖切面以上的构配件或设备，以及在面以下的设施，则用虚线表示。

4. 图名

一般情况下，房屋有几层就应画几个平面图，并在图的下方标注相应的图名，如"底层平面图""二层平面图"等。图名下方应加一粗实线，图名右方标注比例。当房屋中间若干层的平面布局、构造情况完全一致时，则可用一个平面图来表达这相同布局的若干层，称为标准层平面图。如图1-27、图1-28所示，图名分别为"一层平面图"和"二层平面图"，平面图绘图比例为1∶100。

5. 图例

由于平面图是采用较小的比例绘制的，所以门、窗、洞等在图上是用图例表示的，部分图例见本章表1-2，其余图例可参阅《房屋建筑制图统一标准》(GB/T 50001—2017)。另外，各构件的材料不同，也应注明材料图例，见表1-2。

6. 建筑物各组成部分的标高

在建筑平面图中，建筑物各组成部分，如地面、楼面、楼梯平台面、室外台阶顶面、外廊和阳台面处，由于它们的竖向高度不同，一般都分别注明标高。建筑平面图中的标高，除特殊说明外，通常都采用相对标高，并将建筑物的底层室内地坪的标高定为±0.000（当底层地面存在高低时，在设计中一般是取其面积最大处作为基准面）。

楼地面有越度（泛水）时，越度（泛水）常通过箭头并加注坡度尺寸表示，如图1-27所示。

7. 门窗编号

为编制概预算的统计及施工备料，平面图上所有的门窗都应进行编号。门常用"M1""M2"或"M-1""M-2"等表示，窗常用"C1""C2"或"C-1""C-2"表示。图1-27所示传达室的门窗编号为C-4，M-1。门窗在建筑平面图中，只能反映出它们的位置、数量和宽度尺寸，而它们的高度尺寸、窗的开启形式和构造等情况是无法表示的。门窗的高度尺寸、窗的开启形式和构造等情况在立面图中体现。

8. 剖切符号

为了表示房屋竖向的内部情况，需要绘制建筑剖面图，其剖切位置应在底层平面图中标出，如图1-27中的1-1剖面所示。如剖面图与被剖切图样不在同一张图纸内，可在剖切位置线的另一侧注明其所在图纸号。如图中某个部位需要画出详图，则在该部位要标出详图索引标志。表示另有详图表示。平面图中各房间的用途，宜用文字标出，如"传达室""门厅""办公室"等。

9. 比例

平面图一般用1:100的比例绘制，如图1-27、图1-28所示，如需要也可用1:50或1:200。

1.5.4 屋顶平面图

1. 屋顶平面图的形成

房屋屋顶的水平投影称为屋顶平面图，如图1-29所示。

2. 屋顶平面图的内容与用途

屋顶平面图应表达以下内容：

(1) 屋面的排水情况，如排水分区、屋面坡度、天沟板及其上下水口的位置等。

(2) 屋面处的天窗、水箱、电梯机房、屋面的出入口、铁爬梯、烟囱、女儿墙及屋面变形缝等。

图1-29所示为某老年人活动中心的屋顶平面图。

1.5.5 平面图的画法

平面图的绘制应根据国标的规定，按要求绘制，具体画图步骤如图1-30所示：

(1) 定轴线网格，画墙身和柱子的轮廓线。

(2) 定门窗位置，画线部，如楼梯、台阶等。

(3) 检查无误后，擦去多余的作图线并加深图线。

(4) 注写尺寸、门窗编号、图名、比例及其他文字说明。

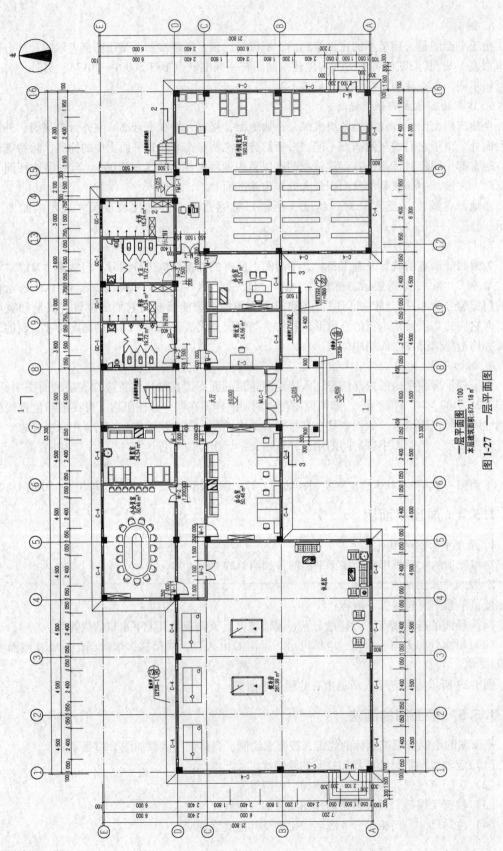

图1-27 一层平面图

第1章 建筑施工图

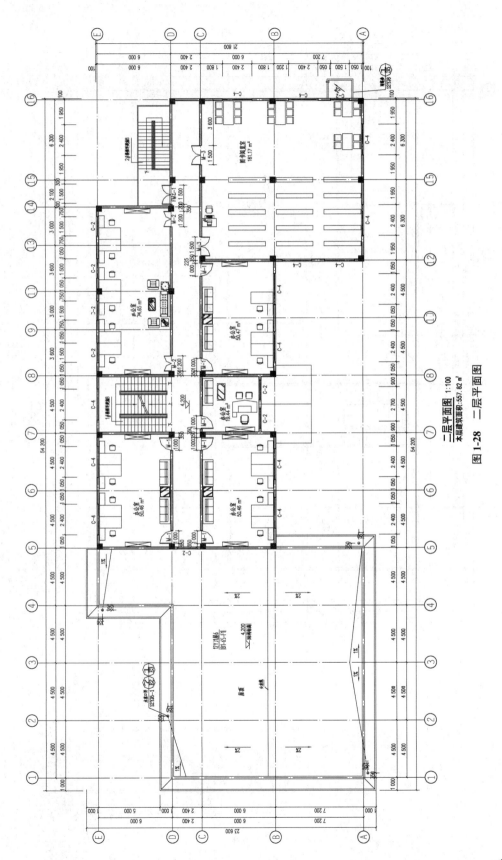

图 1-28 二层平面图

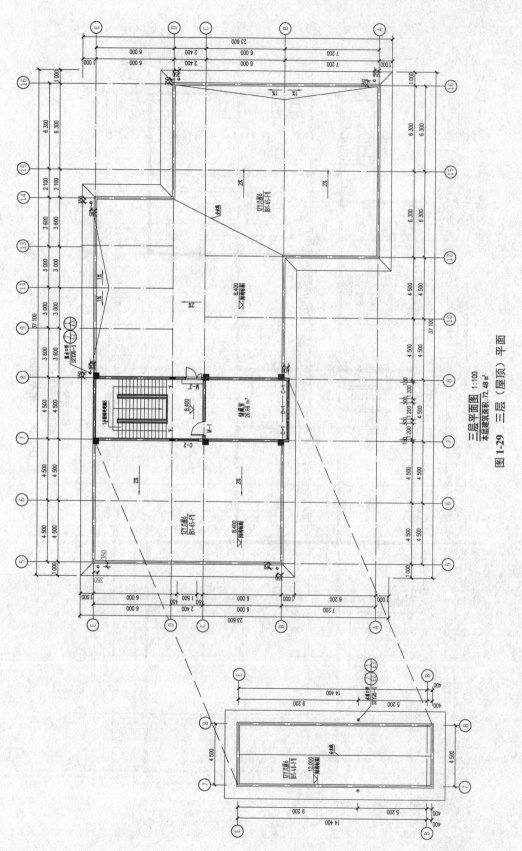

图 1-29 三层（屋顶）平面

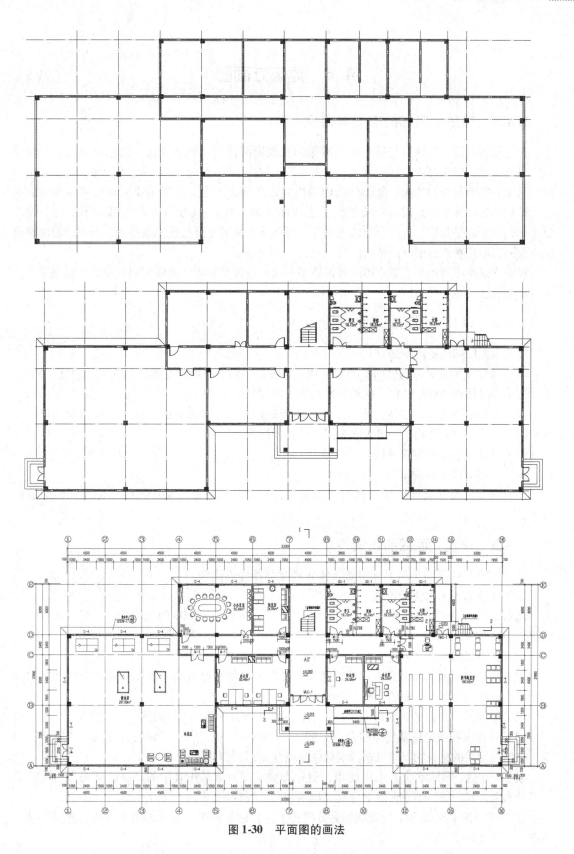

图 1-30 平面图的画法

1.6 建筑立面图

1.6.1 建筑立面图的形成与用途

在与建筑立面平行的铅直投影面上所做的正投影图称为建筑立面图,简称立面图。一幢建筑物是否美观,是否与周围环境协调,很大程度上取决于建筑物立面上的艺术处理,包括建筑造型与尺度、装饰材料的选用、色彩的选用等内容,在施工图中立面图主要反映房屋各部位的高度、外貌和装修要求,是建筑外装修的主要依据(图1-31)。房屋立面如有部分不平行于投影面,如部分立面呈弧形、折线形、曲线形等,可将该部分展开至与投影面平行,再用投影法画出其立面图,但应在该立面图图名后注写"展开"二字。

建筑立面图主要用来表达房屋的外部造型、门窗位置及形式,墙面装修、阳台、雨篷等部分的材料和做法(图1-31)。

1.6.2 建筑立面图的基本内容

建筑立面图的图示内容如下:

(1) 从建筑物外可以看见的室外地面线、房屋的勒脚、台阶、花池、门、窗、雨篷、阳台、室外楼梯、墙体外边线、檐口、屋顶、雨水管、墙面分格线等内容。

(2) 建筑物立面上的主要标高。如室外地面的标高、台阶表面的标高、各层门窗洞口的标高、阳台、雨篷、女儿墙顶、屋顶水箱间及楼梯间屋顶的标高。

(3) 建筑物两端的定位轴线及其编号。

(4) 需要详图表示的索引符号。

(5) 文字说明外墙面装修的材料及其做法,如立面图局部需画详图时应标注详图的索引符号。

1.6.3 建筑立面图的识读

下面以图1-31至图1-34所示立面图来说明立面图的识读。

1. 建筑立面图的比例及图名

建筑立面图的比例与平面图一致,常用1∶50、1∶100、1∶200的比例绘制。图1-31所示立面图采用比例为1∶100。

建筑立面图的图名,常用以下三种方式命名:

(1) 以建筑墙面的特征命名:常把建筑主要出入口所在墙面的立面图称为正立面图,其余几个立面相应的称为背立面图、侧立面图。

(2) 以建筑各墙面的朝向来命名,如东立面图、西立面图、南立面图、北立面图。

(3) 以建筑两端定位轴线编号命名,如①~⑯轴立面图,Ⓐ~Ⓔ轴立面图等。"国标"规定:有定位轴线的建筑物,宜根据两端轴线号编注立面图的名称。

施工图中这三种命名方式都可使用,但每套施工图只能采用其中的一种方式命名,无论采用哪种命名方式,第一个立面图都应反映建筑物的外貌特征。

图1-31至图1-34所示立面图的图名分别为①~⑯轴立面图、⑯~①轴立面图、Ⓐ~Ⓔ轴立面图、Ⓔ~Ⓐ轴立面图。

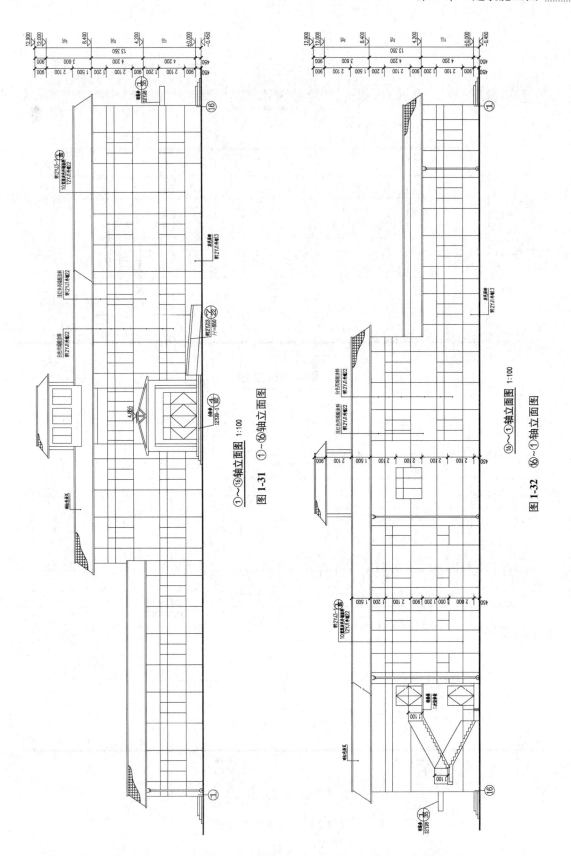

图1-31 ①～⑯轴立面图

图1-32 ⑯～①轴立面图

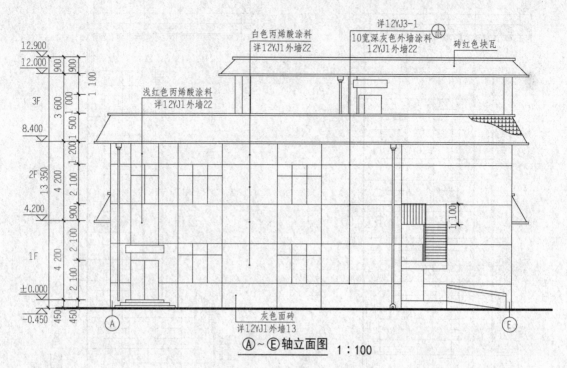

图 1-33　Ⓐ~Ⓔ轴立面图

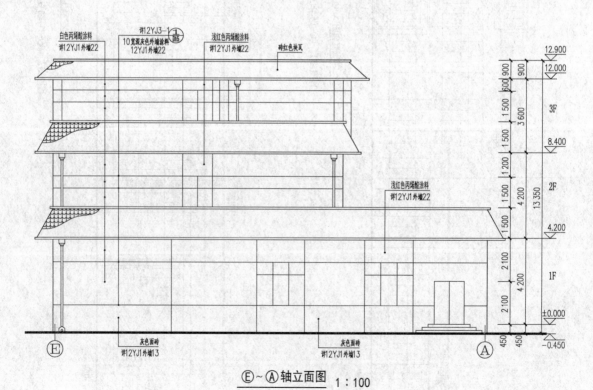

图 1-34　Ⓔ~Ⓐ轴立面图

2. 建筑立面图的线型

为了使建筑立面图主次分明，有一定的立体感，通常将建筑物外轮廓和较大转折处轮廓的投影用粗实线表示；外墙上凸出、凹进部位如壁柱、窗台、楣线、挑檐、门窗洞口等的投影用中粗实线表示；门窗的细部分格以及外墙上的装饰线用细实线表示；室外地坪线用加粗实线表示。门窗的细部分格在立面图上每层的不同类型只需画一个详细图样，其他均可简化画出，即只需画出它们的轮廓和主要分格。阳台栏杆和墙面复杂的装修，往往难以详细表示清楚，一般只画一部分，剩余部分简化表示即可，如图 1-31 所示。

3. 建筑立面图的尺寸标注

（1）竖直方向：应标注建筑物的室内外地坪、门窗洞口上下口、台阶顶面、雨篷、房檐下口、屋面、墙顶等处的标高，并应在竖直方向标注三道尺寸。如图 1-31 所示，建筑物的室内外地坪标高分别为 0.000、0.450，其他标高可从图中读出或算出。里边一道尺寸标注房屋的室内外高差、门窗洞口高度、垂直方向窗间墙、窗下墙高、檐口高度尺寸，各层门窗高度为 2 100 mm 等；中间一道尺寸标注层高尺寸。建筑物三层，其层高分别为 4 200 mm、4 200 mm、3 600 mm；外边一道尺寸为总高尺寸，总高尺寸为 13 350 mm。

（2）水平方向：立面图水平方向一般不注尺寸，但需要标出立面图最外两端墙的轴线及编号，并在图的下方，如图 1-31 所示。

（3）其他标注：立面图上可在适当位置用文字标出其装修，也可以不注写在立面图中，以保证立面图的完整美观，而在建筑设计总说明中列出外墙面的装修。

1.6.4 建筑立面图的画法

立面图的画法步骤如图 1-35 所示：

（1）画轴线，定室内外地坪线、屋面位置线。

（2）画墙线，定门窗位置及细部，如窗台、雨篷等。

（3）检查无误后，按制图标准加深图线，画出墙面分格线主门窗装饰线，并标注标高、图名及必要的文字说明。

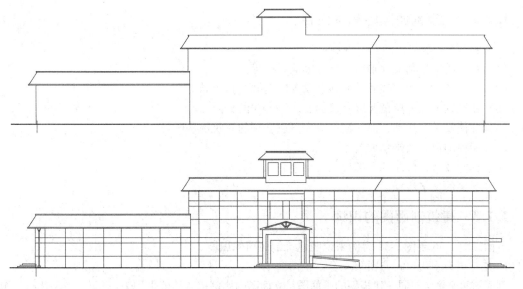

图 1-35　立面图的画法步骤

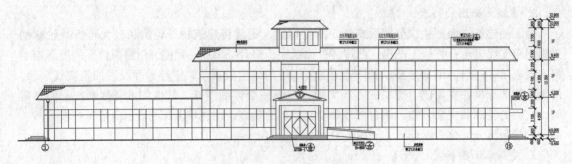

图 1-35 立面图的画法（续）

1.7 建筑剖面图

1.7.1 建筑剖面图的形成与用途

建筑剖面图是一假想剖切平面，平行于房屋的某一墙面，将整个房屋从屋顶到基础剖切开，把剖切面和剖切面与观察人之间的部分移开，将剩下部分按垂直于剖切平面的方向投影而画成的图样。建筑剖面图就是一个垂直的剖视图。

剖面图用以表示房屋内部的结构或构造方式，如屋面（楼、地面）形式、分层情况、材料、做法、高度尺寸及各部位的联系等。它与平、立面图互相配合用于计算工程量，指导各层楼板和屋面施工、门窗安装和内部装修等。

剖面图的数量是根据房屋的复杂情况和施工实际需要决定的；剖切面的位置，要选择在房屋内部构造比较复杂，有代表性的部位，如门窗洞口和楼梯间等位置，并应通过门窗洞口。剖面图的图名符号应与底层平面图上剖切符号相对应。平面图上剖切符号的剖视方向宜向左、向前，看剖面图应与平面图相结合并对照立面图一起看。

1.7.2 建筑剖面图的基本内容

建筑剖面图一般应包括以下内容：
(1) 必要的定位轴线及轴线编号，如墙、柱等。
(2) 剖切到的屋面、楼面、墙体、梁等的轮廓及材料做法。
(3) 建筑物内部分层情况以及竖向、水平方向的分隔。
(4) 即使没被剖切到，但在剖视方向可以看到的建筑物构配件。
(5) 屋顶的形式及排水坡度。
(6) 标高及必须标注的局部尺寸。
(7) 必要的文字注释。

1.7.3 建筑剖面图的识读

下面以图 1-36 至图 1-38 为例来说明建筑剖面图的识读。

1. 建筑剖面图的比例与图例

剖面图的比例常与同一建筑物的平面图、立面图的比例一致，即采用 1:50、1:100 和 1:200 绘制，由于比例较小，剖面图中的门窗等构件也是采用"国标"规定的图例来表示。

第1章 建筑施工图

为了清楚地表达建筑各部分的材料及构造层次，当剖面图比例大于1∶50时，应在剖到的构件断面画出其材料图例。当剖面图比例小于1∶50时，则不画具体材料图例，而用简化的材料图例表示其构件断面的材料，如钢筋混凝土构件可在断面涂黑以区别砖墙和其他材料。

如图1-36至图1-38所示，建筑剖面图的绘图比例为1∶100，图名分别为1-1剖面图、2-2剖面图、3-3剖面图。

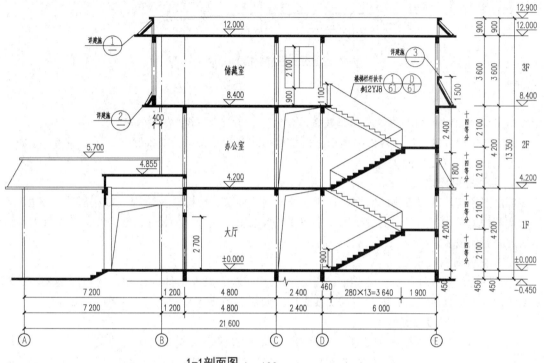

图1-36　1-1剖面图

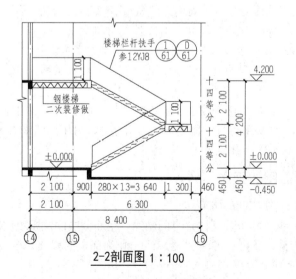

图1-37　2-2剖面图

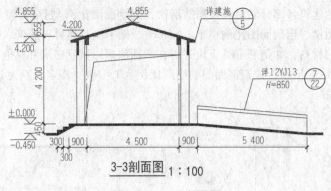

图1-38 3－3剖面图

2. 反映建筑物的内部构造及相互关系

剖面图中应反映房屋室内外地面以上的结构形式及相互关系，如各层梁、板、楼梯、屋面等的构造及其与墙（柱）的关系。

3. 反映建筑物室内设备和装饰

剖面图还应反映建筑物的墙面、顶棚、楼地面的面层、楼梯以及装饰（如踢脚线、墙裙等）的材料和构造做法，一般加引出线用文字注明其标准图或代号，如楼1、地1等，具体可查首页图内的材料做法表。

4. 建筑剖面图的线型

剖面图的线型按"国标"规定，凡是剖到的墙、板、梁等构件的剖切线用粗实线表示；而没剖到的其他构件的投影，则常用细实线表示，如图1-36所示。

5. 建筑剖面图的尺寸标注

（1）剖面图的尺寸标注在竖直方向上图形外部标注三道尺寸及建筑物的室内外地坪、各层楼面、门窗的上下口及墙顶等部位的标高。图形内部的梁等构件的下口标高也应标注，且楼地面的标高应尽量标注在图形内。外部的三道尺寸，最外一道为总高尺寸，从室外地平面起标到墙顶止，标注建筑物的总高度，图1-36所示建筑总高度为13 350 mm；中间一道尺寸为层高尺寸，标注各层层高（两层之间楼地面的垂直距离称为层高），建筑各层层高分别为4 200 mm、4 200 mm、3 600 mm；最里边一道尺寸称为细部尺寸，墙段长度分别为2 100 mm、2 100 mm、2 100 mm、2 100 mm、3 600 mm、900 mm。

（2）水平方向：常标注剖到的墙、柱及剖面图两端的轴线编号及轴线间距，并在图的下方注写图名和比例，如图1-36所示。

（3）其他标注：由于剖面图比例较小，某些部位如墙脚、窗台、过梁、墙顶等节点，不能详细表达，可在剖面图上的该部位处，画上详图索引标志，另用详图来表示其细部构造尺寸。此外楼地面及墙体的内外装修，可用文字分层标注。

1.7.4 建筑剖面图的画法

剖面图的画图步骤（图1-39）如下：

（1）画室内外地平线、最外墙（柱）身的轴线、楼面分层线及屋顶位置线。

（2）画墙厚、门窗洞口及可见的主要轮廓线，画细部，如屋面、台阶、梁板、檐口、女儿墙等。

（3）检查无误后，加深图线，注写标高、标注尺寸数字、书写文字说明。

第1章 建筑施工图

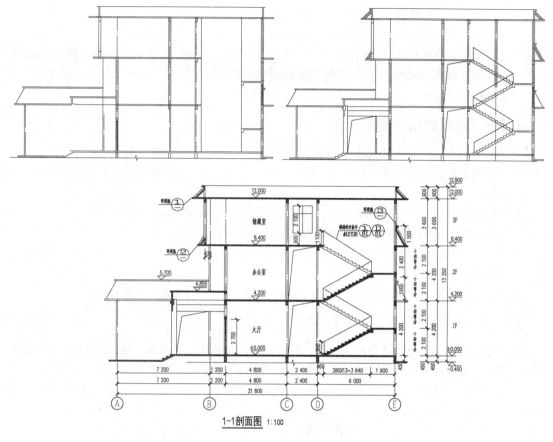

图 1-39 建筑剖面图的画法

1.8 建筑详图

1.8.1 建筑详图的用途

房屋建筑平、立、剖面图都是用较小的比例绘制的，主要表达建筑全局性的内容，但对于房屋细部或构配件的形状、构造关系等无法表达清楚，因此，在实际工作中，为详细表达建筑节点及建筑构、配件的形状、材料、尺寸及做法，而用较大的比例画出的图形，称为建筑详图或大样图。为了便于看图，常采用详图标志和详图索引标志。详图标志（又称详图符号）画在详图的下方；详图索引标志（又称索引符号）则表示建筑平、立、剖面图中某个部位需另画详图表示，故详图索引标志是标注在需要画出详图的位置附近，并用引出线引出。

建筑详图的特点：一是比例大，如 1∶50、1∶20、1∶10、1∶5、1∶2、1∶1 等，必要时，也可选用 1∶3、1∶4、1∶25、1∶30、1∶40 等；二是图示内容详尽清楚；三是尺寸标注齐全、文字说明详尽。

建筑详图的作用：建筑详图是建筑细部的施工图，是对建筑平面、立面、剖面图等基本图样的深化和补充，是建筑工程的细部施工、建筑构配件的制作及编制预算的依据。

1.8.2 建筑详图的分类

一套施工图中，建筑详图的数量视建筑工程的体量大小及难易程度来决定，建筑详图可分为局部大样图、节点构造详图和构配件详图三类。

建筑物或构筑物的局部放大图称为局部大样图，如楼梯详图、卫生间平面详图等。凡表达房屋某一局部构造做法和材料组成的详图称为节点构造详图（如檐口、窗台、勒脚、明沟等）。凡表明构配件本身构造的详图，称为构件详图或配件详图（如门、窗、楼梯、花格、雨水管等）。由于各地区都编有标准图集，故在实际工程中，有的详图可直接查阅标准图集。

1.8.3 建筑详图的索引

建筑详图的索引用于索引剖面详图的索引标志。应在被剖切的部位绘制剖切位置线，并以引出线引出索引标志，引出线所在的一侧应视为剖视方向。图中的粗实线为剖切位置线，表示该图为剖面图。

详图的位置和编号，应以详图符号（详图标志）表示。详图标志应以粗实线绘制，直径为14 mm。详图与被索引的图样，同在一张图纸内时，应在详图标志内用阿拉伯数字注明详图的编号。如不在同一张图纸内时，也可以用细实线在详图标志内画一水平直径，上半圆中注明详图编号，下半圆内注明被索引图纸的图纸编号。

屋面、楼面、地面为多层次构造。多层次构造用分层说明的方法标注其构造做法。

1.8.4 楼梯详图

楼梯是楼层垂直交通的必要设施，按使用功能分类，分为主要楼梯、辅助楼梯和消防楼梯；按材料分类，分为木楼梯、钢楼梯、钢筋混凝土楼梯和组合楼梯，其中钢筋混凝土楼梯又分为整体式楼梯和装配式楼梯；按平面形式分类，分为单跑楼梯（上下两层之间只有一个梯段）、双跑楼梯（上下两层之间有两个梯段、一个中间平台）、三跑楼梯（上下两层之间有三个梯段、两个中间平台）、多跑楼梯、其他形式楼梯。其中，单跑楼梯分为直行单跑楼梯、螺旋形单跑楼梯、弧形单跑楼梯和折形单跑；双跑楼梯分为直行双跑楼梯、平行双跑楼梯、转角双跑楼梯、双分式楼梯、双合式楼梯；三跑和多跑楼梯分为曲尺形三跑楼梯、三角形三跑楼梯、转角三跑楼梯和折形多跑楼梯（如四跑楼梯、五跑楼梯等）；其他形式楼梯分为剪刀楼梯和交叉楼梯，具体示意图如图1-40所示。

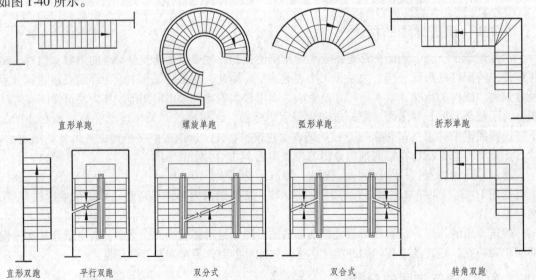

图1-40 楼梯的类型和形式

第1章 建筑施工图

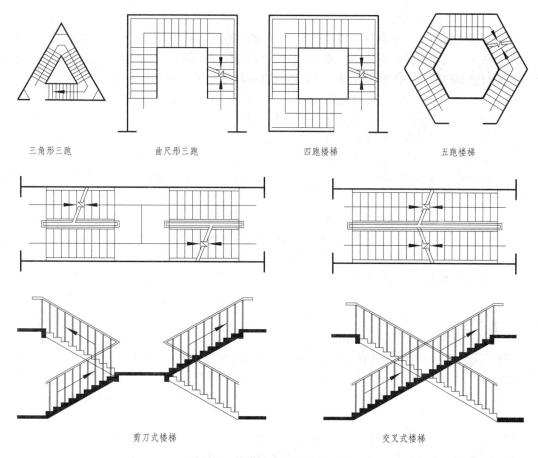

三角形三跑　　　　曲尺形三跑　　　　四跑楼梯　　　　五跑楼梯

剪刀式楼梯　　　　　　　　　交叉式楼梯

图 1-40　楼梯的类型和形式（续）

楼梯由梯段、平台和栏杆（或栏板）扶手组成。图1-41所示楼梯的组成示意图。

楼梯间详图包括楼梯间平面图、剖面图、踏步栏杆等详图，主要表示楼梯的类型、结构形式、构造和装修等。楼梯间详图应尽量安排在同一张图纸上，以便阅读。

1. 楼梯平面图

楼梯平面图常用1∶50的比例画出。楼梯平面图的水平剖切位置，除顶层在安全栏板（或栏杆）之上外，其余各层均在上行第一跑中间。各层被剖切到的上行第一跑梯段，都在楼梯平面图中画一条与踢面线呈30°的折断线（构成梯段的踏步中与楼地面平行的面称为踏面，与楼地面垂直的面称为踢面）。各层下行梯段不予剖切。而楼梯间平面图为房屋各层水平剖切后的直接正投影，如同建筑平面图，如中间几层构造一致，也可只画一个标准层平面图。故

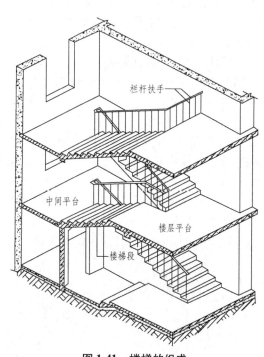

图 1-41　楼梯的组成

楼梯平面详图常常只画出底层、中间层和顶层三个平面图。

各层楼梯平面图宜上下对齐（或左右对齐），这样既便于阅读又便于尺寸标注和省略重复尺寸。平面图上应标注该楼梯间的轴线编号、开间和进深尺寸，楼地面和中间平台的标高，以及梯段长、平台宽等细部尺寸。梯段长度尺寸：踏面数×踏面宽＝梯段长。

图1-42为某老年人活动中心1#楼梯平面图。底层平面图中只有一个被剖到的梯段。标准层平面图中的踏面，上下两梯段都画成完整的。上行梯段中间画有一条与踢面线呈30°的折断线。折断线两侧的上下指引线箭头是相对的。顶层平面图的踏面是完整的。只有下行，故梯段上没有折断线。楼面临空的一侧装有水平栏杆。图中除标明开间、进深的尺寸外，还详细标注了楼梯各部分的平面尺寸，包括楼梯段板的长度和宽度尺寸（长为水平投影长度）、踏面宽度尺寸、楼梯平台宽度尺寸以及楼梯井的尺寸。

从图1-42中可以看出该楼梯为3跑楼梯，有14级踏步，每级踏步宽280 mm，楼梯总长（进深）6 000 mm，总宽（开间）4 500 mm，两侧梯段宽1 300 mm，中间梯段宽1 700 mm，休息平台宽1 900 mm，梯井宽100 mm。

从图1-43中可以看出该楼梯为2跑楼梯，有14级踏步，每级踏步宽280 mm，楼梯总长2 100＋900＋3 640＋1 300＝7 940 mm（进深），总宽2 600 mm（开间），梯段宽1 270 mm，休息平台宽1 300 mm，梯井宽60 mm。

2. 楼梯剖面图

楼梯剖面图常用1∶50的比例画出，有时为了绘图方便直接画在建筑剖面图中，与建筑剖面图绘图比例一致。其剖切位置应选择在通过第一跑梯段及门窗洞口，并向未剖切到的第二跑梯段方向投影（如图1-27中的剖切位置：1－1剖面）。图1-44为按图1-27剖切位置绘制的剖面图，绘图比例为1∶100。

剖到梯段的步级数可直接看到，未剖到梯段的步级数因栏板遮挡或因梯段为暗步梁板式等原因而不可见时，可用虚线表示，也可直接从其高度尺寸上看出该梯段的步级数。图1-44所示为某老年人活动中心的梯段步级数为14级。

多层或高层建筑的楼梯间剖面图，如中间若干层构造一样，可用一层表示这相同的若干层剖面，此层的楼面和平台面的标高可看出所代表的若干层情况。

楼梯间剖面图的标注如下：

（1）水平方向应标注被剖切墙的轴线编号、轴线尺寸及中间平台宽、梯段长等细部尺寸。

图1-44所示被剖切墙的轴线编号为Ⓓ轴和Ⓔ轴，轴线尺寸6 000 mm，休息平台宽1 900 mm，梯段长280×13＝3 640（mm）。

（2）竖直方向应标注剖到墙的墙段、门窗洞口尺寸及梯段高度、层高尺寸。梯段高度应标成：步级数×踢面高＝梯段高。一、二层层高为4 200 mm，三层层高为3 600 mm，女儿墙高900 mm，梯段高度：14×150＝2 100（mm）。

（3）标高及详图索引：楼梯间剖面图上应标出各层楼面、地面、平台面及平台梁下口的标高。如需画出踢步、扶手等的详图，则应标出其详图索引符号和其他尺寸，如栏杆（或栏板）高度。图1-44所示楼梯栏杆扶手做法参12YJ8（图集号）61页的1图和61页的D图。

第1章 建筑施工图

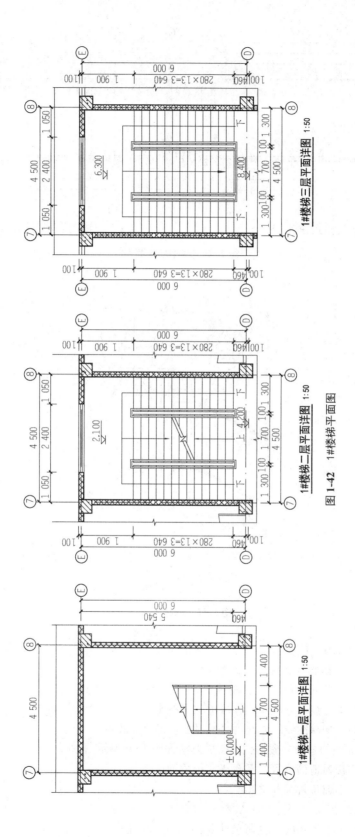

图 1-42 1#楼梯平面图

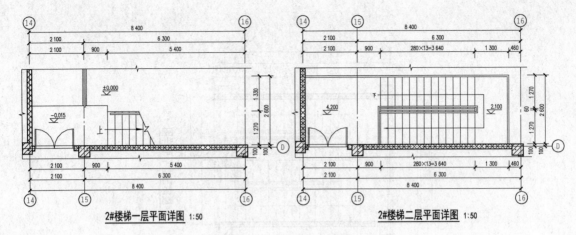

图 1-43 2#楼梯平面图

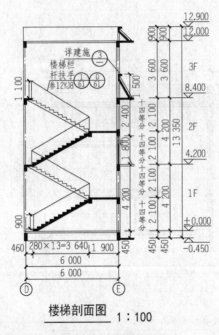

图 1-44 楼梯剖面图

3. 楼梯详图的画法

（1）楼梯平面图的画法。楼梯平面图的画法如图 1-45 所示。

①根据楼梯间的开间、进深及层高确定平台深度、梯段宽度、踏步尺寸、梯段水平投影长度、梯井宽度，用平行线等分法画出梯段的水平投影。

②检查无误后，加深图线，并注写尺寸及必要的文字说明。

（2）楼梯剖面图的画法。楼梯剖面图的画法如图 1-46 所示。

①画轴线、定楼梯地面位置、平台级楼梯段的位置。

②画出墙身、门窗位置线及踏步。

③画细部，如门窗、梁板、楼梯栏杆及材料图例。

④检查无误后，加深图线并注写尺寸及必要的文字说明。

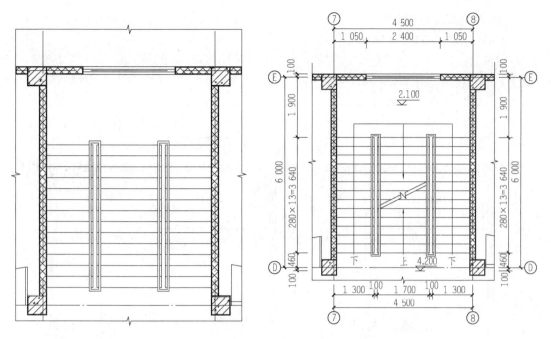

图 1-45 楼梯平面图的画法

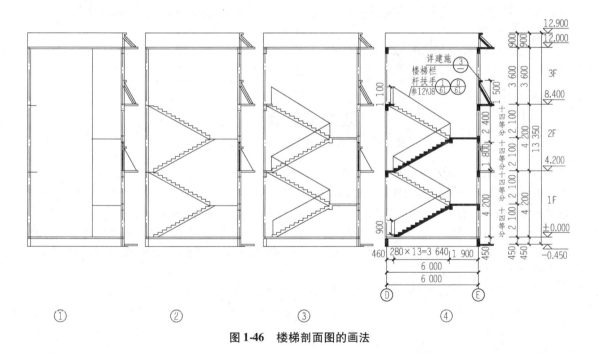

图 1-46 楼梯剖面图的画法

1.8.5 卫生间详图

卫生间详图主要表达卫生间内各种设备的位置、形状及安装做法等。

卫生间详图有平面详图、全剖面详图、局部剖面详图、设备详图、断面图等。其中，平面详图是必要的，其他详图根据具体情况选取采用，只要能将所有情况表达清楚即可。

卫生间平面详图是将建筑平面图中的卫生间用较大比例，如 1∶50、1∶40、1∶30 等，把卫生设备一并详细地画出的平面图。它表达出各种卫生设备在卫生间内的布置、形状和大小。图1-47所示为某老年人活动中心的卫生间详图。

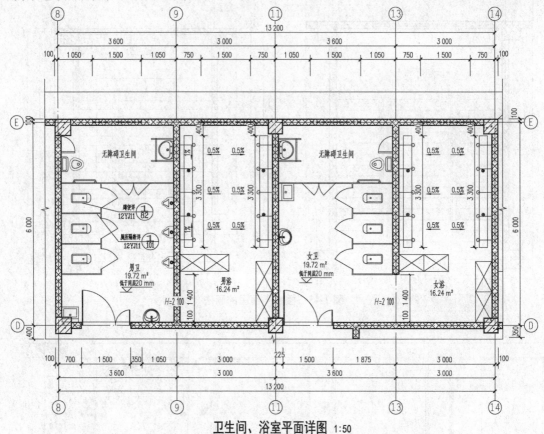

图1-47 某老年人活动中心的卫生间详图

卫生间平面详图的线型与建筑平面图相同，各种设备可见的投影线用细实线表示，必要的不可见线用细虚线表示；当比例≤1∶50时，其设备按图例表示。当比例＞1∶50时，其设备应按实际情况绘制。如各层的卫生间布置完全相同，则只画其中一层的卫生间即可。

平面详图除标注墙身轴线编号、轴线间距和卫生间的开间、进深尺寸外，还要注出各卫生设备的定量、定位尺寸和其他必要的尺寸，以及各地面的标高等，平面图上还应标注剖切线位置、投影方向及各设备详图的详图索引标志等。

其他详图的表达方式、尺寸标注等，都与前面所述详图大致相同，故不再重复。

图1-47为某老年人活动中心的卫生间详图，绘图比例为1∶50，图名"卫生间、浴室平面详图"；水平向轴线编号：⑧~⑭，竖直方向轴线编号：Ⓓ~Ⓔ；男女卫生间设计了浴室，卫生间开间3 600 mm，进深6 000 mm，浴室开间3 000 mm，进深6 000 mm，卫生间面积19.72 m²，浴室面积16.24 m²；卫生间设计了无障碍卫生间供特殊人群使用；浴室坡度0.5%，浴室排水沟，沟宽250 mm，沟深200 mm（最深度处），1%坡向泄水口，蹲便做法详图选用图集12YJ11的第82页的第1个图；厕所隔断做法详图选用图集12YJ11的第101页的第1个图。

1.8.6 外墙身详图

外墙身详图即房屋建筑的外墙身剖面详图，主要用以表达：外墙的墙脚、窗台、过梁、墙顶以及外墙与室内外地坪、外墙与楼面、屋面的连接关系；门窗洞口、底层窗下墙、窗间墙、檐口、女儿墙等的高度；室内外地坪、防潮层、门窗洞口的上下口、檐口、墙顶及各层楼面、屋面的标高；屋面、楼面、地面的多层次构造；立面装修和墙身防水、防潮要求，及墙体各部位的线脚、窗台、窗楣、檐口、勒脚、散水的尺寸、材料和做法等内容。

外墙身详图可根据底层平面图中，外墙身剖切位置线的位置和投影方向来绘制，也可根据房屋剖面图中，外墙身上索引符号所指示需要出详图的节点来绘制。

外墙身详图常用 1∶20 的比例绘制，线型同剖面图，详细地表明外墙身从防潮层至墙顶间各主要节点的构造。为节约图纸和表达简洁完整，常在门窗洞口上下口中间断开，成为几个节点详图的组合。有时，还可以不画整个墙身详图，而只把各个节点的详图分别单独绘制。多层房屋中，若中间几层的情况相同，也可以只画底层、顶层和一个中间层来表示。

外墙身详图的 ±0.000 或防潮层以下的基础以结施图中的基础图为准。层面、楼面、地面、散水、勒脚等和内外墙面装修的做法、尺寸应和建施图首页中的统一构造说明相对照。

图 1-48 所示为某老年人活动中心的一层外墙身详图。墙体厚度为 200 mm。底层窗下墙高为 900 mm，各层窗洞口高为 2 100 mm，室内地坪标高为 ±0.000 m，室外地坪标高 −0.300，底层地面、散水、檐口构造做法都可在图中看到。

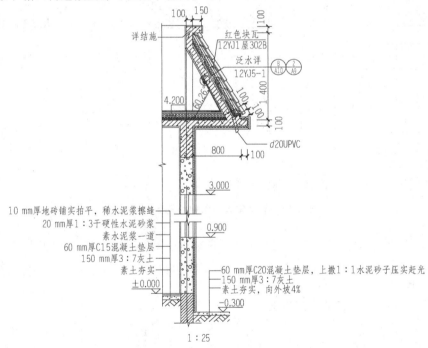

图 1-48 墙身局部剖面大样

1.8.7 门窗详图

门在建筑中的主要功能是交通、分隔、防盗，兼作通风、采光。窗的主要作用是通风、采光。

1. 门、窗详图的内容

门、窗详图的内容一般包括门、窗大样，门、窗表，门窗节点详图。门、窗是由门（窗）框、门（窗）扇及五金件等组成。门、窗洞口的基本尺寸，1 000 mm 以下时按 100 mm 为增值单位增加尺寸，1 000 mm 以上时，按 300 mm 为增值单位增加尺寸。例如，门的宽度尺寸一般为 600、700、800、900、1 000、1 200、1 500、1 800、2 100、2 400、2 700、3 000（mm）；门的高度尺寸一般为 1 800、2 100、2 400、2 700（mm）。

(1) 门、窗大样图。门、窗详图，一般都有分别由各地区建筑主管部门批准发行的各种不同规格的标准图（通用图、利用图）供设计者选用。若采用标准详图，则在施工图中只需说明该详图所在标准图集中的编号即可。如果未采用标准图集时，则必须画出门、窗详图。

图 1-49 所示为某老年人活动中心的窗大样图。

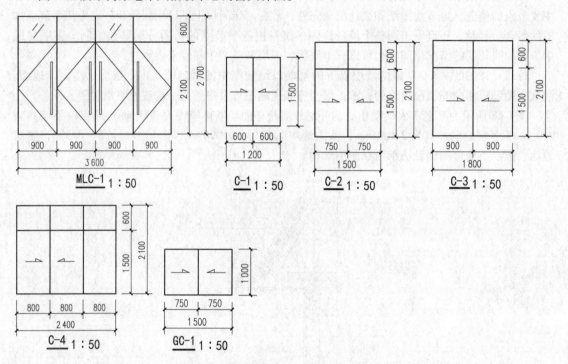

图 1-49　某老年人活动中心的窗大样图

门、窗详图由立面图、节点图、断面图和门窗扇立面图等组成。门、窗立面图，常用 1∶50 的比例绘制。它主要表达门、窗的外形、开启方式和分扇情况，同时标出门窗的尺寸及需要画出节点图的详图索引符号。

一般以门、窗向着室外的面作为正立面。门、窗扇向室外开称外开，反之为内开。"国标"规定：门、窗立面图上开启方向外开用两条细斜实线表示，如用细斜虚线表示，则为内开。斜线开口端为门、窗扇开启端，斜线相交端为安装铰链端。如图 1-50 所示，门扇为外开平开门，铰链装在右端，门上亮子为上悬窗，窗转向室内。

门、窗立面图的尺寸一般在竖直和水平方向各标注三道；最外一道为洞口尺寸，中间一道为门窗框外包尺寸，里边一道为门窗扇尺寸。

(2) 门、窗表。门、窗表统计门窗数量、做法、尺寸等。某老年人活动中心的门窗表 1-5。

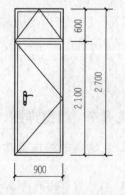

图 1-50　门扇外开示意图

表1-5　某老年人活动中心的门窗表

类别	编号	洞口尺寸		标准图集	型号	数量	备注
		宽	高				
门	M-1	1 000	2 100	12YJ4-1	1PM-1021	14	夹板门
	M-2	1 200	2 100	12YJ4-1	1PM-1221	3	夹板门
	M2′	1 200	2 100	12YJ4-1	$1PM_1$-1221	1	夹板门
	M3	1 500	2 100	12YJ4-1	1PM-1521	6	夹板门
	M-3′	1 500	2 100	12YJ4-1	$7PM_1$-1521	2	镶板门
	MLC-1	3 600	2 700	详本页		1	门联窗
	FM乙-1	1 500	2 100	12YJ4-2	GFM01-1521	2	乙级防火门
窗	C-1	1 200	1 500	详本页		3	80系列中空玻璃塑钢推拉窗
	C-2	1 500	2 100	详本页		9	80系列中空玻璃塑钢推拉窗
	C-3	1 800	2 100	详本页		1	80系列中空玻璃塑钢推拉窗
	C 4	2 400	2 100	详本页		35	80系列中空玻璃塑钢推拉窗
	GC-1	1 500	1 000	详本页		35	80系列中空玻璃塑钢推拉窗

（3）节点详图：节点详图常用1∶10或1∶5的比例绘制。节点详图主要表达各门窗框、门窗扇的断面形状、构造关系以及门、窗扇与门窗框的连接关系等内容。

习惯上将水平（或竖直）方向上的门、窗节点详图依次排列在一起，分别注明详图编号，并相应地布置在门、窗立面图的附近。

门、窗节点详图的尺寸主要为门、窗料断面的总长、总宽尺寸。如95×42、55×40、95×40等为"X-0927"代号门的门框、亮子窗扇上下冒头、门扇上、中冒头及边梃的断面尺寸。此外，还应标出门、窗扇在门、窗框内的位置尺寸。

2. 铝合金门、窗及钢门、窗详图

铝合金门窗及钢门、窗和木制门、窗相比，在坚固、耐久、耐火和密闭等性能上都较优越，而且节约木材，透光面积较大，各种开启方式如平开、翻转、立转、推拉等都可适应，因此已大量用于各种建筑上。铝合金门、窗及钢门、窗的立面图表达方式及尺寸标注与木门、窗的立面图表达方式及尺寸标注一致，其门、窗料断面形状与木门、窗料断面形状不同。但图示方法及尺寸标注要求与木门、窗相同。各地区及国家已有相应的标准图集。

铝合金门、窗的代号与木制门、窗代号稍有不同，如"HPLC"为"滑轴平开铝合金窗""TLC"为"推拉铝合金窗""PLM"为"平开铝合金门""TLM"为"推拉铝合金门"等。

3. 门窗类型代号

常用的门窗类型代号见表1-6。

表1-6　门窗类型代号

名称	代号	名称	代号
平开门	PM	内开叠合窗	DPC
推拉门	TM	上悬窗	SXC
平开门连窗	LCM	固定窗	GC

续表

名称	代号	名称	代号
平开门连推拉窗	TLCM	推拉窗	TC
弹簧门	EM	异形窗	YC
平开窗	PC	平开组合窗	ZPC
内平开下悬窗	PXC	推拉组合窗	ZTC

4. 门窗编号

门窗材质：塑料 S、铝合金 L、木 M、玻璃钢 BG、铝塑 LS、铝木 LM、单玻 D、中空玻璃 K、带纱扇 F；料型：60、70、80。门窗编号的写法如图 1-51 所示。

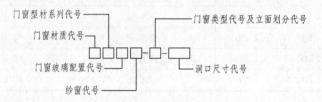

图 1-51 门窗编号写法

例如，S70KF - PC1 - 1518 为塑料 70 系列中空玻璃带纱、上亮子平开窗，洞口宽 1 500 mm，洞口高度 1 800 mm，在门窗选用表和施工图平面中标注门、窗编号时可省略平面的特征代号，统一在工程设计说明中注明。门窗选用表和工程图中门窗编号只写类型代号和洞口宽、高代号。如 PC1 - 1518（若同时多种材质的窗立面与洞口一致时会产生同号，设计人员应在工程图中门窗备注中分别说明）。

5. 门窗节点详图索引方法

门窗节点详图索引方法如图 1-52 所示。

6. 门窗节点详图方位

门窗节点详图方位如图 1-53 所示。

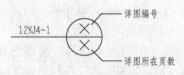

图 1-52　门窗节点详图索引方法　　图 1-53　门窗节点详图方位

第 2 章

结构施工图

★ 教学内容

结构施工图概述;钢筋混凝土结构施工图基础知识;结构设计总说明;基础图;柱结构图;梁结构图;楼层、屋顶结构图;楼梯结构图。

★ 教学要求

1. 掌握结构施工图识读的相关概念与识图基础,会进行简单结构施工图的识读,能绘制简单建筑结构施工图。

2. 了解建筑物的结构构件及结构类型的特点,培养绘制和阅读结构施工图的基本能力。

3. 掌握结构施工图识读的基础知识。了解结构施工图的产生及其分类、图示特点和阅读步骤。

4. 熟练掌握结构施工图中常用的符号、代号、画法以及平法结构施工图的表达方式;了解结构设计总说明的内容、用途及作用;了解柱平法施工图的表示方法,能够阅读柱平法结构施工图;了解剪力墙构件平法施工图的表示方法,能够阅读剪力墙平法结构施工图。了解梁构件平法施工图的表示方法,能够阅读梁平法结构施工图;了解有梁板和无梁板两类构件的平法施工图的表示方法,能够阅读有梁板和无梁板的平法结构施工图;了解基础的平法施工图的表示方法,能够阅读简单的基础平法结构施工图;了解楼梯平法施工图的表示方法,能够阅读简单的楼梯平法结构施工图。了解部分常见的结构构件的构造详图的表示方法。

5. 掌握结构施工图设计的基本内容和过程,了解相关结构设计规范,掌握结构施工图表达的基本原则和方法,能够将所学专业基础知识与工程实际相结合,为进一步的专业实践奠定基础。

6. 了解钢结构图。

2.1 结构施工图概述

2.1.1 结构施工图的概念与分类

建筑物都是由许许多多的结构构件和建筑配件组成的,其中的一些结构构件,如梁、板、墙、柱和基础等,是建筑物的主要承重构件。这些构件相互支承,连成整体,构成了房屋的承重结构系统。房屋的承重结构系统称为"建筑结构",或简称"结构",而组成这个系统的各个构件称为"结构构件"。

设计一幢房屋,除了进行建筑设计外,还要进行结构设计。结构设计的基本任务,就是根据建筑物的使用要求和作用于建筑物上的荷载,选择合理的结构类型和结构方案;进行结构布置;经过结构计算,确定各结构构件的几何尺寸、材料等级及内部构造;以最经济的手段,使建筑结构在规定的使用期限内满足安全、适用耐久的要求。把结构设计的结果绘成图样,就称为"结构施工图",简称"结施"图。结构施工图是工程师的"语言",是设计者设计意图的体现,也是施工、监理、经济核算的重要依据。结构施工图在整个设计中占有举足轻重的作用,切不可草率从事。

结构施工图的基本要求是:图面清楚整洁、标注齐全、构造合理、符合国家制图标准及行业规范,能很好地表达设计意图,并与计算书一致。

建筑结构按其主要承重构件所采用的材料不同,一般可分为钢筋混凝土结构、钢结构、木结构、砌体结构等。按照结构受力特点不同,分为混合结构、框架结构、剪力墙结构、排架结构、筒体结构等。不同的结构类型,其结构施工图的具体内容及编排方式也各有不同。

2.1.2　结构施工图与建筑施工图的关系

结构施工图与建筑施工图是同一栋建筑物在不同侧重面的表达,结构施工图与建筑施工图是统一系统。在设计、识图、施工、施工检验、编制相关文件时,建筑施工图与结构施工图必须互相依托、互相参考,不能独立存在。

结构施工图中的平面布置图与建筑施工图的定位轴线与编号应完全一致,结构平面布置图绘图的比例一般与建筑平面图的绘图比例相同,但在尺寸标注上,结构平面图一般只标注出定位轴线间的尺寸和总尺寸,结构施工图中的标高,均表示为建筑物的结构标高。

2.1.3　结构施工图的表示方法

1. 结构施工图传统表示方法

绘制基础、结构层各层的平面布置图,将结构平面布置图上所有的构件进行编号,并索引构件详图所在的图号;绘制每个不同编号的构件的截面详图;以梁为例:每根梁需要绘制梁跨两端截面、梁跨中截面、梁柱节点两侧截面、梁截面变化或配筋变化处截面的详图。图纸量巨大,表达烦琐,设计效率低,设计审核工作量大,修改图纸废图量大。

传统表示方法结构施工图包括结构设计总说明、基础平面布置图、主体(各层的柱、梁、板)结构平面布置图、梁、板、柱及基础构件配筋图、构件截面配筋图、节点详图、钢筋表等。

2. 结构施工图平面表示法

平面表示法是指混凝土结构施工图平面整体表示方法(简称平法),是把结构构件的尺寸和钢筋等,按照平面整体表示方法制图规则,采用特定符号、数字和表达方式整体直接表达在各类构件的结构平面布置图上,再与标准构造详图相配合,即构成一套完整的结构施工图的方法。

平法施工图图纸数量少,层次清晰;识图、查找、记忆、校对、审核、验收方便;与施工顺序一致,易形成整体概念。它改变了传统的那种将构件从结构平面布置图中索引出来,再逐个绘制配筋详图的烦琐方法,是混凝土结构施工图设计方法的重大改革。由住建部批准发布的国家建筑标准设计图集(G101,即平法图集),已在全国广泛使用。

平法结构施工图包括结构设计总说明,梁、板、柱、墙平法图,楼梯详图。

2.1.4 结构施工图中常用的构件代号

由于结构构件的种类繁多,为了便于绘图和读图,在结构施工图中常用代号来表示构件的名称。常用构件的名称、代号见表2-1。

表2-1 常用构件的名称、代号

序号	名称	代号	序号	名称	代号	序号	名称	代号
1	板	B	26	屋面框支梁	WKL	51	构造边缘转角墙柱	GJZ
2	屋面板	WB	27	暗梁	AL	52	约束边缘端柱	YDZ
3	空心板	KB	28	边框梁	BKL	53	约束边缘暗柱	YAZ
4	槽形板	CB	29	悬挑梁	XL	54	约束边缘翼墙柱	YYZ
5	折板	ZB	30	井字梁	JZL	55	约束边缘转角墙柱	YJZ
6	密肋板	MB	31	檩条	LT	56	剪力墙墙身	Q
7	楼梯板	TB	32	屋架	WJ	57	挡土墙	DQ
8	盖板或沟盖板	GB	33	托架	TJ	58	桩	ZH
9	挡雨板或槽口板	YB	34	天窗架	CJ	59	承台	CT
10	吊车安全走道板	DB	35	框架	KJ	60	基础	J
11	墙板	QB	36	钢架	GJ	61	设备基础	SJ
12	天沟板	TGB	37	支架	ZJ	62	地沟	DG
13	梁	L	38	柱	Z	63	梯	T
14	屋面梁	WL	39	框架柱	KZ	64	雨篷	YP
15	吊车梁	DL	40	构造柱	GZ	65	阳台	YT
16	单轨吊车梁	DDL	41	框支柱	KZZ	66	梁垫	LD
17	轨道连接	DGL	42	芯柱	XZ	67	预埋件	M
18	车挡	CD	43	梁上柱	LZ	68	钢筋网	W
19	圈梁	QL	44	剪力墙上柱	QZ	69	钢筋骨架	G
20	过梁	GL	45	端柱	DZ	70	柱间支撑	ZC
21	连系梁	LL	46	扶壁柱	FBZ	71	垂直支撑	CC
22	基础梁	JL	47	非边缘暗柱	AZ	72	水平支撑	SC
23	楼梯梁	TL	48	构造边缘端柱	GDZ	73	天窗端壁	TD
24	框架梁	KL	49	构造边缘暗柱	GAZ			
25	框支梁	KZL	50	构造边缘翼墙柱	GYZ			

注:预制钢筋混凝土构件代号,应在构件代号前加注"Y−",如Y−KB表示预应力空心板

2.2 钢筋混凝土结构施工图基础知识

混凝土是由水泥、砂、石子和水按照一定比例配合搅拌而成的。将水泥、砂、石子和水灌入定形的模板,经过养护硬化而成。由于混凝土抗拉强度低,当用于受弯构件时,在受拉区出现裂缝,导致受弯构件不能正常使用。因此可在混凝土构件的受拉区域配置钢筋,使钢筋承受拉力,混凝土承受压力,两者共同作用、共同受力。这种配有钢筋的混凝土,称为钢筋混凝土。

2.2.1 钢筋通用构造

1. 钢筋的分类

(1) 按生产工艺分:热轧钢筋、冷拉钢筋、冷拔钢筋、热处理钢筋、钢丝、钢绞线等。
(2) 按外形分:光圆钢筋、螺纹钢筋。
(3) 按强度等级分:钢筋等级和符号见表2-2。

表2-2 钢筋等级和符号

钢筋种类	符号	钢筋种类	符号
HPB300级钢筋	Φ	冷拉HPB300级钢筋	Φ
HRB335级钢筋	Φ	冷拉HRB335级钢筋	Φ
HRB400、RRB400级钢筋	Φ	冷拉HRB400、RRB400级钢筋	Φ
HRB500级钢筋	Φ	冷拉HRB500级钢筋	Φ

(4) 按钢筋在构件中的作用分类:钢筋的种类如图2-1所示,按钢筋在构件中的作用分为受力钢筋、箍筋、架立钢筋、分布筋钢、构造钢筋。

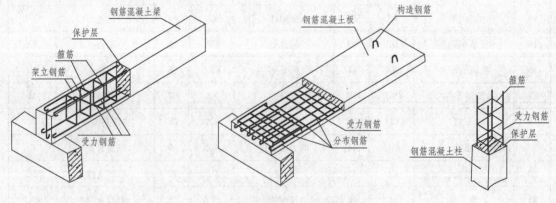

图2-1 钢筋的种类(按作用划分)

①受力钢筋:主要受拉的钢筋称为受力钢筋,用于梁、板、柱等各种钢筋混凝土构件。
②钢箍(箍筋):用以固定受力钢筋的位置,并承受一部分斜拉应力,常用于梁和柱。
③架立钢筋:用以固定钢箍和受力钢筋的位置,一般用于钢筋混凝土梁。
④分布钢筋:用以固定受力钢筋的位置,并将构件所受外力均匀传递给受力钢筋,以改善受力情况,常与受力钢筋垂直布置。此种钢筋常用于钢筋混凝土板。
⑤构造钢筋:因构造要求或者施工安装需要而配置的钢筋,如吊环等。

2. 混凝土结构的环境类别

环境是影响混凝土结构耐久性最重要的因素，混凝土结构的环境类别在施工和识图中是决定钢筋的混凝土保护层厚度的重要依据。工程中根据不同的条件将环境类别分为一、二、三、四、五，5个类别，其中类别二又分为二a、二b，类别三又分为三a、三b。

3. 受力钢筋的混凝土保护层厚度

混凝土构件中，钢筋被包裹在混凝土内，受力钢筋外边缘到混凝土构件表面的最小距离称为保护层厚度。

混凝土保护层厚度的作用如下：

(1) 依靠混凝土与钢筋之间的握裹力，保证混凝土与钢筋共同工作。

(2) 保护钢筋不锈蚀，确保构件安全和耐久性。

(3) 保护钢筋不受高温（火灾）的影响。

4. 钢筋的锚固

钢筋的折弯与锚固形式，如图2-2所示。

钢筋的锚固：指对钢筋进行加工使其被包裹在混凝土中，增强混凝土与钢筋的连接，使建筑物更牢固，两者能共同工作以承担各种应力（协同工作承受来自各种荷载产生压力、拉力以及弯矩、扭矩等）。

钢筋的锚固长度一般指梁、板、柱等构件的受力钢筋伸入支座或基础中的总长度。

钢筋锚固的形式有直线锚固、弯曲锚固。

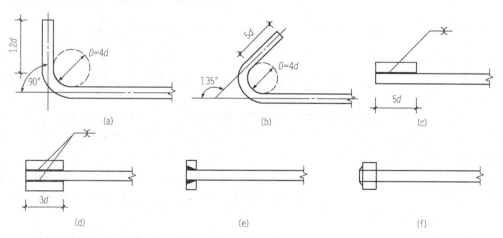

图 2-2 钢筋的折弯与锚固形式

（a）90°弯钩；（b）135°弯钩；（c）一侧贴焊锚筋；（d）两侧贴焊锚筋；（e）穿孔塞焊锚板；（f）螺栓锚头

为了方便施工人员使用，16G101图集将混凝土结构中常用的钢筋和各级混凝土强度等级组合，将受拉钢筋锚固长度值计算为钢筋直径的整数倍形式，编制为表格，使用时，只需查表。

5. 钢筋的表示方法

钢筋的表示方法见表2-3。

表 2-3 钢筋的表示方法

名称	图例	说明
钢筋横断面	●	

续表

名称	图例	说明
无弯钩的钢筋端部		下图表示长短钢筋投影重叠时，可在短钢筋的端部用45°短画线表示
预应力钢筋横断面	+	
预应力钢筋或钢绞线		用粗双点画线
无弯钩的钢筋搭接		
带半圆形弯钩的钢筋端部		
带半圆形弯钩的钢筋搭接		
带直弯钩的钢筋端部		
带直弯钩的钢筋搭接		
带丝扣的钢筋端部		

6. 钢筋的连接

当钢筋长度不能满足混凝土构件的要求时，钢筋需要连接接长。连接的主要方式有绑扎搭接、机械连接和焊缝连接。

（1）绑扎搭接。绑扎搭接是纵向钢筋连接的最常见方式之一，施工较为方便，但有其适用范围和限制条件。轴心受拉及小偏心受拉杆件的纵向受力钢筋不得采用绑扎搭接；其他构件中的钢筋采用绑扎搭接时，受拉钢筋直径不宜大于 25 mm，受压钢筋直径不宜小于 28 mm。

（2）机械连接。钢筋的机械连接是通过连贯于两根钢筋外的套筒来实现传力。钢筋与套筒之间通过机械咬合力来进行力的过渡。机械连接的主要形式有挤压套筒连接、锥螺纹套筒连接、墩粗直螺纹连接、滚压直螺纹连接等。

（3）焊缝连接（焊接）。钢筋的焊接接头是利用电阻、电弧或者燃烧的气体加热钢筋端头使之熔化，并采用加压或添加熔融金属焊接材料，使之连成一体的连接方式。纵向受力钢筋焊接连接的方法有闪光对焊、电渣压力焊等。

7. 箍筋及拉筋弯钩构造

梁、柱、剪力墙中的箍筋和拉筋的主要内容：弯钩角度为135°，弯钩水平段长度 l_h 取 max $(10d, 75 \text{ mm})$，d 为箍筋直径。

如图2-3和图2-4所示，通常情况下，箍筋应做成封闭式，拉筋的位置应按以下三种情况选取。

（1）紧靠箍筋，勾住纵筋。

（2）紧靠纵筋，勾住箍筋。

（3）同时勾住纵筋和箍筋。

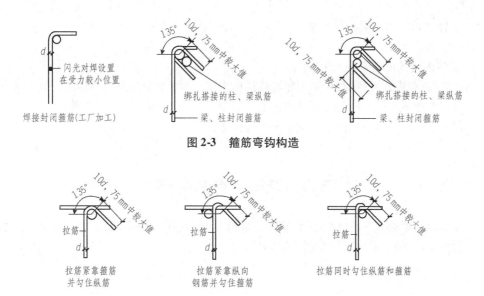

图 2-3 箍筋弯钩构造

图 2-4 拉筋位置

2.2.2 钢筋混凝土结构施工图的组成

结构施工图应包括以下内容：结构设计说明、结构平面布置图（包括基础平面图、柱、梁、楼板、屋面平面布置图）、构件详图（包括梁、板、柱及基础配筋及构造详图、楼梯配筋及构造详图、屋架构造详图）等。

现阶段广泛采用的混凝土结构施工图平面整体表示方法对混凝土结构施工图进行了优化，它把结构构件的截面形式、尺寸及所配钢筋规格用数字和符号直接表示在构件的平面布置图上，再与相应的"结构设计总说明"和梁、柱、墙等构件的"构造通用图及说明"配合使用。平面整体表示方法的优点是图面简洁、清楚、直观性强，图纸数量少。采用平面整体表示方法绘制的结构施工图主要包括结构设计说明，基础、梁、板、柱、剪力墙、楼梯等受力构件的平法施工图，构件构造详图。

2.2.3 结构施工图的识读

1. 结构施工图的识读方法

结构施工图的识读方法一般是先要弄清是什么图，然后根据图纸特点从上往下、从左往右、由外向内、由大到小、由粗到细，图样与说明对照，建施、结施、水暖电施相结合看，还要根据结构设计说明准备好相应的标准图集与相关资料。

2. 结构施工图的识读步骤

（1）读图纸目录，同时按图纸目录检查图纸是否齐全，图纸编号与图名是否符合。全部图纸都应在"图纸目录"上列出，"图纸目录"的图号是"G-0"。

结构施工图的"图别"为"结施"。"图号"排列的原则是：从整体到局部，按施工顺序从下到上。

（2）读结构设计总说明，了解工程概况、设计依据、主要材料要求、标准图或通用图的使用用、构造要求及施工注意事项等。

（3）读基础图。

（4）读柱、剪力墙、梁、板、楼梯等结构平面图及结构详图，了解各种尺寸、构件的布置、配筋情况、楼梯情况等。

（5）看结构设计说明要求的标准图集。

在整个读图过程中，要把结构施工图与建筑施工图、水暖电施工图结合起来，看有无矛盾的地方，构造上能否施工等，同时要边看边记下关键的内容，如轴线尺寸、开间尺寸、层高、主要梁柱截面尺寸和配筋以及不同部位混凝土强度等级等。

2.3 结构设计总说明

结构设计总说明是统一描述建筑工程有关结构方面共性问题的图纸，其编制原则是提示性的。它一般包括图纸目录和设计说明的具体内容。

2.3.1 图纸目录

图纸目录应包括各类图纸中每张图纸的名称和编号。图纸目录应先列新绘制图纸，后列选用的标准图或重复利用图。表2-4所示为某老年人活动中心结构施工图图纸目录。由表可知，本工程结构施工图共有10张图纸。

表2-4 某老年人活动中心结构施工图图纸目录

序号	说明书和图纸名称	图纸编号	实际张数	图纸规格	备注
1	结构设计说明	结施-01	1	A2+1/4	
2	图纸目录 基础大样图	结施-02	1	A2+1/4	
3	基础平面布置图	结施-03	1	A2+1/4	
4	基础~4.170标高柱平法施工图	结施-04	1	A2+1/4	
5	4.170~8.370标高柱平法施工图 9.370~11.970标高柱平法施工图	结施-05	1	A2+1/4	
6	二层梁平法施工图	结施-06	1	A2+1/4	
7	二层板结构平面图	结施-07	1	A2+1/4	
8	三层梁平法施工图 楼梯间屋面梁平法施工图	结施-08	1	A2+1/4	
9	三层板结构平面图 楼梯间屋面板结构平面图	结施-09	1	A2+1/4	
10	楼梯平面图 节点详图	结施-10	1	A2+1/4	
	参用的标准图				
1	混凝土结构施工图平面整体表示法制图规则和构造详图	16G101-1 16G101-3			图标
2	02YG系列				图标

2.3.2 设计说明的具体内容

结构设计说明以文字叙述为主，其内容是全局性的，主要包括以下内容：

(1) 工程概况。

(2) 结构设计的主要依据。

①结构设计所采用的现行国家规范、标准及规程（包括标准的名称、编号、年号和版本号）；

②建筑物所在场地的岩土工程勘察报告；

③场地地震安全性评价报告及风洞试验报告（必要时提供）；

④建设单位提出的与结构有关的符合相关标准、法规的书面要求；

⑤初步设计的审查、批复文件；

⑥对于超限高层建筑工程，应有超限高层建筑工程抗震设防专项审查意见。

(3) 图纸说明。

①图纸中标高、尺寸的单位；

②设计±0.00标高所对应的绝对标高；

③当图纸按工程分区编号时，应有图纸编号说明。

(4) 建筑的分类等级。

①建筑结构的安全等级和设计使用年限，混凝土结构构件的环境类别和耐久性要求，砌体结构的施工质量控制等级；

②建筑的抗震设防类别、抗震设防烈度（设计基本地震加速度、设计地震分组、场地土类别及结构阻尼比）和钢筋混凝土结构的抗震等级；

③地下室及水池等防水混凝土的抗渗等级；

④人防地下室的类别（甲类或乙类）及抗力级别；

⑤建筑的耐火等级和构件的耐火极限。

(5) 设计采用的荷载（作用）。

①楼（屋）面均布荷载标准值（面层荷载、活荷载、吊挂荷载等）及墙体荷载、特殊荷载（如设备荷载）等；

②风荷载（基本荷载及地面粗糙度、体型系数、风振系数等）；雪荷载（基本雪压及积雪分布系数等）；

③地震作用、温度作用及防空地下室结构各部位的等效静荷载标准值等。

(6) 主要结构材料。

①结构所采用的材料，如混凝土、钢筋（包括预应力钢筋）、砌体的块材和砌筑砂浆等结构材料，应说明其品种、规格、强度等级、特殊性能要求、自重及相应的产品标准；

②成品拉索、预应力结构构件的锚具、成品支座（如各类橡胶支座、钢支座、隔震支座等）、阻尼器等特殊产品的参考型号、主要性能参数及相应的产品标准；

③钢结构所用材料（包括连接材料）详见说明。

(7) 地基与基础。

①工程地质及水文地质概况，各土层的压缩模量及承载力特征值；对不良地基的处理措施及技术要求，抗液化措施及要求，地基土的冰冻深度等；

②注明地基基础的设计等级、基础形式及基础持力层；当采用桩基础时，应简述桩型、桩长、桩径、桩端持力层及桩进入持力层的深度，设计所采用的单桩承载力特征值（必要时包括桩的竖向抗拔承载力和水平承载力）等；当采用桩基础时，还应有试桩报告或深层平板荷载试

验报告或基岩荷载板试验报告；

③地下室防水设计水位、抗浮设计水位计抗浮措施，施工期间的降水要求及终止降水的条件等；

④基础大体积混凝土的施工要求及基坑、承台坑回填土的回填要求；

⑤当有人防地下室时，应图示人防部分及非人防部分的分界范围。

（8）钢筋混凝土结构。

①受力钢筋的混凝土保护层最小厚度，钢筋的锚固长度、搭接长度、连接方式及要求，各类构件受力钢筋的锚固构造要求；

②预应力构件采用后张法时的孔道做法及布置要求、灌浆要求等，预应力构件张拉端、固定端的构造做法及要求，锚固防护要求等，预应力结构的张拉控制应力、张拉顺序、张拉条件（如张拉时的混凝土强度等）、必要的张拉测试要求等；

③后浇带的施工要求（包括补浇时间及补浇混凝土性能和强度等级等），特殊构件施工缝的位置及处理要求；

④梁、板、墙预留孔洞的统一要求及补强加固要求，各类预埋件的统一要求，梁、板的起拱要求及拆模条件。

（9）钢结构。

①钢材牌号和质量等级及对应的产品标准，必要时对钢材应提出物理力学性能和化学成分要求，以及屈强比、伸长率、可焊性、冲击韧性、Z向性能、耐候性能及交货状态等要求。

②连接方法及连接材料。

a. 焊缝连接及焊接材料：各类钢材的焊接方法及对焊接材料型号的要求，焊缝形式、焊缝质量等级及焊缝质量检测要求；

b. 螺栓连接：注明螺栓种类、性能等级、规格，高强度螺栓摩擦面的处理方法、摩擦面的抗滑移系数，以及各类螺栓所对应的产品标准；

c. 焊钉种类、性能等级、规格及对应的产品标准；

③钢构件的制作及钢结构的安装要求。

④钢结构构件的防护。

a. 钢柱脚的防护要求；

b. 钢构件的除锈方法、除锈等级及防腐蚀涂料的类型、性能和涂层厚度；

c. 各类钢构件的耐火极限、耐火涂料的类型、厚度及产品要求。

（10）维护墙、填充墙和隔墙。

①墙体材料的种类、厚度和材料重量限制；

②与梁、柱、墙等主体结构构件的连接做法和要求。

（11）检测或观测要求。

①沉降观测要求及高层、超高层建筑必要时的日照变形等观测要求；

②大跨度结构和特殊结构必要时的实验、检测及要求。

（12）列出所采用的标准图集的名称和图集号；所采用的通用构造做法应绘制详图。

（13）施工应遵守的现行国家标准、规范及施工中需特别注意的问题。

（14）结构整体计算机其他计算所采用的软件名称、版本号和编制单位。

2.3.3 结构设计总说明案例

图2-5所示为某老年人活动中心的结构施工图的设计总说明。

结构设计总说明

一、工程概况

本工程为河南省内黄县老年人活动中心，位于内黄县白条河内黄监狱职工之家院内。为2层框架结构，总建筑高度为8.850 m，室内外高差0.45 m。结构安全等级为二级；本建筑物设计合理使用年限50年。总建筑面积1 503.48 m²，基底面积873.18 m²。一层为健身房，小会议室，办公室，阅览室，传达室等；二层为办公室和图书阅览室。

二、设计依据

2.1 自然条件

(1) 基本风压：W = 0.45 kN/m²，风压重现期为50年，地面粗糙度类别为B类。
(2) 地震烈度：本工程抗震设防烈度为7度，设计基本地震加速度值为0.15g，设计地震分组为第一组。
(3) 工程地质条件：场地类别为Ⅲ类，本工程建筑抗震设防类别为B类。
(4) 抗震等级：三级；抗震设防类别为丙类。

2.2 本工程基础和楼盖耐久性环境类别为一类，卫生间环境类别为二a类，其余环境类别均为一类。结构重要性系数为1.0。砌体结构施工质量控制等级为B级。

2.3 设计遵循规范规定

(1)《建筑结构可靠度设计统一标准》（GB 50068—2018）
(2)《建筑工程抗震设防分类标准》（GB 50223—2008）
(3)《建筑结构荷载规范》（GB 50009—2012）
(4)《砌体结构设计规范》（GB 50003—2011）
(5)《建筑抗震设计规范》（2016年版）（GB 50011—2010）
(6)《混凝土结构设计规范》（2015年版）（GB 50010—2010）
(7)《建筑地基基础设计规范》（GB 50007—2011）
(8)《建筑地基处理技术规范》（JGJ 79—2012）
(9)《建筑结构制图标准》（GB/T 50105—2010）
(10) 勘察报告（详勘）。
(11) 结构分析与计算软件中国建筑科学研究院PKPM工程部编制PMCAD（2008年7月新规范版本）。
(12) 本工程结构配筋图示方法采用中华人民共和国住房和城乡建设部批准的《混凝土结构施工图平面整体表示方法制图规则和构造详图》（16G101-1），简标平面示法。

2.4 屋面和楼面荷载标准值

序号	荷载类别	活荷载标准值/(kN·m⁻²)
1	办公室、卫生间	2.0
2	楼梯间、走廊	3.5
3	上人屋面	2.0
4	不上人屋面	0.5
5	栏杆顶部水平荷载	0.5

楼面装修荷载不得大于0.7 kN/m²。

三、建设场地工程地质情况

拟建场地地层主要依次为第四纪冲洪积物：①细砂；②粉砂；③粉砂；④粉砂；⑤粉砂；⑥粉质黏土。土层从上到下基本可胀可缩深度内未见地下水，设计、施工时可不考虑地下水的影响。拟建场地在勘察深度内未见不良地质作用。本场地为非液化场地。

四、建筑材料

4.1 混凝土强度等级

(1) 基础、现浇板、梁、柱、楼梯C30；基础垫层C15。
(2) 构造柱、过梁C20。
(3) 卫生间C30。
(4) 雨篷外露构件C30。

4.2 混凝土耐久性要求的基本要求应符合下表规定

环境类别		最大水灰比	最小水泥用量/(kg·m⁻³)	最大氯离子含量/%	最大碱含量/(kg·m⁻³)
一		0.65	225	1.0	不限制
二	a	0.60	250	0.3	3.0
	b	0.55	275	0.2	3.0

4.3 钢筋HPB300、HRB335、HRB400；焊条焊HPB300级钢筋时采用E43×型，焊HRB335级钢筋时采用E50×型，焊RRB400级钢筋时采用E50×型，焊HRB335级钢筋时采用E50×型。

4.4 填充墙（1）标高±0.000以下采用M7.5混合砂浆砌MU20蒸压粉煤灰砖，M20水泥砂浆砌块砌高度等级不小于A3.5，以上采用B06级加气混凝土砌块M7.5混合砂浆砌筑；（2）加气混凝土砌块强度等级不小于A3.5，干体积密度不大于6.5 kN/m³。

五、构造要求

5.1 受力钢筋的混凝土保护层厚度

(1) 混凝土基础40 mm。
(2) 标高±0.00以下梁25 mm；标高±0.000以下梁40 mm；卫生间梁30 mm；
(3) 标高±0.00以上梁25 mm；标高±0.000以上柱25 mm；卫生间柱30 mm。

图 2-5 某老年人活动中心结构施工图结构设计总说明

(4) 楼层板、屋面板及楼梯板 15 mm；卫生间 20 mm。
(5) 外露构件中构造柱、梁、板分别为 35 mm、35 mm、25 mm。

5.2 钢筋混凝土
(1) 基本要求：
① 钢筋混凝土原材料质量必须符合有关国家标准的规定。
② 钢筋加工连接安装及混凝土配合比设计配制浇筑施工的质量必须符合现行国家规范及规程的规定。
③ 当钢筋的品种级别或规格需做变更时，应办理设计变更文件。
④ 在浇筑混凝土之前，应进行钢筋隐蔽工程验收。
(2) 梁主筋：
① 主次梁交叉处在主梁上梁两侧各附加 2 道箍筋，附加箍筋的形状及肢数均与主梁内箍筋相同间距 50 mm。
② 现浇主梁下梁高度 ≥450 mm 时，梁两个侧面应沿高度配置纵向构造钢筋，图中已注明的按图纸施工，次梁下部纵向钢筋应置于主梁下部钢筋之上，均为 ф12@200。
③ 当次梁高度相同相交时，次梁下部钢筋应置于主梁下部钢筋之上。
④ 梁肩同相交叉梁，并字梁底受力钢筋应在短跨梁下边，长跨梁下部钢筋置于短跨梁下部钢筋之上。
⑤ 跨度 >4 m 的梁，跨中起拱，起拱高度为梁跨度的 2‰。
⑥ 当梁边与柱边相平时，梁外侧纵向钢筋应按规范要求做微弯、折置于柱筋的内侧。
⑦ 梁上不得随意开洞或穿梁，严禁预留硬件并要求设置应严格按设计要求方可浇筑施工，梁柱的施工应符合《钢筋混凝土结构施工图平面整体表示方法制图规则和构造详图》(16G101-1) 的要求。
(3) 板：
① 板内下部钢筋应伸至梁中心线且不小于 5 倍钢筋直径。
② 双向板下部钢筋，短向钢筋置于板下排长向钢筋在上排。
③ 图中未注明的板内分布钢筋均为 ф8@250。
④ 现浇板内的板通过长度长过 <300 mm 洞口时应处断过不得截断。
⑤ 现浇板面高差 >30 mm 时，应处在支座处断开并各自锚固。
⑥ 卫生间板面比楼板顶标高降低，标高变化处详见相关图纸。
⑦ 上下水管道及设备孔洞均须按施工图要求预留不得后凿。
⑧ 当预埋电气管线塑料电线管穿过板中间，当管外径 >板厚 1/3 时，应增设 ф8@200 (L=400 mm) 钢筋分布于板面。

5.3 钢筋连接
(1) 当钢筋直径 d ≥22 mm 时，采用焊接接头。
(2) 悬挑梁、楼层梁等构件内的受力钢筋不得采用非焊接接头。

(3) 钢筋接头应相互错开，位置应在受力较小处，梁、板中同一截面钢筋接头面积不应大于总钢筋面积的 25%，柱中为 50%。
(4) 钢筋的锚固长度和搭接长度详见 16G101-1。

5.4 构造柱
(1) 填充混凝柱柱应随构造柱或构造柱贯入柱内 200 mm，拉墙筋应设置全长布置。
(2) 墙长大于 5 m 时，墙中间有拉结时，墙与梁超过层高 2 倍时，应在墙中间加设构造柱。
(3) 墙高超过 4 m 时，墙半高处设置墙内通长贯穿的钢筋混凝土水平系梁，梁截面同墙厚 ×200 mm；配筋为 4ф12，箍筋为 ф6@200。
(4) 除特别注明外，挑梁端部或悬挑端以及外墙阳角无柱时均应设悬挑式墙悬挑端及外墙阳端部设墙厚 ×250 mm 构造柱主筋为 4ф12，箍筋为 ф6@100/200。外墙窗洞宽 >2 m 时窗洞两侧均设墙厚 ×200 mm，主筋为 4ф12，箍筋为 ф6@100/200。
(5) 填充墙门窗洞口根据墙体厚度及建筑详图和预制门窗详图施工多数共钢筋焊接至基础钢筋之上具体位置详见河南省 02YG002 的第 10 页 13 条，14 条。

6. 其他
(1) 结构图纸中，尺寸单位除标注明外标高为米 (m)，其余均为毫米 (mm)。
(2) 楼梯栏杆、门窗安装等或建筑作所需的预埋件均详见建施图。
(3) 避雷系统利用构造柱钢筋或预埋钢管与基础钢筋焊接。沉降观测点位置及做法详见结施-02，沉降观测按照《建筑变形测量规范》(JGJ 8-2016) 中加气混凝土砌墙末填充墙河南省 02 系列构件标准图，当洞口一侧或两侧有钢筋混凝土构造柱时，该过梁改为现浇过梁。
(4) 规范执行。
(5) 凡预留洞、预埋件等吊件结构图并配合其他专业施工图进行施工，严禁自留设水平槽或在承重墙上埋设水平管道或水平管槽，不得在承重墙留洞或留水平槽不能事后留置。不得立柱内埋设管线。
(6) 结施图上的预留管线及在板预留洞钢筋绑扎在钢筋混凝土浇前必须进行认真复查并由施工人员验收后方可施工。
(7) 本说明未明确者各单项事宜以单项设计说明为准，各单项设计说明中未尽事宜均以国家现行有关规范、规程及质量检验标准执行。

七、施工图应严格遵守有关施工验收规范、规程、隐蔽工程验收，阶段性验收及工程验收。
八、图纸审查合格后方可施工，未经技术鉴定或设计许可不得改变结构的用途及使用环境。
九、本施工图需经施工图审查单位审查合格后方可施工。

图 2-5 某老年人活动中心结构施工图结构设计总说明（续）

· 62 ·

2.4 基础图

基础图由基础平面图、详图和文字说明组成，它是相对标高±0.000以下的结构图，主要供基础放线、挖基坑、做垫层、砌基础墙及管沟墙用。

基础是指建筑物地面以下的承重结构，如基坑、承台、框架柱、地梁等。它是建筑物的墙或柱子在地下的扩大部分，其作用是承受建筑物上部结构传下来的荷载，并把它们连同自重一起传给地基。

基础分类按使用的材料分为灰土基础、砖基础、毛石基础、混凝土基础、钢筋混凝土基础；按埋置深度可分为不埋式基础、浅基础、深基础。埋置深度不超过5 m称为浅基础，大于5 m称为深基础；按受力性能可分为刚性基础和柔性基础；按构造形式可分为条形基础、独立基础、满堂基础和桩基础。满堂基础又分为筏形基础和箱形基础。

基础图包括基础平面图和基础详图。

2.4.1 基础平面图

1. 基础平面图的形成

基础平面图是假想用一个水平剖切面沿室内地面处将房屋剖开，把上部房屋及下部地面及泥土全部拿去，将基础部分进行水平投影而得的。为了使图形简洁明了，在图中一般只画出±0.000处被剖切到的墙、柱轮廓线（用粗实线表示，钢筋混凝土柱子全部涂黑）和投影所见的基础底部轮廓的边线（用细实线表示）以及基础梁等构件（用细实线画出），而对其他的细部如放大脚的轮廓线等均省略不画。

2. 基础平面图的主要内容

如图2-6所示，基础平面图的主要内容如下。

（1）轴线：基础部分的轴线编号必须与建筑图相同。

（2）基础的平面位置：即基础墙、柱以及基础底面的形状、大小及其与轴线的关系，柱子要标注编号。

（3）基础的位置和代号：见图上的DJ1。

（4）剖切符号：剖切符号表明了基础各个断面的剖切位置，如1-1、2-2。

（5）其他细部：如地下管沟、基础内预留孔和设备孔洞等。

（6）尺寸标注：轴线尺寸、基础大小尺寸及其定位尺寸。

（7）比例：一般用1∶100的比例，也可用1∶200和1∶150的比例。

2.4.2 基础详图

基础详图（图2-7）即基础不同断面的基础断面图。它表示基础的类型、尺寸、做法和材料。在绘制基础详图时，要注意轴线与轴线、轴线与基础详图编号、基础墙与轴线的关系，以及大放脚尺寸、垫层尺寸、基础用料、基底标高、室外地面标高等。

图2-7为独立基础的详图，从图中可知：3-3剖面为双柱独立基础，DJ10基底标高为-1.700 m；为了同时表达基础的外形及内部配筋，基础详图平面图采用局部剖面；基础底面下铺设了150 mm厚素混凝土垫层；基础底面为5 100 mm×4 900 mm的矩形，基础平面图中1、2号钢筋与3-3断面图中3-3——对应，双向配置钢筋。在基础内预留柱插筋，与上部柱钢筋搭接；在基础高度范围内至少布置两道钢筋。

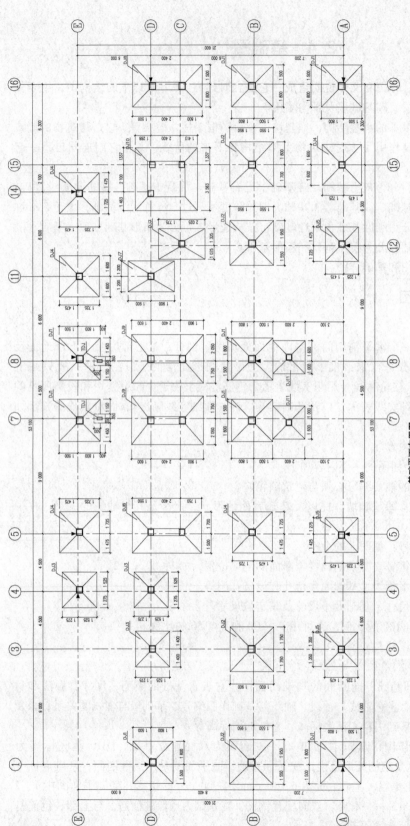

图 2-6 某老年人活动中心基础平面布置图

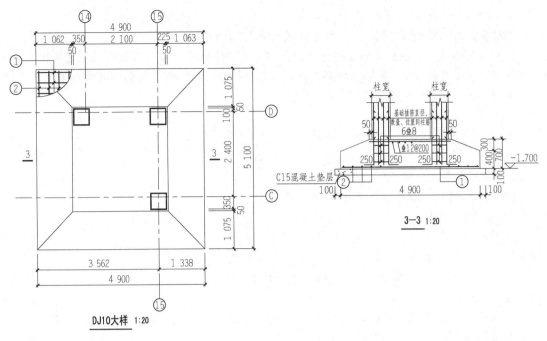

图 2-7 独立基础的详图

2.4.3 独立基础平法识图

1. 独立基础

独立基础一般设在柱下，常用的断面形式有踏步形、锥形、杯形。材料通常采用钢筋混凝土、素混凝土等。长宽比在3倍以内且底面积在20 m² 以内。

独立基础一般坐落在十字轴线交点上，有时也跟其他条形基础相连，但是截面尺寸和配筋不尽相同。独立基础下部纵横两方向配筋一般都是受力钢筋，且沿长方向的钢筋一般布置在下面。

2. 独立基础平法施工图

（1）独立基础平法施工图表示方法。独立基础平法施工图，有平面注写与截面注写两种表达方式，设计者可根据具体工程情况选择一种，或两种方式相结合进行独立基础的施工图设计。

（2）独立基础平面布置图。当绘制独立基础平面布置图时，应将独立基础平面与基础所支承的柱一起绘制。当有基础联系梁时，应将基础联系梁与基础平面布置图一起绘制。

（3）独立基础定位。通过定位轴线对基础进行定位，当定位轴线未通过基础上柱的中心线时，应标示基础边缘与轴线的位置关系。编号相同且定位尺寸相同的基础，可仅选择一个进行标注。

（4）独立基础编号。独立基础编号见表 2-5。

表 2-5 独立基础编号

类型	基础底板截面形状	代号	序号
普通独立基础	阶形	DJ_J	××
	坡形	DJ_P	××
杯口独立基础	阶形	BJ_J	××
	坡形	BJ_P	××

3. 独立基础的平面注写方式

独立基础的平面注写方式，分为集中标注和原位标注两部分内容。

(1) 集中标注。普通独立基础和杯口独立基础的集中标注，是在基础平面图上集中引注：基础编号、截面竖向尺寸、配筋三项必注内容，以及基础底面标高（与基础底面基准标高不同时）和必要的文字注解两项选注内容。

①独立基础编号。

独立基础底板的截面形状通常有两种：

阶形截面编号加下标"J"，如$DJ_J××$、$BJ_J××$；

坡形截面编号加下标"P"，如$DJ_P××$、$BJ_P××$。

【例2-1】DJ_P01：普通坡形独立基础01号

②截面竖向尺寸。

a. 阶形独立基础竖向尺寸图示如图2-8所示。阶形独立基础竖向尺寸表达为 400/300/300（$h_1/h_2/h_3$）时，表示 $h_1=400$ mm、$h_2=300$ mm、$h_3=300$ mm，基础底板总厚度为1 000 mm。

b. 坡形独立基础竖向尺寸图示如图2-9所示。坡形独立基础竖向尺寸表达为 350/300（h_1/h_2）时，标示 $h_1=350$ mm、$h_2=300$ mm，基础底板总厚度为650 mm。

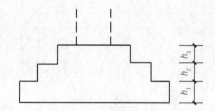

图2-8 阶形独立基础竖向尺寸图示

c. 阶形杯口独立基础竖向尺寸图示如图2-10所示。阶形杯口独立基础，其竖向尺寸分为两组；一组表达杯口内 a_0/a_1，一组表达杯口外 $h_1/h_2/h_3$，两组尺寸以","分隔；表达为 a_0/a_1，$h_1/h_2/h_3$。

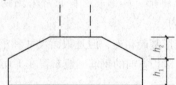

图2-9 坡形独立基础竖向尺寸图示

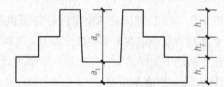

图2-10 阶形杯口独立基础竖向尺寸图示

③独立基础配筋。

a. 普通独立基础和杯口独立基础的底部双向配筋。

b. 代表独立基础底部钢筋；X 向配筋以 X 打头，Y 向配筋以 Y 打头；当两项配筋相同时，以 $X\&Y$ 打头。

【例2-2】识读图2-11中阶形独立基础底部钢筋网片图。

表示：阶形独立基础底部钢筋网片，X 向配置直径16 mm的⊕级钢筋，分布间距150mm；Y 向配置直径16 mm的⊕级钢筋，分布间距200 mm。

c. 杯口基础顶部钢筋。

注写杯口独立基础顶部焊接钢筋网。以 Sn 打头引注杯口顶部焊接钢筋网的各边钢筋。

【例2-3】识读图2-12中杯口基础杯顶焊接钢筋网图。

表示杯口顶部每边配置两根 ⊕14 mm 的焊接钢筋网。

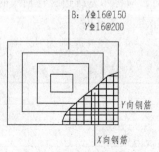

图2-11 阶形独立基础底部钢筋网片图示

d. 高杯口杯壁及短柱钢筋。

以 O 代表短柱配筋。先注写短柱纵筋，再注写箍筋。注写为：角筋/长边中部筋/短边中部筋，箍筋（两种间距）；当短柱水平截面为正方形时，注写为：角筋/x 边中部筋/y 边中部筋，箍筋（两种间距，短柱杯口壁内箍筋间距/短柱其他部位箍筋间距）。

【例 2-4】 识读图 2-13 中高杯口独立基础的短柱配筋图。

表示高杯口独立基础的短柱配置竖向纵筋为：角部 4 根直径 20 mm 的 ⊕ 钢筋、长边中部配置直径 16 mm 的 ⊕ 钢筋，间距 220 mm。短边中部配置直径 16 mm 的 ⊕ 钢筋，间距 200 mm；其箍筋为直径 10 mm 的 Φ 钢筋。短柱杯口壁内间距 150 mm，短柱其他部位间距 300 mm。

e. 普通独立基础短柱竖向尺寸及配筋。

当独立基础埋深较大，设置短柱时，短柱配筋应注写在独立基础中。

以 DZ 代表普通独立基础短柱。先注写短柱纵筋，再注写箍筋，最后注写短柱标高范围。注写为：角筋/长边中部筋/短边中部筋，箍筋，短柱标高范围；当短柱水平截面为正方形时，注写为：角筋/x 边中部筋/y 边中部筋，箍筋，短柱标高范围。

【例 2-5】 识读图 2-14 中普通独立基础短柱配筋图。

表示独立基础的短柱设置在 -2.500~0.050 m 高度范围内，竖向纵筋配置为：角筋 4 根直径 20 mm 的 ⊕ 钢筋、x 边中部筋 5 根直径 18 mm 的 ⊕ 钢筋、y 边中部筋 5 根直径 18 mm 的 ⊕ 钢筋；其箍筋为直径为 10 mm，间距 100 mm 的 Φ 钢筋。

④基础底面标高。当独立基础的底面标高与基础底面基准标高不同时，应将独立基础底面标高直接注写在"（ ）"内。此项为选注内容。

⑤必要的文字注解。当独立基础的设计有特殊要求时，宜增加必要的文字注解。例如，基础底板配筋长度是否采用减短方式等，可在该项内注明。此项为选注内容。

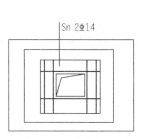

图 2-12 杯口基础杯顶焊接钢筋网图示

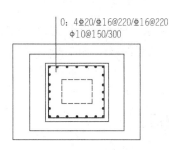

图 2-13 高杯口独立基础的短柱配筋图示

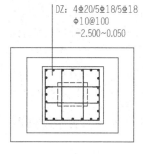

图 2-14 普通独立基础短柱配筋图示

（2）原位注写。

①独立基础平面尺寸。独立基础平面尺寸表达图示（图 2-15）。钢筋混凝土和素混凝土独立基础的原位标注，是在基础平面布置图上标注独立基础的平面尺寸。对相同编号的基础，可选择一个进行原位标注；当平面图形较小时，可将所选定进行原位标注的基础按比例适当放大；其他相同编号者仅注编号。

②多柱独立基础底板顶部配筋。当双柱独立基础柱距较大时，除基础底部配筋外，尚需在两柱间配置基础顶部

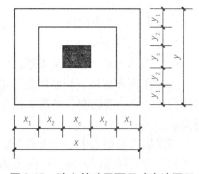

图 2-15 独立基础平面尺寸表达图示

钢筋或设置基础梁；当为四柱独立基础时，通常可设置两道平行的基础梁，需要时可在两道基础梁之间配置基础顶部钢筋。

注写双柱独立基础底板顶部配筋。双柱独立基础的顶部配筋，通常对称分布在双柱中心线两侧。以大写字母"T"打头，注写为：双柱间纵向受力钢筋/分布钢筋。当纵向受力钢筋在基础底板顶面非满布时，应注明其总根数。

【例2-6】识读图2-16的基础底板顶部配筋图

表示独立基础顶部配置9根直径为18 mm的 Φ 纵向受力钢筋，间距100 mm；分布筋为直径为10 mm的 ϕ 钢筋，间距200 mm。

③双柱独立基础梁配筋。当双柱独立基础为基础底板与基础梁相结合时，注写基础梁的编号、几何尺寸和配筋。

基础梁宽度宜比柱截面宽出不小于100 mm（每边不小于50 mm）。

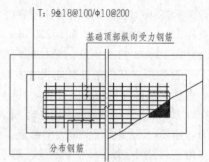

图2-16 独立基础底板顶部配筋图示

如JL××（1）表示该基础梁为1跨，两端无外伸；JL××（1A）表示该基础梁为1跨，一端有外伸；JL××（1B）表示该基础梁为1跨，两端均有外伸。

4. 独立基础平面注写方式

独立基础平面注写方式识图练习如图2-17所示。

5. 独立基础的截面注写方式

独立基础的截面注写方式，又可分为截面标注和列表注写（结合截面示意图）两种表达方式。

对单个基础进行截面标注的内容和形式，与传统"单构件正投影表示方法"基本相同。对于已在基础平面布置图上原位标注清楚的该基础的平面几何尺寸，在截面图上可不再重复表达。

对多个同类基础，可采用列表注写（结合截面示意图）的方式进行集中表达。表中内容为基础截面的几何数据和配筋等，在截面示意图上应标注与表中栏目相对应的代号。

2.4.4 条形基础平法识图

1. 条形基础

条形基础是指基础长度远远大于宽度的一种基础形式。其按上部结构分为墙下条形基础和柱下条形基础。基础的长度大于或等于10倍基础的宽度。条形基础的特点是，布置在一条轴线上且与两条以上轴线相交，有时也和独立基础相连，但截面尺寸与配筋不尽相同。另外横向配筋为主要受力钢筋，纵向配筋为次要受力钢筋或者是分布钢筋。主要受力钢筋布置在下面。

2. 条形基础平法施工图

（1）表达方式。条形基础平法施工图，有平面注写与截面注写两种表达方式。

（2）平面布置图。当绘制条形基础平面布置图时，应将条形基础平面与基础所支承的上部结构的柱、墙一起绘制。当基础底面标高不同时，需注明与基础底面基准标高不同之处的范围和标高。

当梁板式基础梁中心或板式条形基础板中心与建筑定位轴线不重合时，应标注其定位尺寸；对于编号相同的条形基础，可仅选择一个进行标注。

（3）条形基础的分类。

第2章 结构施工图

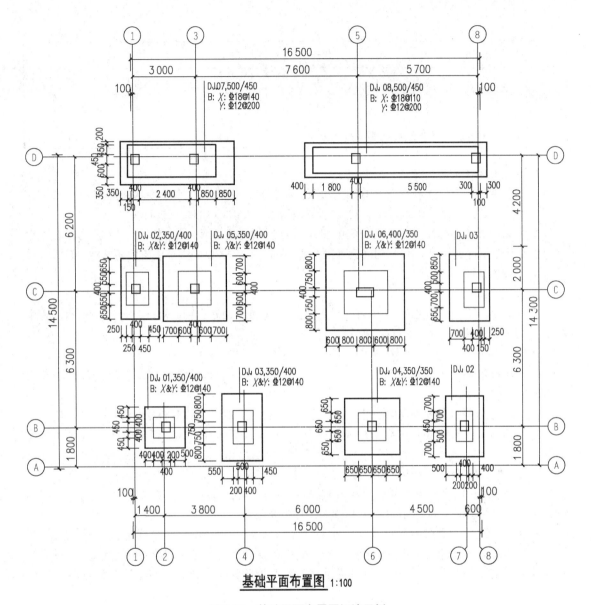

基础平面布置图 1:100

图 2-17 基础平面布置图识读示例

① 梁板式条形基础。该类条形基础适用于钢筋混凝土框架结构、框架-剪力墙结构、部分框支-剪力墙结构和钢结构。

平法施工图将梁板式条形基础分解为基础梁和条形基础底板分别进行表达。

② 板式条形基础。该类条形基础适用于钢筋混凝土剪力墙结构和砌体结构。

平法施工图仅表达条形基础底板。

（4）条形基础编号（表2-6）。

表 2-6 条形基础底板及基础梁编号

类型	代号	序号	跨数及有无外伸
基础梁	JL	××	(××)端部无外伸

· 69 ·

续表

类型		代号	序号	跨数及有无外伸
条形基础底板	坡形	TJB_P	××	(××A) 一端有外伸
	阶形	TJB_J	××	(××B) 两端有外伸

注：条形基础通常采用坡形截面或单阶形截面

3. 基础梁的平面注写方式

基础梁的平面注写方式，分集中标注和原位标注两部分内容，当集中标注的某项数值不适用于基础梁的某部位时，则将该项数值采用原位标注，施工时，原位标注优先。

（1）基础梁集中标注。基础梁的集中标注内容为基础梁编号、截面尺寸、配筋三项必注内容，以及基础梁底面标高（与基础底面基准标高不同时）和必要的文字注解两项选注内容。

①基础梁编号。

②基础梁截面尺寸。

注写 $b \times h$，表示梁截面宽度与高度。当梁为竖向加腋梁时，用 $b \times hYC_1 \times YC_2$ 表示，其中 C_1 为腋长，C_2 为腋高。

③基础梁配筋。

a. 基础梁箍筋。当具体设计仅采用一种箍筋间距时，注写钢筋级别、直径、间距与肢数（箍筋肢数写括号内）。

当具体设计采用两种箍筋时，用"/"分隔不同箍筋，按照从基础梁两端向跨中的顺序注写。先注写第1段箍筋（在前面加注箍筋道数），在斜线后再注写第2段箍筋（不再加注箍筋道数）。

【例2-7】 9Φ16@100/Φ16@200（6）

表示配置两种间距的 Φ 箍筋，直径为 16 mm，从梁两端起向跨内按箍筋间距 100 mm 每端各设置 9 道，梁其余部位的箍筋间距为 200 mm，均为 6 肢箍。

b. 基础梁底部、顶部及侧面纵向钢筋。以 B 打头，注写梁底部贯通纵筋（应不少于梁底部受力钢筋总截面面积的 1/3）。当跨中所注根数少于箍筋肢数时，需要在跨中增设梁底部架立钢筋以固定箍筋，采用"+"，将贯通纵筋与架立钢筋相连，架立钢筋注写在加号后面的括号内。

以 T 打头，注写梁顶部贯通纵筋。注写时用分号";"将底部与顶部贯通纵筋分隔开，如有个别跨与其不同者进行原位注写。

当梁底部或顶部贯通纵筋多于一排时，用"/"将各排纵筋自上而下分开。

【例2-8】 B：4Φ25；T：12Φ257/5

表示梁底部配置 4 根直径 25 mm 的 Φ 贯通纵筋，梁顶部配置两排直径 25 mm 的 Φ 贯通纵筋，上排 7 根，下排 5 根。

当梁腹板高度 h_w 不小于 450 mm 时，根据需要配置梁两侧面对称设置的纵向构造钢筋。以大写字母 G 打头注写钢筋的总配筋值。

当需要配置抗扭纵向钢筋时，梁两个侧面设置的抗扭纵向钢筋以 N 打头。

④基础梁底面标高。当条形基础的底面标高与基础底面基准标高不同时，将条形基础底面标高注写在"（ ）"内。

⑤必要的文字注解。

(2) 基础梁的原位标注。

①基础梁支座的底部纵筋：是指包含贯通纵筋与非贯通纵筋在内的所有纵筋。当梁支座底部全部纵筋与集中注写过的底部贯通纵筋相同时，可不再重复做原位标注。

②基础梁的附加箍筋或（反扣）吊筋。当两向基础梁十字交叉，但交叉位置无柱时，应根据需要设置附加箍筋或（反扣）吊筋。将附加箍筋或（反扣）吊筋直接绘制在条形基础主梁上，原位引注总配筋值（附加箍筋的肢数注在括号内）。当多数附加箍筋或（反扣）吊筋相同时，可在条形基础平法施工图上统一注明。少数与统一注明值不同时，再原位引注。

a. 原位注写基础梁外伸部位的变截面高度尺寸。当基础梁外伸部位采用变截面高度时，在该部位原位注写 $b\times h_1/h_2$，h_1 为根部截面高度，h_2 为尽端截面高度。

b. 原位注写修正内容。当在基础梁上集中标注的某项内容（如截面尺寸、箍筋、底部与顶部贯通纵筋或架立筋、梁侧面纵向构造钢筋、梁底面标高等）不适用于某跨或某外伸部位时，将其修正内容原位标注在该跨或该外伸部位，施工时原位标注取值优先。

4. 条形基础底板的平面注写方式

条形基础底板 TJB_P，TJB_J 的平面注写方式，分集中标注和原位标注两部分内容。

(1) 条形基础底板集中标注。条形基础底板的集中标注内容为：条形基础底板编号、截面竖向尺寸、配筋三项必注内容，以及条形基础底板底面标高（与基础底面基准标高不同时）、必要的文字注解两项选注内容。

①条形基础底板编号。条形基础底板向两侧的截面形状通常有两种：

a. 阶形截面，编号加下标"J"，表示为 TJB_J。

b. 坡形截面，编号加下标"P"，表示为 TJB_P。

②截面竖向尺寸。注写条形基础底板截面竖向尺寸（图 2-18），注写为 $h_1/h_2/\cdots\cdots$。

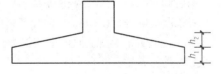

图 2-18 条形基础截面竖向尺寸图示

【例 2-9】当条形基础底板注写为：$TJB_P 300/250$ 时

表示：02 号坡形截面条形基础底板，$h_1=300$ mm，$h_2=250$ mm，基础底板根部总高度为 550 mm。

③条基板底部及顶部配筋。以 B 打头，注写条形基础底板底部的横向受力钢筋；以 T 打头，注写条形基础底板顶部的横向受力钢筋；注写时，用"/"分隔条形基础底板的横向受力钢筋与纵向分布钢筋。

【例 2-10】条形基础底板标注（图 2-19）为：B：$\underline{\Phi}14@150/\phi8@250$

表示条形基础底板底部配置直径 14 mm 的 $\underline{\Phi}$ 横向受力钢筋，间距为 150mm；配置直径 8mm 的 ϕ 纵向分布钢筋，间距 250 mm。

当为双梁（或双墙）条形基础底板时，除了在底板底部配置钢筋外，一般尚需在两根梁或两道墙之间的底板顶部配置钢筋。双梁条形基础底板配筋示意如图 2-20 所示。

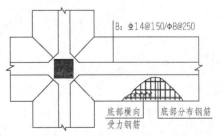

图 2-19 条形基础底板配筋示意

④条形基础底板底面标高。条形基础底板底面标高与条形基础底面基准标高不同时应标注。

⑤必要的文字注解。

(2) 条形基础底板原位标注（图 2-21）。

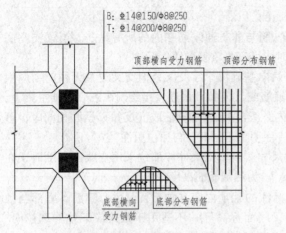
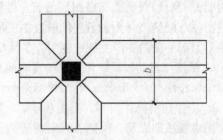

图 2-20 双梁条形基础底板配筋示意　　　图 2-21 条形基础底板平面尺寸原位标注

5. 条形基础平面注写方式

条形基础平面注写方式施工图识图练习如图 2-22 所示。

6. 条形基础的截面注写方式

条形基础的截面注写方式，又可分为截面标注和列表注写（结合截面示意图）两种表达方式。

采用截面注写方式，应在基础平面布置图上对所有的条形基础进行编号。

对条形基础进行截面标注的内容和形式，与传统"单构件正投影表示方法"基本相同。对于已在基础平面布置图上原位标注清楚的该条形基础梁和条形基础底板的平面尺寸，在截面图上可不再重复表达。

对多个条形基础，可采用列表注写（结合截面示意图）的方式进行集中表达。表中内容为基础截面的几何数据和配筋等，在截面示意图上应标注与表中栏目相对应的代号。

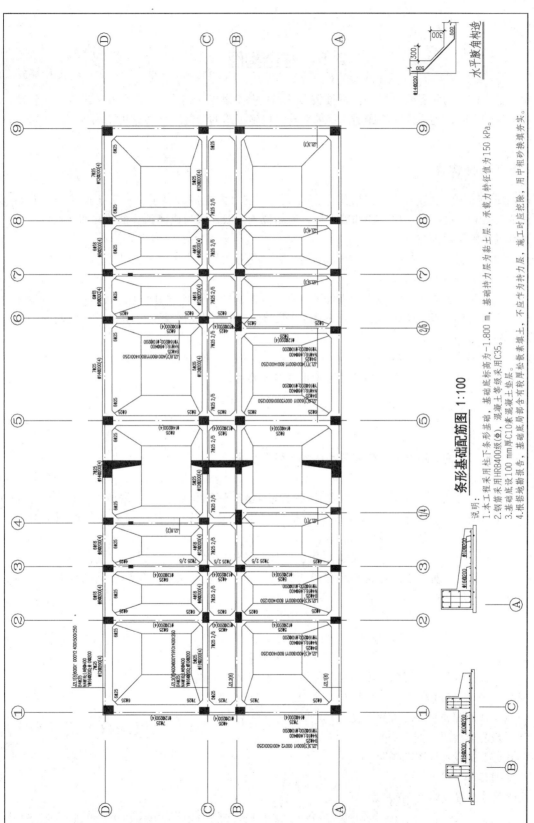

图 2-22 条形基础平面注写法表示示例

注：本图为用软件生成的施工图，可能与平法表示不太一致，但总体表达内容是一致的。

2.5 柱结构图

梁、板、柱为钢筋混凝土构件。钢筋混凝土构件图以配筋图为主,当预制钢筋混凝土较复杂、预埋件较多时,还要预埋件详图。目前对柱结构施工图的绘制以平法施工图为主,以下重点介绍平法施工图。

2.5.1 柱构件

柱是建筑物中竖直方向的主要构件,主要承托在它上方物件的质量。建筑物框架柱的起始位置一般是基础顶面,对于梁上柱和墙上柱,起始位置一般在梁顶或墙顶。框架柱的终点位于屋面板顶部或伸出屋面的柱顶。

柱中的钢筋主要包括纵向受力钢筋和箍筋。纵向受力钢筋分为角筋和中部筋。

柱构件施工图中表示的内容:

(1) 钢筋形状。图中用粗线表示钢筋的形状,在断面图中箍筋只用小黑点表示。
(2) 钢筋标注。钢筋的形状或钢筋各类不同,都应给予不同的编号。引出线指向断面,标注柱纵筋与箍筋。
(3) 柱编号。
(4) 尺寸标注。柱断面图上应注明断面的高度和宽度。

2.5.2 柱平法施工图

1. 柱平法施工图的表示方法

柱平法施工图的表示方法有列表表示法和截面表示法。

2. 图示内容

(1) 柱平面布置图:柱平面布置图的比例(应与建筑平面图相同);定位轴线及其编号、间距尺寸;柱的编号、平面布置(应反映柱与轴线的直线关系);每一种编号柱的标高、截面尺寸。

(2) 结构层楼面标高表:包含结构层数、层号、结构层楼面标高、结构层高的信息。结构层楼面标高是指将建筑图中的各层地面和楼面标高值扣除建筑面层及垫层厚度后的标高,结构层号应与建筑楼层号对应一致。

(3) 上部结构嵌固部位:在结构标高表中用双细线注明。
①无地下室时柱的上部嵌固部位一般在基础顶面;
②有地下室时柱的上部嵌固部位一般在地下室顶板处;
③嵌固部位不在上述两个位置处时需在图纸上说明具体位置。
(4) 柱表(列表表示法)。
(5) 柱截面配筋图(截面表示法)。
(6) 箍筋类型图(图2-23)。
(7) 必要的设计详图和说明。

3. 柱的代号及编号

柱的代号及编号见表2-7。

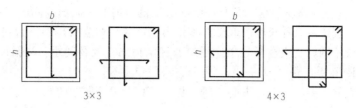

图 2-23 箍筋箍法示例

表 2-7 柱代号及编号

柱类型	代号	代号
框架柱	KZ	××
转换柱	ZHZ	××
芯柱	XZ	××
梁上柱	LZ	××
剪力墙上柱	QZ	××

2.5.3 列表注写方式

在柱平面布置图上，分别在同一编号的柱中选择一个或几个截面标注几何参数代号（反映截面对轴线的偏心情况），用简明的柱表注写柱号、柱段起止标高、几何尺寸（含截面对轴线的偏心情况）与配筋数值，并配以各种柱截面形状及箍筋类型图。柱表中自柱根部（基础顶面标高）往上以变截面位置或配筋改变处为界分段注写。

列表注写内容如下。

(1) 柱编号。

(2) 柱各段的起止标高。自柱根部往上以变截面位置或截面未变但配筋改变处为界分段注写。框架柱和框支柱的根部标高是指基础顶面标高；梁上柱的根部标高是指梁顶面标高。剪力墙上柱的根部分两种：当柱纵筋锚固在墙顶时，其根部标高为墙顶面标高；当柱与剪力墙重叠一层时，其根部标高为墙顶面往下一层的结构层楼面标高；芯柱的根部标高是指根据结构实际需要而定的起始位置标高。

(3) 柱截面尺寸。对于矩形柱，需注写柱截面尺寸 $b \times h$ 和与定位轴线的关系尺寸 b_1、b_2 和 h_1、h_2 的具体数值，需对各段柱分别注写，其中 $b = b_1 + b_2$，$h = h_1 + h_2$。当截面的某一边收缩变化至与轴线重合或至轴线另一侧时，b_1、b_2、h_1、h_2 中的某一项可为零或负值。对于圆形柱，表中 $b \times h$ 一栏改用圆柱直径数字前加 d 表示。芯柱的中心与所在框架柱重合，截面尺寸按构造要求直接标示在图上。

(4) 柱纵筋。当纵筋型号相同且各边根数相等时，集中注写在"全部纵筋"一栏中。当纵筋型号不同或各边根数不同时，按照角筋、b 边中部筋，h 边中部筋分别注写，若对称配筋，可仅注一边中部筋。

(5) 柱箍筋。注写箍筋类型号，箍筋肢数以及柱箍筋钢筋级别、间距、直径、是否加密。

在箍筋栏内注写柱截面形状及箍筋类型号，工程中设计的各种箍筋类型及箍筋复合的具体方式，须画在表的上部或图中适当位置，并在其上标注与表中相对应的 b、h 和编上类型号。

用斜线"/"区分柱箍筋加密区和非加密区长度范围内的不同箍筋间距（加密区长度范围：根据构造详图，在规定的几种长度中取最大的作为加密区长度范围）。当框架节点核心区内的箍筋与柱段箍筋设置不同时，应在括号中注明核心区的箍筋直径及间距。当箍筋沿全柱高位同一种间距时，则不使用"/"。

确定箍筋肢数时，要满足对柱纵筋"隔一拉一"以及箍筋肢距的要求。

【例2-11】 ф10@100/200。

表示：箍筋为HPB300级（ф）钢筋，直径10 mm，加密区间距100 mm，非加密区间距200 mm。

【例2-12】 ф10@100/200（ф12@100）

表示：柱中箍筋为HPB300级（ф）钢筋，直径10 mm，加密区间距100 mm，非加密区间距200 mm和框架节点核心区箍筋为HPB300级（ф）钢筋，直径12 mm，间距100。

当圆柱采用螺旋箍筋时，需在箍筋前加"L"。

【例2-13】 Lф10@100/200

表示：该柱采用螺旋箍筋，HPB300级（ф）钢筋，直径10 mm，加密区间距100 mm，非加密区间距200 mm。

2.5.4 柱列表注写施工图识读练习

柱列表注写施工图识读练习如图2-24所示。

（1）查看图名、比例。

（2）校核轴线编号及其间距尺寸，要求必须与建筑图、基础平面图保持一致。

（3）与建筑图配合，明确各柱的编号、数量和位置。

（4）阅读结构设计总说明或有关说明，明确柱的混凝土强度等级。

（5）根据各柱的编号，查阅图中截面标注或柱表，明确柱的标高、截面尺寸、配筋情况。再根据抗震等级、设计要求和标准构造详图确定纵向钢筋和箍筋的构造要求（如纵向钢筋连接的方式、位置和搭接长度、弯折要求，箍筋加密区的范围）。

2.5.5 截面注写方式

柱平法施工图截面注写方式是在分标准层绘制的柱平面布置图的柱截面上分别在同一编号的柱中选择一个截面，按另一种比例原位放大绘制柱截面配筋图，并在各配筋图上继其编号后注写截面尺寸$b×h$、角筋或全部纵筋、箍筋的具体数值以及在柱截面配筋图上标注柱截面与轴线关系的b_1、b_2、h_1、h_2的具体数值的表达柱平法施工图。

（1）在柱平面布置图中，按一定比例放大绘制柱截面配筋图，在其编号后再注写截面尺寸（按不同形状标注所需数值）、角筋、中部纵筋及箍筋。

（2）柱的竖向纵筋数量及箍筋形式直接画在大样图上，并集中标注在大样旁边。

（3）当柱纵筋采用同一直径时，可标注全部钢筋；当纵筋采用两种直径时，需将角筋和各边中部筋的具体数值分开标注；当柱采用对称配筋时，可仅在一侧注写腹筋。

（4）必要时，可在一个柱平面布置图上用小括号"（ ）"和尖括号"< >"区分和表达各不同标准层的注写数值。

（5）如柱的分段截面尺寸和配筋均相同，仅分段截面与轴线的关系不同时，可将其编为同一柱号。但此时应在未画配筋的柱截面上注写该截面与轴线关系的具体尺寸。

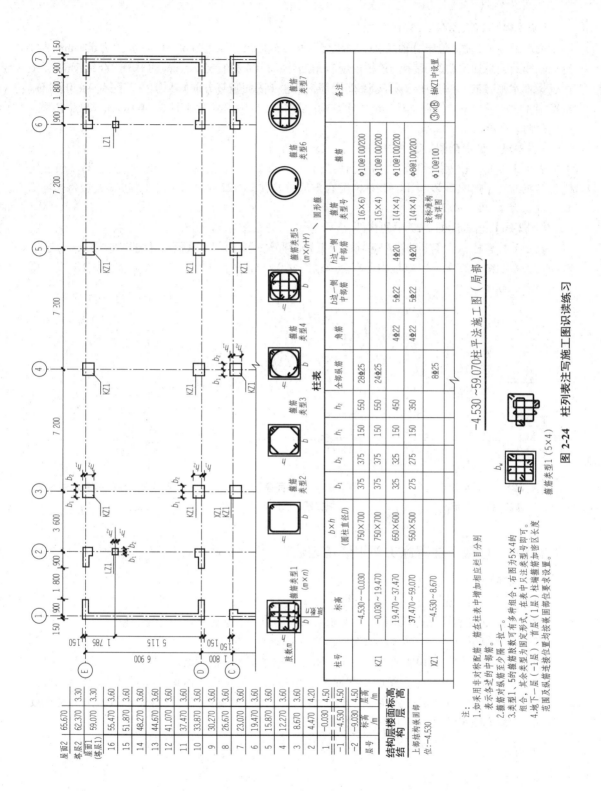

图 2-24 柱列表注写施工图识读练习

【例2-14】请识读图2-25中的构件。

表示1号KZ柱,位于①轴线和⑦轴线交汇处。截面尺寸b边为650 mm,h边为600 mm,与定位轴线的关系如图2-25所示。该柱内配有角筋4⊕22(4根直径22 mm的HRB400级钢筋),b边(图面水平方向)每边中部配有5⊕22钢筋,h边(图面竖直方向)每边中部配有4⊕20钢筋。箍筋为φ10@100/200(直径10 mm的HPB300级钢筋,加密区箍筋间距为100 mm,非加密区箍筋间距为200 mm)。

【例2-15】请识读图2-26中的构件。

表示3号KZ柱,位于⑧轴线和⑦轴线交汇处。截面尺寸b边为650 mm,h边为600 mm,与定位轴线的关系如图2-26所示。该柱内配有全部纵筋共24⊕22,角部4根,b边和h边每边各5根。箍筋为φ10@100/200。

【例2-16】请识读图2-27中的构件。

表示1号芯柱,位于⑧轴线和⑤轴线交汇处的框架柱2内部。截面尺寸按构造要求,与定位轴线的关系如图2-27所示。该柱内配有全部纵筋共8⊕22,角部4根,b边和h边每边各1根。箍筋为φ10@100。

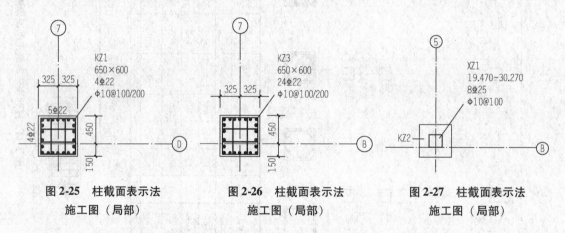

图2-25 柱截面表示法施工图(局部)　　图2-26 柱截面表示法施工图(局部)　　图2-27 柱截面表示法施工图(局部)

2.5.6 柱截面注写施工图识读练习

柱截面注写施工图的识读练习如图2-28所示。

(1)查看图名、比例。

(2)校核轴线编号及其间距尺寸,要求必须与建筑图、基础平面图保持一致。

(3)与建筑图配合,明确各柱的编号、数量和位置。

(4)阅读结构设计总说明或有关说明,明确柱的混凝土强度等级。

(5)根据各柱的编号,查阅图中截面标注或柱表,明确柱的标高、截面尺寸、配筋情况。再根据抗震等级、设计要求和标准构造详图确定纵向钢筋和箍筋的构造要求(如纵向钢筋连接的方式、位置和搭接长度、弯折要求;箍筋加密区的范围)。

第 2 章 结构施工图

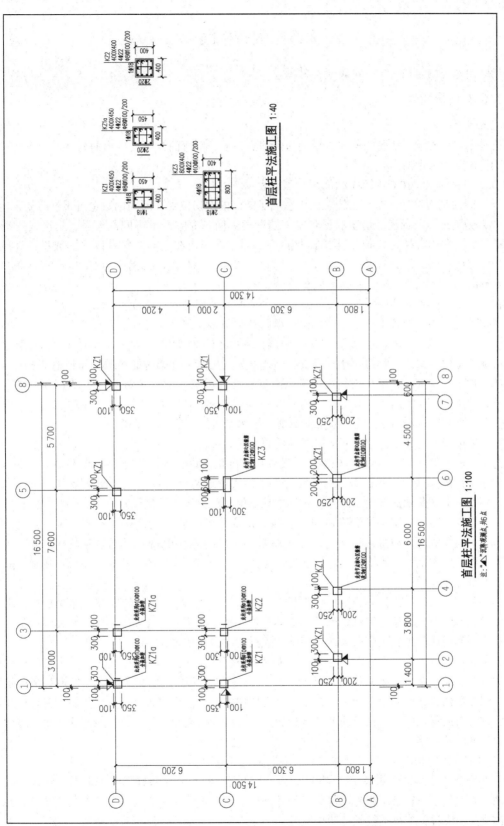

图 2-28 柱截面注写施工图的识读练习

2.6 梁结构图

梁结构施工图与柱一样，都属于构件图。

2.6.1 梁构件

1. 梁构件

梁是由支座支承，承受的外力以横向力和剪力为主，以弯曲为主要变形的构件。

梁构件图中表示的内容如下：

（1）钢筋形状。在断面图中纵筋用小黑点表示。

（2）断面剖切符号。在平法施工图中注明了断面的剖切位置，断面的数量可根据需要来定。

（3）钢筋编号及标注。钢筋的形状或钢筋种类不同，都应给予不同的编号，引出线一端指出钢筋，另一端画直径为 6 mm 的圆圈，圈内写编号，在引出线上标明每种纵筋的数量、直径及钢筋种类，或标注箍筋的直径、钢筋种类及间距。如 ф6@200 表示：钢筋为 HPB300 级钢筋，直径为 6 mm，间距为 200 mm，@ 为等间距符号。

在平法施工图上应注明梁的长度。断面图上应注明断面高度和宽度。

根据梁所在的位置及工程作用的不同，梁的种类很多，部分定义如下：

（1）基梁（JL）：简单地说就是基础上的梁。一般用于框架结构和框－剪结构中，框架柱落在地梁或地梁的交叉处。其主要作用是支撑上部结构，并将上部结构的荷载转递到地基上。

（2）框架梁（KL）：框架梁是指两端与框架柱相连的梁，或者两端与剪力墙相连但跨高比不小于 5 的梁。

①屋面框架梁（WKL）：屋面框架梁指框架结构屋面最高处的框架梁；

②楼层框架梁（KL）：楼层框架梁指各楼面的框架梁；

③地下框架梁（DKL）：地下框架梁指设置在基础顶面以上且低于建筑标高 ±0.00（室内地面）以下并以框架柱为支座，不受地基反力作用，或者地基反力仅仅是地下梁及其覆土的自重产生，不是由上部荷载的作用所产生，这样的地下梁，称为地下框架梁。

（3）圈梁（QL）：圈梁是沿建筑物外墙四周及部分内横墙设置的连续封闭的梁。其目的是增强建筑的整体刚度及墙身的稳定性。在房屋基础上部的连续钢筋混凝土梁叫基础圈梁，也叫地圈梁；而在墙体上部，紧挨楼板的钢筋混凝土梁叫上圈梁。在砌体结构中，圈梁有钢筋砖圈梁和钢筋混凝土圈梁两种。

（4）连梁（LL）：在剪力墙结构和框架-剪力墙结构中，连接墙肢与墙肢。连梁是指两端与剪力墙相连且跨高比小于 5 的梁。连梁一般具有跨度小、截面大，与连梁相连的墙体刚度又很大等特点。一般在风荷载和地震荷载的作用下，连梁的内力往往很大。

（5）暗梁（AL）：完全隐藏在板类构件或者混凝土墙类构件中，钢筋设置方式与单梁和框架梁类构件非常近似。暗梁总是配合板或者墙类构件共同工作。板中的暗梁可以提高板的抗弯能力，因而仍然具备梁的通用受力特征。混凝土墙中的暗梁作用比较复杂，已不属于简单的受弯构件，它一方面强化墙体与顶板的节点构造；另一方面为横向受力的墙体提供边缘约束。强化墙体与顶板的刚性连接。

（6）边框梁（BKL）：框架梁伸入剪力墙区域就变成边框梁。

（7）框支梁（KZL）：因为建筑功能要求，下部大空间，上部部分竖向构件不能直接连续贯通落地，而通过水平转换结构与下部竖向构件连接。当布置的转换梁支撑上部的剪力墙时，转换梁叫框支梁，支撑框支梁的柱子就叫框支柱。

(8) 悬挑梁（XL）：不是两端都有支撑的，一端埋在或者浇筑在支撑物上，另一端伸出挑出支撑物的梁。一般为钢筋混凝土材质。

(9) 井式梁（JSL）：井式梁就是不分主次，高度相当的梁，同位相交，呈井字形。这种梁一般用在楼板是正方形或者长宽比小于1.5的矩形楼板，大厅比较多见，梁间距3 m左右，由同一平面内相互正交或斜交的梁所组成的结构构件。它又称交叉梁或格形梁。

(10) 次梁：架在框架梁的上部，主要起传递荷载的作用。

(11) 过梁（GL）：当墙体上开设门窗洞口时，为了支撑洞口上部砌体所传来的各种荷载，并将这些荷载传给窗间墙，常在门窗洞口上设置横梁，该梁称为过梁。

(12) 悬臂梁：悬臂梁的一端为不产生轴向、垂直位移和转动的固定支座，另一端为自由端（可以产生平行于轴向和垂直于轴向的力）。

(13) 平台梁：指通常在楼梯段与平台相连处设置的梁，以支承上下楼梯和平台板传来的荷载。

2. 梁内钢筋

(1) 上部：通长钢筋、架立钢筋。

(2) 下部：纵向受力钢筋。

(3) 支座钢筋。

(4) 箍筋。

(5) 侧面构造钢筋或受扭钢筋、拉筋、吊筋、附加箍筋。

2.6.2 梁平法施工图

1. 梁平法施工图的表示方法

(1) 平面注写方式：是在梁平面布置图上，对不同编号的梁各选一根并在其上注写截面尺寸和配筋数值。

(2) 截面注写方式：是在分标准层绘制的梁平面布置图上，从不同编号的梁中各选择一根梁用剖面号引出配筋图并在其上注写截面尺寸和配筋数值。截面注写方式既可单独使用，也可与平面注写方式结合使用。

当梁为异形截面时，可用截面注写方式，否则宜用平面注写方式。

2. 图示内容

(1) 梁平面布置图。应分标准层按适当比例绘制，其中包括全部梁和与其相关的柱、墙、板。对于轴线未居中的梁，应标注其定位尺寸（贴柱边的梁除外）。当局部梁的布置过密时，可将过密区用虚线框。梁平面布置图的比例应与建筑平面图相同。

(2) 楼层结构标高表。

在梁平法施工图中，应采用表格或其他方式注明各结构层的顶面标高及相应的结构层号。

(3) 梁编号。

(4) 每一种编号梁的截面尺寸、配筋情况和标高信息。

(5) 必要的设计详图和说明。

3. 梁构件的代号及编号

梁构件的代号及编号见表2-8。

表2-8 梁构件代号及编号

梁类型	代号	序号	跨数及是否带有悬挑
楼层框架梁	KL	××	(××)(××A) 或 (××B)

续表

梁类型	代号	序号	跨数及是否带有悬挑
楼层框架扁梁	KBL	××	(××) (××A) 或 (××B)
屋面框架梁	WKL	××	(××) (××A) 或 (××B)
框支梁	KZL	××	(××) (××A) 或 (××B)
托柱转换梁	TZL	××	(××) (××A) 或 (××B)
非框架梁	L	××	(××) (××A) 或 (××B)
悬挑梁	XL	××	(××) (××A) 或 (××B)
井字梁	JZL	××	(××) (××A) 或 (××B)

注：1. （××A）为一端有悬挑，（××B）为两端有悬挑，悬挑不计入跨数。
2. 楼层框架扁梁节点核心区代号 KBH。
3. 非框架梁 L，井字梁 JZL 表示端支座为铰接；当非框架梁 L，井字梁 JZL 端支座上部纵筋为充分利用钢筋的抗拉强度时，在梁代号后加"g"。

2.6.3 梁平面注写方式

梁平面注写方式（图 2-29）是在梁平面布置图上，对不同编号的梁各选一根并在其上注写截面尺寸和配筋数值。

平面注写包括集中标注和原位标注，集中标注表达梁的通用数值，原位标注表达梁的特殊数值。当集中标注中的某项数值不适用于梁的某部位时，则将该项数值原位标注，施工时，原位标注取值优先。

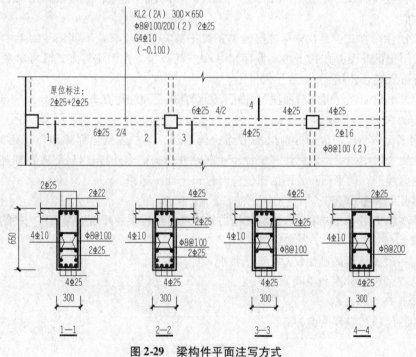

图 2-29 梁构件平面注写方式

1. 集中标注

集中标注内容主要表达通用于梁各跨的设计数值，通长包括五项必注内容和一项选注内容。

集中标注从梁中任意一跨引出，将其需要集中标注的全部内容注明。

（1）梁编号：梁类型代号、序号、跨数及有无悬挑。该项为必注值。

【例2-17】 KL7（5 A）：表示第7号框架梁，5跨，一端有悬挑。

【例2-18】 KL9（7 B）：表示第9号框架梁，7跨，两端悬挑。

（2）梁截面尺寸：该项为必注值。

①当为等截面梁时：$b \times h$；

②当为竖向加腋梁时 $b \times h Y C_1 \times C_2$ 标示，C_1 为腋长，C_2 为腋高（图2-30）；

③当为水平加腋梁时 $b \times h\ PY C_1 \times C_2$ 标示，C_1 为腋长，C_2 为腋宽（图2-31）；

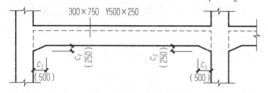

图2-30 梁竖向加腋截面注写示意

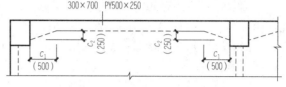

图2-31 梁水平加腋截面注写示意

④当为悬挑梁时，且根部和端部的高度不同：$b \times h_1 / h_2$，h_1 为梁根部高度数值，h_2 梁端部高度数值（图2-32）。

（3）梁箍筋。梁箍筋注写包括钢筋级别、直径、加密区与非加密区间距及肢数。该项为必注值。

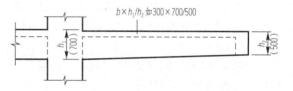

图2-32 悬挑梁不等高截面注写示意

箍筋加密区与非加密区的不同间距及肢数需用"/"分隔；当梁箍筋为同一种间距及肢数时，则不需要用斜线；当加密区与非加密区的箍筋肢数相同时，则将肢数注写一次；箍筋肢数应写在括号内。加密区范围见相应抗震等级的标准构造详图。

【例2-19】 ϕ10@100/200（4）

表示：箍筋为ϕ钢筋，直径10 mm，加密区间距100 mm，非加密区间距200 mm，4肢箍。

【例2-20】 ϕ8@100（4）/150（2）

表示：箍筋为ϕ钢筋，直径8 mm，加密区间距100 mm，4肢箍，非加密区间距150 mm，2肢箍。

非框架梁、悬挑梁、井字梁采用不同的箍筋间距及肢数时，也用斜线"/"将其分隔。注写时，先注写梁支座端部的箍筋（包括箍筋的箍数、钢筋级别、直径、间距与肢数），在斜线后注写梁跨中部分的箍筋间距及肢数。

【例2-21】 13ϕ10@150/200（4）

表示：箍筋为ϕ钢筋，直径10 mm。梁的两端各有13个4肢箍，间距为150 mm；梁跨中间部分间距200 mm，4肢箍。

（4）梁上部通长钢筋或架立钢筋配置。梁上部通长钢筋或架立钢筋配置（通长筋可为相同或不同直径采用搭接、机械连接或焊接的钢筋），该项为必注值。所许规格与根数应根据结构受力要求及箍筋肢数等构造要求而定。当同排纵筋中既有通长钢筋又有架立钢筋时，应用加号"+"将通长钢筋和架立钢筋相连。注写时需将角部纵筋写在加号的前面，架立钢筋写在加号后面的括号内，以示不同直径及与通长钢筋的区别。当全部采用架立钢筋时，则将其写入括号。

①梁上部通长钢筋全跨相同时。

【例 2-22】4⌀22：表示梁上部有 4 根直径 22 mm 的 ⌀ 级通长钢筋。

②梁上部通长钢筋直径不同时。

【例 2-23】2⌀22 + 2⌀20：梁上部有两根直径 22 mm 的通长钢筋位于两边，中间两根直径 20 mm 的通长钢筋，全部为 ⌀ 钢筋。

③梁上部既有通长钢筋又有架立钢筋时。

【例 2-24】2⌀22 +（2Φ20）：梁上部有两根 ⌀ 钢筋，直径 22 mm 的通长钢筋位于两边，中间两根直径 20 mm 的 Φ 架立钢筋位于中间。

④梁上部、下部钢筋全跨相同时。

当梁的上部纵筋和下部纵筋为全跨相同，且多数跨配筋相同时，此项可加注下部纵筋的配筋值，用分号"；"将上部与下部纵筋的配筋值分隔，少数跨不同者，可进行原位标注。

【例 2-25】4⌀20；4⌀22：梁上部配 4 根直径 20 mm 的 ⌀ 通长钢筋，下部 4 根直径 22 mm 的 ⌀ 纵向受力钢筋。

（5）梁侧面纵向构造钢筋或受扭钢筋，该项为必注值。当梁的腹板高度 $h_w \geq 450$ 时，需在梁的两侧面配置纵向构造钢筋，所注规格与根数应符合规范规定。此项注写值以大写字母 G 打头，接续注写设置在梁两个侧面的总配筋值，且对称配置。

【例 2-26】G4Φ12：表示在梁的两个侧面共配 4 根直径 12 mm 的 Φ 纵向构造钢筋，每侧两根。

当梁侧面需配置受扭纵向钢筋时，此项注写值以大写字母 N 打头，接续注写配置在梁两个侧面的总配筋值，且对称配置。受扭纵向钢筋应满足梁侧面纵向构造钢筋的间距要求，且不再重复配置纵向构造钢筋。

【例 2-27】N6⌀22：表示在梁的两个侧面共配 6 根直径 22 mm 的 ⌀ 受扭钢筋，每侧 3 根。

梁侧面构造钢筋，其搭接与锚固长度可取 $15d$；当梁侧面为受扭钢筋时，其搭接长度为 l_l 或 l_{lE}，锚固长度为 l_a 或 l_{aE}，其锚固方式同框架梁下部纵筋。

（6）梁顶面标高高差：该项为选注值。

梁顶面标高高差，是指相对于结构层楼面标高的高差值，对于位于结构夹层的梁，则指相对于结构夹层楼面标高的高差。有高差时，需将其写入括号内，无高差时不注。

当某梁的顶面高于所在结构层的楼面标高时，其标高高差为正值，反之为负值。

2. 原位标注

（1）梁支座上部纵筋：该部位含通长钢筋在内的所有纵筋。

①当上部支座筋多于一排时，用"/"将各排纵筋自上而下分开。

【例 2-28】6⌀25 4/2：表示 6 根直径 25 mm 的 ⌀ 钢筋，上排 4 根下排 2 根。

②梁上部支座钢筋直径不同时，用" + "将两种纵筋相连，注写时将角部纵筋写在前面。

【例 2-29】2⌀22 + 2⌀20：梁上部支座有 4 根 ⌀ 钢筋，2 根直径 22 mm 的在角部，2 根直径 20 mm 的放中间。

③当梁中间支座两边的上部钢筋不同时，需两边分别注写（图 2-33）；当中级支座两边的钢筋相同时，可仅注写一边，另一半省略。

（2）梁下部纵筋。

①当梁下部纵筋多于一排时，用"/"将各排纵筋自上而下分开。

【例 2-30】6⌀25 2/4：表示 6 根直径 25 mm 的 ⌀ 钢筋，上排 2 根下排 4 根，全部伸入支座。

②当同排纵筋有两种直径时，用加号" + "将两种直径的纵筋相连，注写时角筋写在前面。

③当梁下部纵筋不全部伸入支座时，将梁支座下部纵筋减少的数量写在括号内。

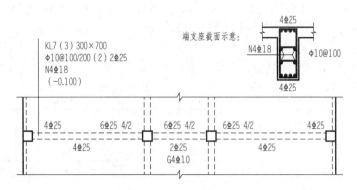

图 2-33 大小跨梁的注写示意

【例 2-31】 6⌀25 2 (−2) /4

表示梁下部有 6 根 ⌀ 直径 25 mm 的纵筋，上排 2 根，不伸入支座；下排 4 根，全部伸入支座。

【例 2-32】 2⌀25 + 3⌀22 (−3) /5⌀25

表示梁下部纵筋为：上排为 5 根 ⌀ 钢筋，其中 2 根直径 22 mm 的位于角部，且伸入支座，3 根直径 22 mm 的位于中间，且不伸入支座；下排为 5 根直径 25 mm 的 ⌀ 钢筋，全部伸入支座。

(3) 修正内容。当在梁上集中标注的内容（梁截面尺寸、箍筋、上部通长钢筋或架立钢筋，梁侧面纵向构造钢筋或受扭纵向钢筋，以及梁顶面标高高差中的某一项或几项数值）不适用于某跨或某悬挑部分时，则将其不同数值原位标注在某跨或某悬挑部位，施工时应按原位标注数值取用。

(4) 附加箍筋或吊筋。附加箍筋或吊筋（图 2-34），将其直按画在平面图中的主梁上，用线引注总配筋值（附加箍筋的肢数注在括号内）。当多数附加箍筋或吊筋相同时，可在梁平法施工图上统一注明，少数与统一注明值不同时，再原位引注。

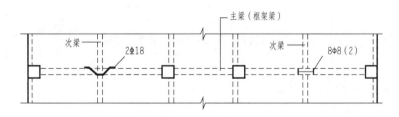

图 2-34 附加箍筋和吊筋的画法示例

2.6.4 梁截面注写方式

梁截面注写方式（图 2-35）是在分标准层绘制的梁平面布置图上，从不同编号的梁中各选择一根梁用剖面号引出配筋图并在其上注写截面尺寸和配筋数值的方式。

截面注写方式既可单独使用，也可与平面注写方式结合使用。

(1) 对所有梁进行编号，从相同编号的梁中选择一根梁，先将"单边截面号"画在该梁上，再将截面配筋详图画在本图或其他图上。当某梁的顶面标高与结构层的楼面标高不同时，尚应继其梁编号后注写梁顶面标高高差（注写规定与平面注写方式相同）。

（2）在截面配筋详图上注写截面尺寸 $b \times h$、上部筋、下部筋、侧面构造钢筋或受扭钢筋以及箍筋的具体数值时，其表达形式与平面注写方式相同。

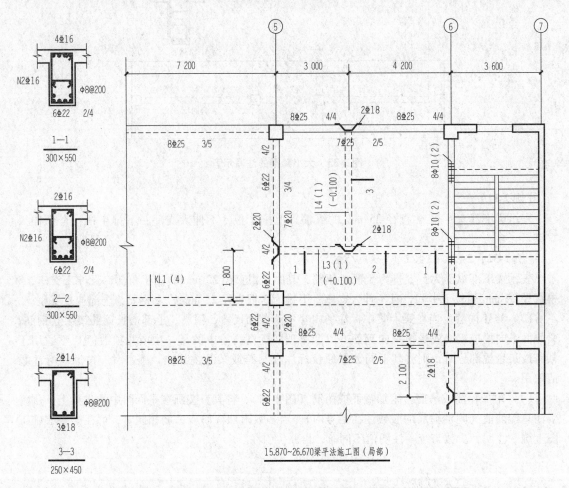

图 2-35　梁截面注写法平法施工图（局部）

2.6.5　梁平法施工图识读

1. 梁平法施工图识读步骤

（1）查看图名、比例。

（2）校核轴线编号及其间距尺寸，要求必须与建筑图、剪力墙施工图、柱施工图保持一致。

（3）与建筑图配合，明确梁的编号、数量和布置。

（4）阅读结构设计说明或有关说明，明确梁的混凝土强度等级及其他要求。

（5）根据梁的编号，查阅图中标注或截面标注，明确梁的截面尺寸、配筋和标高。再根据抗震等级、设计要求和标准构造详图确定纵向钢筋、箍筋和吊筋的构造要求（如纵向钢筋的锚固长度、切断位置、弯折要求和连接方式、搭接长度；箍筋加密区的范围；附加箍筋、吊筋的构造）。

2. 梁平法施工图识图训练

梁平法施工图识图训练如图 2-36 所示。

第2章 结构施工图

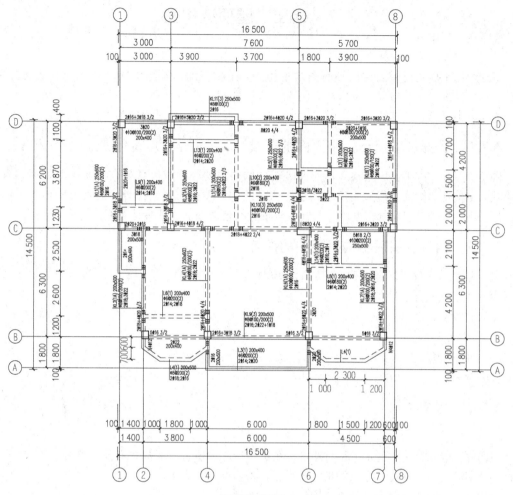

二层梁配筋平面图 1:100

注：
1. 钢筋采用HPB300级(Φ)，HRB400级(⊕)；
2. 图中未注明的附加箍筋均为6Φd@50，d规格同各相应梁箍筋；
3. 穿梁的电管必须预埋，在柱边800 mm范围内不得埋管。预埋电管的间距为100 mm，预埋电管处梁箍筋间距为100 mm；
4. 本图表示方法及构造详见国家建筑标准图16G101-1；
5. 未标注梁B2⊕14，T2⊕14，箍筋Φ6@200；
6. 梁面标高未注明者同板面标底；
7. 箍筋型号与梁截面尺寸或梁底筋写在一起者为整跨布置，若遇有箍筋（两梁间）有原位标注（细标注）以原位标注为准；
8. 通长钢筋与支座钢筋不同者应采用搭接焊10d；
9. 当梁腹板高度450 mm时，结施图中未注明钢筋配筋数量如下：（图中已配置抗扭纵筋向构造钢筋不需要再设置纵向构造钢筋）

梁断面	梁侧构造筋
250×500	G4⊕12

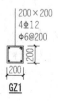

图2-36 梁平法施工图识图训练

2.7 楼层、屋顶结构图

楼层、屋顶结构图包括平面图与详图。

楼层结构平面图与屋顶结构平面图基本相同，主要表示建筑物楼层（或屋顶）结构的梁、板等结构构件的组合、布置以及构造等情况。楼层的板、梁类型很多，可分为预制和现浇两大类。但无论是哪一类，其结构平面图都主要是以楼（屋）盖结构平面图为主。

2.7.1 楼层、屋顶结构平面图的形成

楼层、屋顶结构平面图是在靠近所要表明的结构层的楼面或屋顶处向下水平剖切所得到的投影图。结构平面图除了能如实反映楼层、屋顶结构的平面布置情况外，还可反映该层下面的墙、柱、圈梁、墙上过梁等情况，它与有关详图配合便能全面表达设计意图。

2.7.2 楼层、屋顶结构平面图的内容

（1）轴线。楼层屋顶结构平面图的轴线应与建筑平面图一致。
（2）柱及构造柱。
（3）楼面标高。
（4）楼板厚度。
（5）楼板配筋。
（6）比例。

2.7.3 板构件

1. 板构件

板构件是建筑结构中的水平承重构件。根据板所在的位置，板构件可分为楼板、屋面板；根据板构造不同，板构件可分为有梁板、无梁板、密肋板、井字板。

有梁板支撑在梁或剪力墙之上，无梁板支撑在柱上。

2. 板内钢筋

（1）上部钢筋网片。
（2）下部钢筋网片。
（3）支座钢筋。

2.7.4 有梁楼盖板平法施工图

1. 有梁楼盖板平法施工图平面注写方式

有梁楼盖板平法施工图在楼面板和屋面板平面布置图上，采用平面注写的表达方式。板平面注写主要包括板块集中标注和板支座原位标注。

2. 结构平面的坐标方向

为方便设计表达和施工识图，板平法施工图规定结构平面的坐标方向如下：
（1）当两向轴网正交布置时，图面从左至右为 X 向，从下至上为 Y 向。
（2）当轴网转折时，局部坐标方向顺轴网转折角度做相应转折。
（3）当轴网向心布置时，切向为 X 向，径向为 Y 向。

3. 板块集中标注

板块集中标注的内容为板块编号、板厚、上部贯通纵筋、下部纵筋，以及当板面标高不同时的标高高差。

对于普通楼面，两向均以一跨为一板块；对于密肋楼盖，两向主梁（框架梁）均以一跨为一板块（非主梁密肋不计）。所有板块应逐一编号，相同编号的板块可择其一做集中标注，其他仅注写置于圆圈内的板编号，以及当板面标高不同时的标高高差。

（1）板块编号（表2-9）。

表2-9 板块编号

板类型	代号	序号
楼面板	LB	××
屋面板	WB	××
悬挑板	XB	××

（2）板厚。板厚注写为 h = ×××（为垂直于板面的厚度）。当悬挑板的端部改变截面厚度时，用斜线分隔根部和端部的高度值，注写为 h = ×××/×××。如果图中已统一注明板厚，则此项可不注。

（3）纵筋。

①纵筋按板块的上部纵筋和下部贯通纵筋分别注写（当板块上部不设贯通纵筋时则不注），并以 B 代表下部纵筋，以 T 代表上部贯通纵筋，B&T 代表下部与上部；X 向纵筋以 X 打头，Y 向纵筋以 Y 打头，两向纵筋配置相同时则以 X&Y 打头。

②当为单向板时，分布钢筋可不必注写，而在图中统一注明。

③当在某些板内（如在悬挑板 XB 的下部）配置有构造钢筋时，则 X 向纵筋以 X_c 打头，Y 向纵筋以 Y_c 打头。

④当纵筋采用两种规格钢筋"隔一布一"方式时，表达为 $\phi xx/yy@xxx$，表示直径为 xx 的钢筋和直径为 yy 的钢筋两者之间间距为 xxx，直径 xx 的钢筋的间距为 xxx 的2倍，直径 yy 的钢筋的间距为 xxx 的2倍。

（4）板面标高高差。板面标高高差，是指相对于结构层楼面标高的高差，应将其注写在括号内，且有高差则注，无高差不注。

【例2-33】有一块板面注写 LB5   h = 110

B：XΦ12@120；YΦ10@110

表示：5号楼板，板厚110 mm，板下部 X 向配直径12 mm 的 Φ 钢筋，间距120 mm；Y 向配直径10 mm 的 Φ 钢筋，间距110 mm。

【例2-34】有一块板面注写 LB5   h = 110

B：XΦ10/12@100；YΦ10@110

表示：5号楼板，板厚110 mm，板下部 X 向配直径10 mm 和直径12 mm 的 Φ 钢筋，隔一布一，直径10 mm 和直径12 mm 钢筋之间间距为100 mm；Y 向配直径10 mm 的 Φ 钢筋，间距110 mm；板上部未配置贯通纵筋。

【例2-35】有一块悬挑板注写为 XB2 h = 150/100

B：X_c&$Y_c$$\Phi$8@200

表示2号悬挑板,板根部厚150 mm,端部厚100 mm,板下部配置构造钢筋双向均为 ⊕8@200 (上部受力钢筋见板支座原位标注)。

4. 板支座原位标注

(1) 板支座原位标注的内容:板支座上部非贯通纵筋。悬挑板上部受力钢筋。

(2) 标注位置:板支座原位标注应在配置相同跨的第一跨表达,悬挑梁部位单独配置时在原位表达。

(3) 内容:在配置相同的第一跨或悬挑梁部位,垂直于板支座(梁或墙)绘制一段适宜长度的中粗实线(当该筋通长设置在悬挑板或短跨板上部时,实线段应画至对边或贯通短跨),以该线段代表支座上部非贯通纵筋,并在线段上方注写钢筋编号(如①、②等)、配筋值、横向连续布置的跨数(注写在括号内,且当为一跨时可不注),以及是否横向布置到梁的悬挑端。

【例2-36】在板平面布置图某部位,横跨支承梁绘制的对称线段上注有⑦⊕12@100(5 A)和1 500。

表示支座上部是⑦号非贯通纵筋为直径12 mm的⊕钢筋,间距为100 mm,从该跨其沿支承连梁连续布置5跨加梁一端的悬挑端,该筋自支座中线向两侧跨内伸出长度均为1 500 mm。

【例2-37】在同一板平面布置图的另一部位横跨梁支座绘制的对称线段上注有⑦(2)。

表示该位置板上部非贯通纵筋同⑦号,沿支承梁连续布置2跨,且无梁悬挑端布置。

(4) 伸出长度。板支座上部非贯通筋自支座中线向跨内的伸出长度,注写在线段的下方位置。

①当中间支座上部非贯通筋向支座两侧对称伸出时[图2-37(a)],可仅在支座一侧线段下方标注伸出长度,另一侧不注。

②当向支座两侧非对称伸出时,应分别在支座两侧线段下方注写伸出长度[图2-37(b)]。

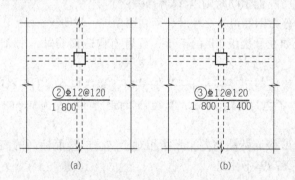

图2-37 板支座上部非贯通筋表达方式
(a) 对称伸出;(b) 非对称伸出

③对线段画至对边贯通全跨或贯通全悬挑长度的上部通长纵筋,贯通全跨或伸出至全悬挑一侧的长度值不注,只注明非贯通筋另一侧的伸出长度值(图2-38)。

④当支座上部非贯通纵筋呈放射分布时,设计者应注明配筋间距的定位位置。

(5) 上部贯通纵筋和支座非贯通纵筋。

当板的上部已配置有贯通纵筋,但需增配板支座上部非贯通纵筋时,应结合已配置的同向贯通纵筋的直径与间距,采取"隔一布一"方式配置。

【例2-38】板上部已配置贯通纵筋⊕12@250,该跨同向配置的上部支座非贯通纵筋为⑤⊕12@250。

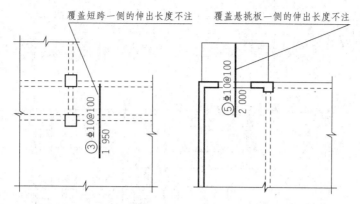

图 2-38 板支座上部非贯通筋全跨或伸出悬挑端表达方式

表示在该支座上部设置的纵筋实际为直径 12 mm 的 ⊈ 钢筋，间距 125 mm，一根贯通筋，一根非贯通筋隔一布一（伸出长度值略）。

【例 2-39】板上部已配置贯通纵筋 ⊈10@250，该跨同向配置的上部支座非贯通纵筋为 ③⊈12@250。

表示在该支座上部设置的纵筋实际为直径 10 mm 的贯通纵筋和直径 12 mm 的非贯通纵筋间隔布置，间距 125 mm。

5. 有梁楼盖板平法识图训练

有梁楼盖板平法识图训练如图 2-39 所示。

2.7.5 无梁楼盖板平法施工图

1. 无梁楼盖板平法施工图平面注写方式

无梁楼盖板平法施工图是在楼面板和屋面板平面布置图上，采用平面注写的表达方式。板平面注写主要包括板带集中标注和板带支座原位标注。

2. 板带集中标注

板带集中标注的具体内容为板带编号、板带厚、板带宽和贯通纵筋。

(1) 集中标注位置。集中标注应在板带贯通纵筋配置相同跨的第一跨（X 向为左端跨，Y 向为下端跨）注写。相同编号的板带可择其一做集中标注，其他仅注写板带编号（注在圆圈内）。

(2) 板带编号。无梁楼盖板是分"板带"配置钢筋的，板带编号符合表 2-10 中的规定。

(3) 板带厚及暗梁截面尺寸。板带厚注写为 $h=×××$，板带宽注写为 $b=×××$。当无梁楼盖板的整体厚度和板带宽度已在图中注明时，此项可不注。

暗梁的截面尺寸是指箍筋外皮宽度×板厚。

(4) 贯通纵筋。贯通纵筋沿板带长度方向在板带内分下部和上部分别注写，并以 B 代表下部纵筋，以 T 代表上部贯通纵筋，B&T 代表下部与上部。

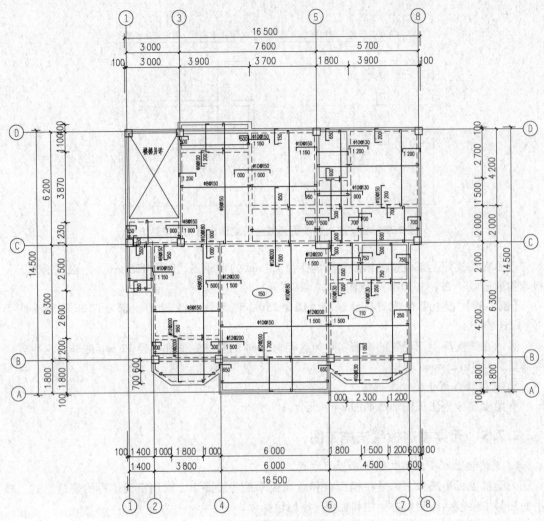

二、三结构平面图 1:100

注:
1.材料:直径12 mm的钢筋均为HRB400级钢(⏀)仅直径6、直径8、直径10 mm为HPB300级钢(Φ);
2.(a)图中未注明板厚均为110 mm;
 (b)未注明的板面钢筋均为Φ8@200;
 (c)未注明的板钢筋均为Φ8@180;
 (d)未布置分布筋为Φ6@250。
3.所有卫生间四周设置200 mm高,宽同墙厚的C20素混凝土。
4.图中梁边贴柱、墙边或梁对轴中的梁均不注偏位。

图 2-39 有梁楼盖板平法识图训练

表 2-10 板带编号

板带类型	代号	序号	跨数及有无悬挑
柱上板带	ZSB	××	(××)(××A)(××B)
跨中板带	KZB	××	(××)(××A)(××B)

注:1. 跨数按柱网轴线计算(两相邻柱轴线之间为一跨)。
  2.(××A)为一端有悬挑,(××B)为两端有悬挑,悬挑不计入跨数

【例2-40】有一块板带注写为 ZSB2（5A）　　$h=300$　$b=3\,000$
B：⊕16@100；T：⊕18@200
表示：2号柱上板带，5跨且一端悬挑，板带厚300 mm，板带宽3 000 mm，沿板带长方向配置下部贯通纵筋直径16 mm 的⊕钢筋，间距100 mm；上部贯通纵筋直径18 mm 的⊕钢筋，间距200 mm。

（5）局部板面高差变化。当局部区域的板面标高与整体不同时，应在无梁楼盖板的平法施工图上注明板面标高高差及分布范围。

3. 板带支座原位标注

（1）板带支座上部非贯通纵筋原位标注。板带支座上部非贯通纵筋，以一段与板带同向的中粗实线段代表板带支座上部非贯通纵筋；对柱上板带，实线段贯穿柱上区域绘制；对跨中板带：实线段横贯柱网轴线绘制。在线段上注写钢筋编号（如①、②等）配筋值及在线段下方注写自支座中线向两侧板内的伸出长度。

（2）板带支座非贯通纵筋伸出长度。当板带支座非贯通纵筋自支座中线向两侧对称伸出时，其伸出长度可仅在一侧标注；当配置在有悬挑端的边柱上时，该筋伸出到悬挑尽端，设计不注。当支座上部非贯通纵筋呈放射分布时，设计者应注明配筋间距的定位位置。

（3）板带上部贯通筋与非贯通筋。当板带上部已配置有贯通纵筋，但需增配板带支座上部非贯通纵筋时，应结合已配置的同向贯通纵筋的直径与间距，采取"隔一布一"方式配置。

4. 暗梁

（1）暗梁构件。暗梁构件设置在无梁楼盖板或剪力墙中，与板和墙类构件共同工作。其受力状态和钢筋设置与单梁和框架梁类构件非常近似。暗梁的梁高与所在板厚相同，故完全隐藏在板类构件中，这是它被称为暗梁的原因。板中的暗梁可以提高板的抗弯能力，因而仍然具备梁的通用受力特征。

（2）暗梁平面注写。暗梁平面注写包括暗梁集中标注、暗梁支座原位标注两部分内容。施工图中在柱轴线处画中粗虚线表示暗梁。

①暗梁集中标注。暗梁集中标注包括暗梁编号（表2-11）、暗梁截面尺寸（箍筋外皮宽度×板厚）、暗梁箍筋、暗梁上部通长钢筋或架立钢筋。

表2-11　暗梁编号

构件类型	代号	序号	跨数及有无悬挑
暗梁	AL	××	(××)　(××A)　(××B)

注：1. 跨数按柱网轴线计算（两相邻柱轴线之间为一跨）。
　　2.（××A）为一端有悬挑，（××B）为两端有悬挑，悬挑不计入跨数

②暗梁支座原位标注。暗梁支座原位标注包括梁支座上部纵筋、梁下部纵筋。

（3）暗梁与板带的关系。当设置暗梁时，柱上板带及跨中板带标注方式与前述一致。柱上板带标注的配筋仅设置在暗梁之外的柱上板带范围内。

（4）暗梁中纵向钢筋连接、锚固及支座上部纵筋的伸出长度等要求同轴线处柱上板带中纵向钢筋。

5. 无梁楼盖板平法识图训练

无梁楼盖板平法识图训练如图2-40所示。

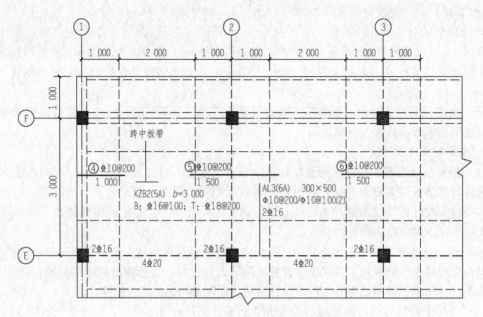

图 2-40 无梁楼盖板平法识图训练

2.8 楼梯结构图

2.8.1 楼梯结构的内容

1. 楼梯结构平面图

如图 2-41 所示，楼梯结构平面图与楼层结构平面图一样，表示楼梯板和楼梯梁的平面布置、代号、编号、尺寸及结构标高等。

多层建筑应绘出底层楼梯结构平面图、中间层结构平面图、顶层结构平面图。楼梯结构平面图中的轴线编号应与建筑施工图一致，剖切符号只在底层楼梯结构平面图中表示。

钢筋混凝土楼梯的不可见轮廓线用细虚线表示，可见轮廓线用细实线表示，剖到的墙体轮廓线用中实线表示。

2. 楼梯结构剖面图

楼梯结构剖面图主要表示楼梯的承重构件的竖向布置、连接情况，以及各部分的标高。

图 2-41 中的 1—1 剖面图，表示了剖到的梯段板、梯段梁、平台梁、平台板和未剖到的、可见的梯段板等。另外，要表示楼梯间内的一些结构、构造。

3. 楼梯配筋图

在楼梯结构剖面图（图 2-41）中，不能详细表示梯段板、梯段梁等的配筋时，应用较大的比例绘出配筋图。其图示方法及内容同构件配筋图。

2.8.2 现浇钢筋混凝土板式楼梯平法识图

现浇钢筋混凝土板式楼梯平法施工图有平面注写、剖面注写和列表注写三种表达方式。

本部分主要表述梯板的平法结构施工图，平台板及梯梁平法施工图参照前述板、梁施工图。

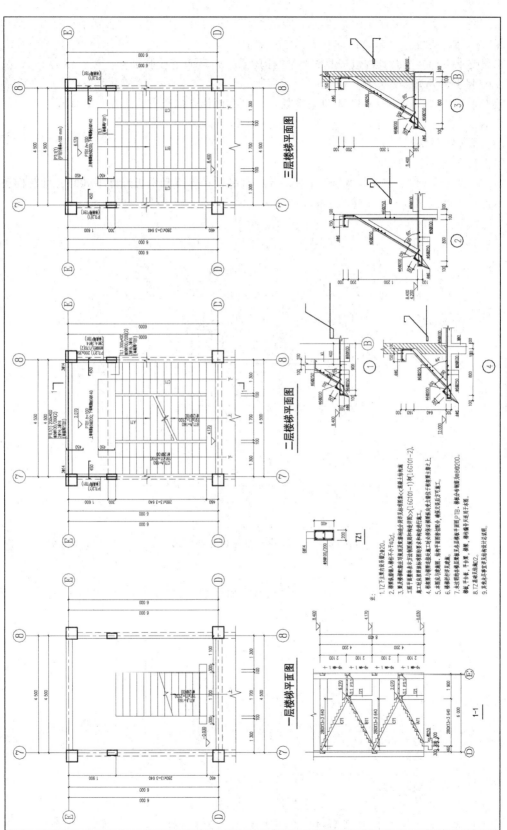

图 2-41 楼梯配筋图

采用适当比例绘制楼梯平面布置图，需要时绘制楼梯剖面图，并注明各层结构标高、结构层高及相应的结构层号。

梯梁支承在梯柱上时其构造按照框架梁的构造做法，箍筋宜全长加密。

1. 楼梯平面注写方式

楼梯平面注写方式如图 2-42 和图 2-43 所示，是在楼梯平面布置图上注写截面尺寸和配筋具体数值的方式来表达楼梯施工图，包括集中标注和外围标注。

（1）楼梯集中标注。

①梯板类型代号与序号。

②梯板厚度：$h=×××$。当为带平板的梯板且梯段板厚度和平板厚度不同时，可在梯段板厚度后面括号内以字母 P 打头注写平板厚度。

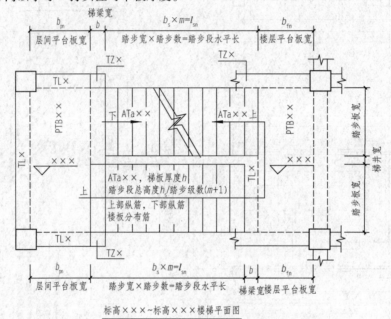

图 2-42 ATa 型楼梯平面注写方式

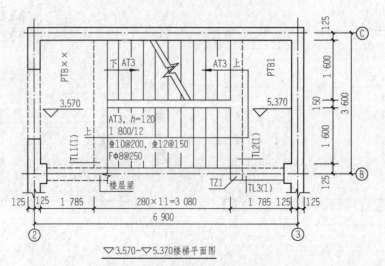

图 2-43 AT 型楼梯平法施工图示例

【例2-41】$h=130$（P150），130表示梯段板厚130 mm，150表示梯板平板段的厚度为150 mm。
③踏步段总高度和踏步级数之间以"/"分隔。
④梯板支座上部纵筋、下部纵筋之间以"；"分隔。
⑤梯板分布筋，以F打头注写分布钢筋具体值，该项也可在图中同一注明。

【例2-42】平面图中梯板类型及配筋的完整标注示例如下（AT型）：
AT1，$h=120$　梯板类型及编号，梯板板厚
1 800/12　踏步段总高度/踏步级数
⌀10@200；⌀12@150　上部纵筋；下部纵筋
F⌀8@250　梯板分布筋（可统一说明）

（2）外围标注。楼梯间的平面尺寸、楼层结构标高、层间结构标高、楼梯的上下方向、梯板的平面几何尺寸、平台板配筋、梯梁及梯柱配筋等。

【例2-43】识读如图2-44所示的AT型楼梯平面图。
①识读样板类型及配筋的平面标注。
②识读楼梯段的基本尺寸数据。

解：①样板类型及配筋的平面标注：
AT3，$h=120$，表示样板类型及编号，样板板厚；
1 800/12，表示踏步段总高度1 800 mm/踏步级数12；
⌀10@200，⌀12@150，表示上部纵筋为 ⌀10@200，下部纵筋为 ⌀12@150；
F⌀8@250表示梯板分布筋。
②楼梯段的基本尺寸数据：
AT3的基本尺寸数据：楼梯板净跨度$L_n=3\,080$ mm；梯板净宽度$b_n=1\,600$ mm；梯板厚$h=120$ mm；踏步宽度$b_s=280$ mm；踏步总高度$H_s=1\,800$ mm；踏步高度$h_s=150$ mm。

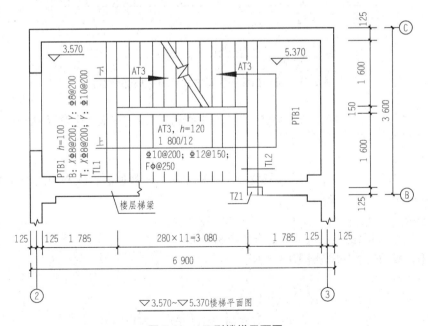

图2-44　AT型楼梯平面图

2. 剖面注写方式

剖面注写方式需在楼梯平法施工图中绘制楼梯平面图和楼梯剖面图,注写方式分平面注写和剖面注写两部分。

(1) 平面注写(图2-45):楼梯间的平面尺寸、楼层结构标高、层间结构标高、楼梯的上下方向、梯板的平面几何尺寸、平台板配筋、梯梁及梯柱配筋等。

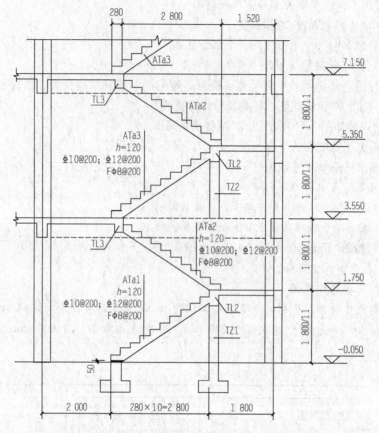

图2-45 楼梯剖面图注写方式示例(局部示意)

(2) 剖面注写(图2-46):梯板集中标注、梯梁梯柱编号、梯板水平及竖向尺寸、楼层结构标高、层间结构标高等。

3. 列表注写方式

列表注写方式,指用列表注写梯板截面尺寸和配筋具体数值的方式来表达楼梯施工图,注写的具体要求同剖面注写方式。

4. 楼梯楼层、层间平台板的平面注写方式

在板中部集中注写的内容有4项,分别介绍如下:

(1) 平台板的代号与序号 PTB×××。
(2) 平台板厚度 h。
(3) 平台板下部短跨方向配筋(S配筋)。
(4) 平台板下部长跨方向配筋(L配筋),S配筋与L配筋用斜线分开。

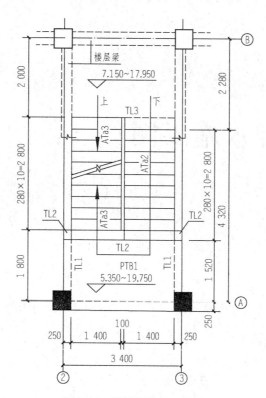

图 2-46　楼梯标准层平面图
（局部示意，与剖面图配合使用）

第3章

建筑给排水施工图

★教学内容

建筑给排水系统概述；建筑给排水施工图识图基础；建筑给排水施工图的识读。

★教学要求

1. 掌握建筑给水系统的概念与分类；
2. 掌握建筑排水系统的概念与分类；
3. 熟练掌握识读给排水施工图的方法。

3.1 建筑给排水系统概述

3.1.1 建筑给水系统

建筑给水系统是供应建筑内部和小区范围内的生活用水、生产用水和消防用水的系统，它包括建筑内部给水与小区给水系统，而建筑内部的给水系统是将城镇给水管网或自备水源给水管网的水引入室内，经配水管送至生活、生产和消防用水设备，并满足各用水点对水量、水压和水质要求的冷水供应系统。它与建筑小区（室外）给水系统是以给水引入管上的阀门井或水表井为界。建筑内部给水系统按用途可分为生活给水系统、生产给水系统、消防给水系统。

建筑物内的给水系统如图3-1所示。

3.1.2 建筑排水系统

建筑物排水系统的任务是将人们在建筑内部的日常生活和工业生产中产生的污、废水以及降落在屋面上的雨、雪水迅速收集后排除到室外，使室内保持清洁卫生，并为污水处理和综合利用提供便利的条件。按系统接纳的污废水类型不同，建筑物排水系统可分为生活排水系统、工业废水排水系统、雨（雪）水排水系统。图3-2所示为室内排水系统示意图。

一个完整的建筑内部污（废）水排水系统是由污废水受水器、排水系统（图3-3）、通气管系统、清通设备、抽升设备、局部污水处理构筑物等组成。

第3章 建筑给排水施工图

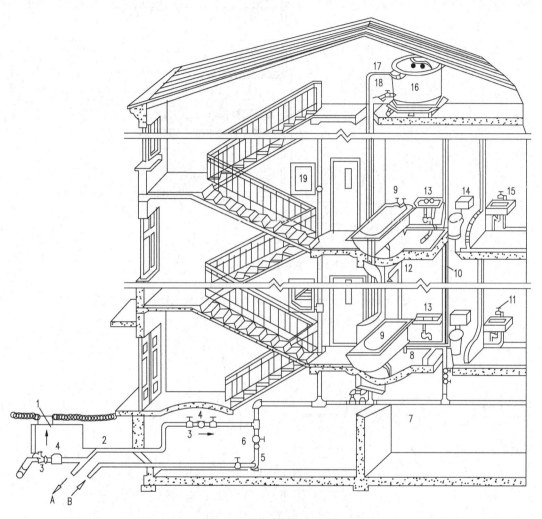

图 3-1 建筑内部给水系统

1—阀门井；2—引入管；3—闸阀；4—水表；5—水泵；6—逆止阀；7—干管；
8—支管；9—浴盆；10—立管；11—水龙头；12—淋浴器；13—洗脸盆；
14—大便器；15—洗涤盆；16—水箱；17—进水管；18—出水管；19—消火栓
A—入储水池；B—来自储水池

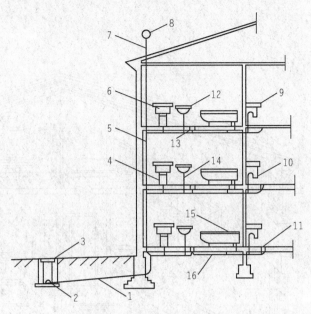

图 3-2 室内排水系统示意图

1—排出管；2—室外排水管；3—检查井；4—大便器；5—立管；6—检查口；
7—伸顶通气管；8—铁丝网罩；9—洗涤盆；10—存水弯；11—清扫口；
12—洗脸盆；13—地漏；14—器具排水管；15—浴盆；16—横支管

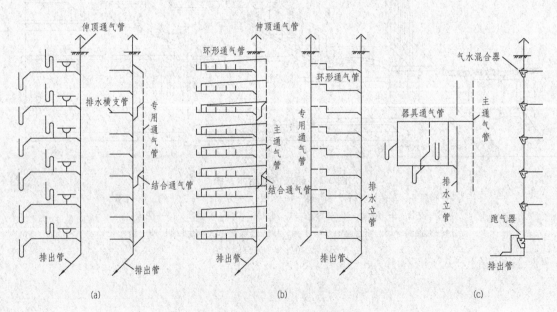

图 3-3 不同通气方式的排水系统

(a) 普通单立管排水系统；(b) 双立管排水系统；(c) 单立管排水系统

3.2 建筑给排水施工图识图基础

3.2.1 给水/排水制图一般规定

1. 图纸

（1）图线的宽度 b，应根据图纸的类别、比例和复杂程度，按《房屋建筑制图统一标准》（GB/T 50001—2017）的规定选用。线宽 b 宜为 0.7 或 1.0 mm。

（2）给水排水专业制图，常用的各种线型宜符合表3-1规定。

表3-1 线型

名称	线型	线宽	用途
粗实线	————	b	新设计的各种排水和其他重力流管线
中粗实线	————	$0.75b$	新设计的各种给水和其他压力流管线；原有的各种排水和其他重力流管线
中实线	————	$0.5b$	给水排水设备、零（附）件的可见轮廓线；总图中新建的建筑物和构筑物的可见轮廓线；原有的各种给水和其他压力流管线
细实线	————	$0.25b$	建筑的可见轮廓线；总图中原有的建筑物和构筑物的可见轮廓线；制图中的各种标注线
粗虚线	- - - -	b	新设计的各种排水和其他重力流管线的不可见轮廓线
中粗虚线	- - - -	$0.75b$	新设计的各种给水和其他重力流管线及原有的各种排水和其他重力流管线的不可见轮廓线
中虚线	- - - -	$0.5b$	给排水设备、零（附）件的不可见轮廓线；总图中新建的建筑物和构筑物的不可见轮廓线；原有的各种给水和其他压力流管线的不可见轮廓线
细虚线	- - - -	$0.25b$	建筑的不可见轮廓线；总图中原有的建筑物和构筑物的不可见轮廓线
单长点画线	—·—·—	$0.25b$	中心线、定位轴线
折断线	—/—	$0.25b$	断开界线
波浪线	～～～	$0.25b$	平面图中水面线；局部构造层次范围线；保温范围示意线

2. 比例

（1）给水排水专业制图常用的比例，宜符合表3-2规定。

表3-2 常用比例

名称	比例	备注
区域规划图 区域位置图	1:50 000、1:25 000、1:10 000 1:5 000、1:2 000	宜与总图专业一致
总平面图	1:1 000、1:500、1:300	宜与总图专业一致
管道纵断面图	纵向：1:200、1:100、1:50 横向：1:1 000、1:500、1:300	
水处理厂（站）平面图	1:500、1:200、1:100	
水处理构筑物、设备间、卫生间、泵房平、剖面图	1:100、1:50、1:40、1:30	
建筑给排水平面图	1:200、1:150、1:100	宜与建筑专业一致

续表

名称	比例	备注
建筑给排水轴测图	1:150、1:100、1:50	宜与相应图纸一致
详图	1:50、1:30、1:20、1:10、1:5、1:2、1:1、2:1	

（2）在管道纵断面图中，可根据需要对纵向与横向采用不同的组合比例。

（3）在建筑给排水轴测图中，如局部表达有困难时，该处可不按比例绘制。

（4）水处理流程图、水处理高程图和建筑给排水系统原理图均不按比例绘制。

3. 标高

（1）标高符号及一般标注方法应符合《房屋建筑制图统一标准》（GB/T 50001—2017）的规定。

（2）室内工程应标注相对标高；室外工程宜标注绝对标高，当无绝对标高资料时，可标注相对标高，但应与总图专业一致。

（3）压力管道应标注管中心标高；沟渠和重力流管道宜标注沟（管）内底标高。

（4）标高应以 m 为单位。

（5）在下列部位应标注标高。

①沟渠和重力流管道的起止点、转角点、连接点、变坡点、变尺寸（管径）点及交叉点。

②压力流管道中的标高控制点。

③管道穿外墙、剪力墙和构筑物的壁及底板等处。

④不同水位线处。

⑤构筑物和土建部分的相关标高。

（6）标高的标注方法应符合下列规定。

①平面图中，管道标高应按图 3-4 的方式标注。

②平面图中，沟渠标高应按图 3-5 的方式标注。

图 3-4 管道标高标注　　　　图 3-5 沟渠标高标注

③剖面图中，管道及水位的标高应按图 3-6 的方式标注。

④轴测图中，管道标高应按图 3-7 的方式标注。

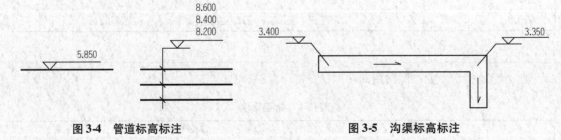

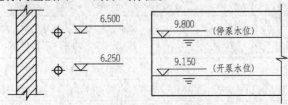

图 3-6 管道及水位的标高标注

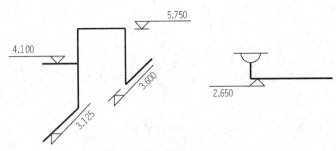

图 3-7　轴测图管道标高标注

⑤在建筑工程中，管道也可标注相对本层建筑地面的标高，标注方法为 $h+×.×××$，h 表示本层建筑地面标高（如 $h+0.250$ mm）。

4. 管径

（1）管径应以 mm 为单位。

（2）管径的表达方式应符合下列规定：

①水煤气输送钢管（镀锌或非镀锌）、铸铁管等管材，管径宜以公称直径 DN 表示（如 $DN15$、$DN50$）；

②无缝钢管、焊接钢管（直缝或螺旋缝）、铜管、不锈钢管等管材，管径宜以外径 $D×$壁厚表示（如 $D108×4$、$D159×4.5$ 等）；

③钢筋混凝土（或混凝土）管、陶土管、耐酸陶瓷管、缸瓦管等管材，管径宜以内径 d 表示（如 $d230$、$d380$ 等）；

④塑料管材，管径宜按产品标准的方法表示；

⑤当设计均用公称直径 DN 表示管径时，应有公称直径 DN 与相应产品规格对照表。

（3）管径的标注方法应符合下列规定：

①单根管道时，管径应按图 3-8 的方式标注。

②多根管道时，管径应按图 3-9 的方式标注。

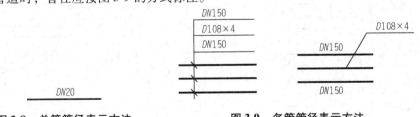

图 3-8　单管管径表示方法　　　图 3-9　多管管径表示方法

5. 编号

（1）当建筑物的给水引入管或排水排出管的数量超过 1 根时，宜进行编号，编号宜按图 3-10 的方法表示。

（2）建筑物内穿越楼层的立管，其数量超过 1 根时宜进行编号，编号宜按图 3-11 的方法表示。

（3）在总平面图中，当给排水附属构筑物的数量超过 1 个时，宜进行编号。

①编号方法为：构筑物代号 – 编号。

②给水构筑物的编号顺序宜为：从水源到干管，再从干管到支管，最后到用户。

③排水构筑物的编号顺序宜为：从上游到下游，先干管后支管。

④当给排水机电设备的数量超过 1 台时，宜进行编号，并应有设备编号与设备名称对照表。

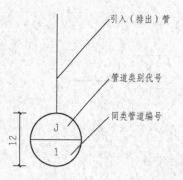

图 3-10 给水引入（排出）管编号表示方法

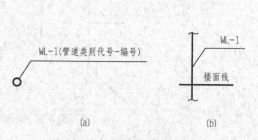

图 3-11 立管编号表示方法
（a）平面图；（b）剖面图、系统原理图、轴测图等

3.2.2 图例

建筑给水排水施工图中的管道、给排水附件、卫生器具、升压和储水设备以及给排水构造物等都是用图例符号表示的，在识读施工图时，必须明白这些图例符号。现将常用图例符号列于下表：

1. 管道图例

管道图例见表3-3。

表 3-3 管道图例

序号	名称	图例	备注	序号	名称	图例	备注
1	生活给水管	—J—		17	压力雨水管	—YY—	
2	热水给水管	—RJ—		18	膨胀管	—PZ—	
3	热水回水管	—RH—		19	保温管	～～	
4	中水给水管	—ZJ—		20	多孔管		
5	循环给水管	—XJ—		21	地沟管		
6	循环回水管	—Xh—		22	防护套管		
7	热媒给水管	—RM—		23	管道立管	XL-1 平面 XL-1 系统	X：管道类别 L：立管 1：编号
8	热媒回水管	—RMH—					
9	蒸汽管	—Z—					
10	凝结水管	—N—		24	伴热管		
11	废水管	—F—	可与中水管合用	25	空调凝结水管	—KN—	
12	压力废水管	—YF—		26	排水明沟	坡向→	
13	通气管	—T—		27	排水暗沟	坡向→	
14	污水管	—W—					
15	压力污水管	—YW—		注：分区管道用加注角标方式表示：如 J_1、J_2、RJ_1、RJ_2			
16	雨水管	—Y—					

2. 管道附件的图例
管道附件的图例见表3-4。

表3-4 管道附件的图例

序号	名称	图例	备注	序号	名称	图例	备注
1	套管伸缩器			12	雨水斗	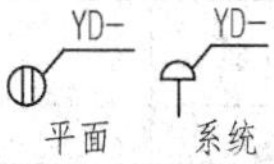 YD- 平面 YD- 系统	
2	方形伸缩器	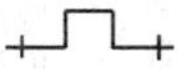		13	排水漏斗	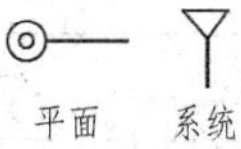 平面 系统	
3	刚性防水套管	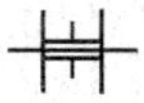		14	圆形地漏		通用、无水封地漏应加存水弯
4	柔性防水套管	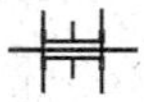		15	方形地漏	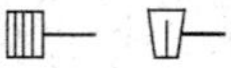	
5	波纹管	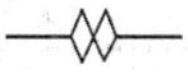		16	自动冲洗水箱		
6	可曲挠橡胶接头	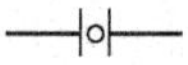		17	挡墩	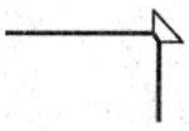	
7	管道固定支架			18	减压孔板	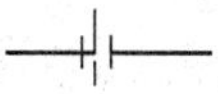	
8	管道滑动支架	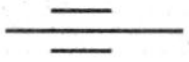		19	Y形除污器	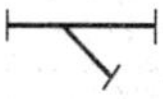	
9	立管检查口			20	毛发聚集器	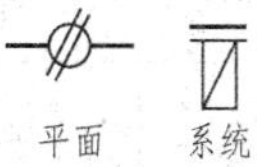 平面 系统	
10	清扫口	 平面 系统		21	防回流污染止回阀	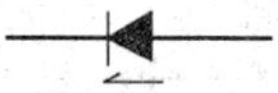	
11	通气图	 成品 铁丝球		22	吸气阀		

3. 管道连接的图例
管道连接的图例见表3-5。

表3-5 管道连接的图例

序号	名称	图例	备注	序号	名称	图例	备注
1	法兰连接	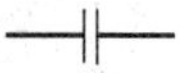		7	三通连接	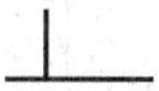	
2	承插连接			8	四通连接	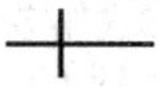	
3	活接头			9	盲板		
4	管堵			10	管道丁字上接	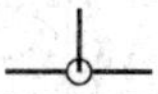	
5	法兰堵盖			11	管道丁字下接		
6	弯折管	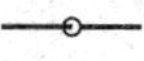	表示管道向后及向下弯转90°	12	管道交叉	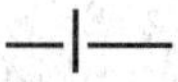	在下方和后面的管道应断开

4. 管件图例

管件图例见表3-6。

表3-6 管件图例

序号	名称	图例	备注	序号	名称	图例	备注
1	偏心异径管	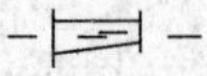		8	弯头	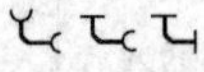	
2	异径管	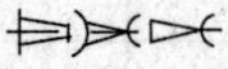		9	正三通	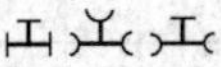	
3	乙字管			10	斜三通		
4	喇叭口	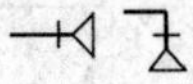		11	正四通	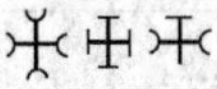	
5	转动接头	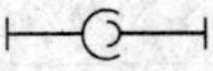		12	斜四通	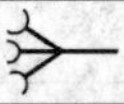	
6	短管			13	浴盆排水件	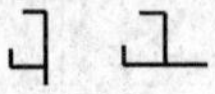	
7	存水弯	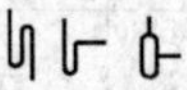					

5. 阀门图例

阀门图例见表3-7。

表3-7 阀门图例

序号	名称	图例	备注	序号	名称	图例	备注
1	闸阀			13	隔膜阀		
2	角阀			14	温度调节阀		
3	三通阀			15	压力调节阀		
4	四通阀	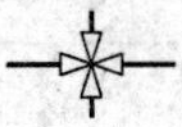		16	电磁阀		
5	截止阀	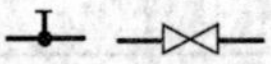		17	止回阀		
6	电动阀			18	蝶阀		
7	液动阀			19	弹簧安全阀		
8	气动阀			20	自动排气阀		
9	减压阀			21	浮球阀	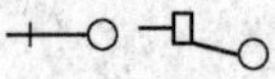	
10	旋塞阀	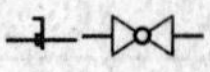		22	延时自闭冲洗阀		
11	底阀			23	疏水器		
12	球阀						

除以上图例外，还包括给水配件的图例、消防设施的图例、卫生设备及水池的图例、小型给

水排水构筑物的图例、给排水设备的图例、给水排水专业所用仪表的图例。阅读和绘制给水排水施工图时，可参阅给水国家标准图集和给水排水设计手册，如需自设图例，应在图纸上列出自设的图例，并加以说明。

3.2.3 图样画法

1. 一般规定

（1）设计应以图样表示，不得以文字代替绘图。如必须对某部分进行说明时，说明文字应通俗易懂、简明清晰。有关全工程项目的问题应在首页说明，局部问题应注写在本张图纸内。

（2）工程设计中，本专业的图纸应单独绘制。

（3）在同一个工程项目的设计图纸中，图例、术语、绘图表示方法应一致。

（4）在同一个工程子项的设计图纸中，图纸规格应一致。如有困难时，不宜超过两种规格。

（5）图纸编号应遵守下列规定：

①规划设计采用水规××。

②初步设计采用水初××，水扩初××。

③施工图采用水施××。

（6）图纸的排列应符合下列要求：

①初步设计的图纸目录应以工程项目为单位进行编写；施工图的图纸目录应以工程单体项目为单位进行编写。

②工程项目的图纸目录、使用标准图目录、图例、主要设备器材表、设计说明等，如一张图纸幅面不够使用时，可采用两张图纸编排。

③图纸图号应按下列规定编排：

a. 系统原理图在前，平面图、剖面图、放大图、轴测图、详图依次在后；

b. 平面图中应地下各层在前，地上各层依次在后；

c. 水净化（处理）流程图在前，平面图、剖面图、放大图、详图依次在后；

d. 总平面图在前，管道节点图、阀门井示意图、管道纵断面图或管道高程表、详图依次在后。

2. 图样画法

（1）总平面图的画法应符合下列规定：

①建筑物、构筑物、道路的形状、编号、坐标、标高等应与总图专业图纸相一致。

②给水、排水、雨水、热水、消防和中水等管道宜绘制在一张图纸上。如管道种类较多、地形复杂，在同1张图纸上表示不清楚时，可按不同管道种类分别绘制。

③应按标准规定的图例绘制各类管道、阀门井、消火栓井、洒水栓井、检查井、跌水井、水封井、雨水口、化粪池、隔油池、降温池、水表井等，并按标准的规定进行编号。

④绘出城市同类管道及连接点的位置、连接点井号、管径、标高、坐标及流水方向。

⑤绘出各建筑物、构筑物的引入管、排出管，并标注出位置尺寸。

⑥图上应注明各类管道的管径、坐标或定位尺寸。

a. 用坐标时，标注管道弯转点（井）等处坐标，构筑物标注中心或两对角处坐标；

b. 用控制尺寸时，以建筑物外墙或轴线，或道路中心线为定位起始基线。

⑦仅有本专业管道的单体建筑物局部总平面图，可从阀门井、检查井绘引出线，线上标注井盖面标高；线下标注管底或管中心标高。

⑧图面的右上角应绘制风向频率玫瑰图，如无污染源时可绘制指北针。

（2）给水管道节点图应按下列规定绘制：
①管道节点位置、编号应与总平面图一致，但可不按比例示意绘制。
②管道应注明管径、管长。
③节点应绘制所包括的平面形状和大小、阀门、管件、连接方式、管径及定位尺寸。
④必要时，阀门井节点应绘制剖面示意图。
（3）管道纵断面图应按下列规定绘制：
①压力流管道用单粗实线绘制。注：当管径大于400 mm时，压力流管道可用双中粗实线绘制，但对应平面示意图用单中粗实线绘制。
②重力流管道用双中粗实线绘制，但对应平面示意图用单中粗实线绘制。
③设计地面线、阀门井或检查井、竖向定位线用细实线绘制，自然地面线用细虚线绘制。
④绘制与本管道相交的道路、铁路、河谷及其他专业管道、管沟及电缆等的水平距离和标高。
（4）重力流管道不绘制管道纵断面图时，可采用管道高程表，管道高程表应按表3-8的规定绘制。

表3-8 管道高程表

序号	管段编号		管长 /m	管径 /m	坡度 /%	管底坡降 /m	管底跌落 /m	设计地面标高/m		管内底标高/m		埋深 /m		备注
	起点	终点						起点	终点	起点	终点	起点	终点	

（5）取水、水净化厂（站）宜按下列规定绘制高程图：
①构筑物之间的管道以中粗实线绘制。
②各种构筑物必要时按形状以单细实线绘制。
③各种构筑物的水面、管道、构筑物的底和顶应注明标高。
④构筑物下方应注明构筑物名称。
（6）各种净水和水处理系统宜按下列规定绘制水净化系统流程图：
①水净化流程图可不按比例绘制。
②水净化设备及附加设备按设备形状以细实线绘制。
③水净化系统设备之间的管道以中粗实线绘制，辅助设备的管道以中实线绘制。
④各种设备用编号表示，并附设备编号与名称对照说明。
⑤初步设计说明中可用方框图表示水的净化流程图。
（7）建筑给水排水平面图应按下列规定绘制：
①建筑物轮廓线、轴线号、房间名称、绘图比例等均应与建筑专业一致，并用细实线绘制。
②各类管道、用水器具及设备、消火栓、喷洒头、雨水斗、阀门、附件、立管位置等应按图例以正投影法绘制在平面图上。
③安装在下层空间或埋设在地面下而为本层使用的管道，可绘制于本层平面图上；如有地下层，排出管、引入管、汇集横干管可绘于地下层内。

④各类管道应标注管径。生活热水管要标明伸缩装置及固定支架位置；立管应按管道类别和代号自左至右分别进行编号，且各楼层相一致；消火栓可按需要分层按顺序编号。

⑤引入管、排出管应注明与建筑轴线的定位尺寸、穿建筑外墙标高、防水套管形式。

⑥±0.000标高层平面图应在右上方绘制指北针。

（8）屋面雨水平面图按下列规定绘制：

①屋面形状、伸缩缝位置、轴线号等应与建筑专业一致，不同层或标高的屋面应注明屋面标高。

②绘制出雨水斗位置、汇水天沟或屋面坡向、每个雨水斗汇水范围、分水线位置等。

③对雨水斗进行编号，并宜注明每个雨水斗汇水面积。

④雨水管应注明管径、坡度，无剖面图时应在平面图上注明起始及终止点管道标高。

（9）系统原理图按下列规定绘制：

①多层建筑、中高层建筑和高层建筑的管道以立管为主要表示对象，按管道类别分别绘制立管系统原理图。如绘制立管在某层偏置（不含乙字管）设置，该层偏置立管宜另行编号。

②以平面图左端立管为起点，顺时针自左向右按编号依次顺序均匀排列，不按比例绘制。

③横管以首根立管为起点，按平面图的连接顺序、水平方向在所在层与立管相连接，如水平呈环状管网，绘两条平行线并于两端封闭。

④立管上的引出管在该层水平绘出。如支管上的用水或排水器具另有详图时，其支管可在分户水表后断掉，并注明详见图号。

⑤楼地面线、层高相同时应等距离绘制，夹层、跃层、同层升降部分应以楼层线反映，在图纸的左端注明楼层层数和建筑标高。

⑥管道阀门及附件（过滤器、除垢器、水泵接合器、检查口、通气帽、波纹管、固定支架等）、各种设备及构筑物（水池、水箱、增压水泵、气压罐、消毒器、冷却塔、水加热器、仪表等）均应示意绘出。

⑦系统的引入管、排水管绘出穿墙轴线号。

⑧立管、横管均应标注管径，排水立管上的检查口及通气帽注明距楼地面或屋面的高度。

（10）平面放大图按下列规定绘制：

①管道类型较多，正常比例表示不清时，可绘制放大图。

②比例等于和大于1∶30时，设备和器具按原形用细实线绘制，管道用双线以中实线绘制。

③比例小于1∶30时，可按图例绘制。

④应注明管径和设备、器具附件、预留管口的定位尺寸。

（11）剖面图按下列规定绘制：

①设备、构筑物布置复杂，管道交叉多，轴测图不能表示清楚时，宜辅以剖面图，管道线型应符合标准的规定。

②表示清楚设备、构筑物、管道、阀门及附件位置、形式和相互关系。

③注明管径、标高、设备及构筑物有关定位尺寸。

④建筑、结构的轮廓线应与建筑及结构专业相一致。本专业有特殊要求时，应加注附注予以说明，线型用细实线。

⑤比例等于和大于1∶30时，管道宜采用双线绘制。

（12）轴测图按下列规定绘制：

①卫生间放大图应绘制管道轴测图。

②轴测图宜按45°正面斜轴测投影法绘制。

③管道布图方向应与平面图一致,并按比例绘制。局部管道按比例不易表示清楚时,该处可不按比例绘制。

④楼地面线、管道上的阀门和附件应予以表示,管径、立管编号与平面一致。

⑤管道应注明管径、标高(也可标注距楼地面尺寸),接出或接入管道上的设备、器具宜编号或注字表示。

⑥重力流管道宜按坡度方向绘制。

(13) 详图按下列规定绘制:

①无标准设计图可供选用的设备、器具安装图及非标准设备制造图,宜绘制详图。

②安装或制造总装图上,应对零部件进行编号。

③零部件应按实际形状绘制,并标注各部尺寸、加工精度、材质要求和制造数量,编号应与总装图一致。

3.2.4 图纸基本内容

建筑给排水施工图是工程项目中单项工程的组成部分之一,它是确定工程造价和组织施工的主要依据,也是国家确定和控制基本建设投资的重要依据材料。

建筑给排水施工图按设计任务要求,应包括平面布置图(总平面图、建筑平面图)、系统图、施工详图(大样图)、设计施工说明及主要设备材料表等。

1. 给水、排水平面图

给水、排水平面图应表达给水排水管线和设备的平面布置情况。

建筑内部给排水,以选用的给排水方式来确定平面布置图的数量。底层及地下室必绘;顶层若有水箱等设备,也须单独绘出;建筑物中间各层,如卫生设备或用水设备的种类、数量和位置均相同,可绘一张标准层平面图,否则应逐层绘制。一张平面图上可以绘制几种类型管道,若管线复杂,也可分别绘制,以图纸能清楚表达设计意图而图纸数量又较少为原则。平面图中应突出管线和设备,即用粗线表示管线,其余均为细线。平面图的比例一般与建筑图一致,常用的比例尺为1∶100。

给排水平面图应表达如下内容:用水房间和用水设备的种类、数量、位置等;各种功能的管道、管道附件、卫生器具、用水设备,如消火栓箱、喷头等,均应用图例表示;各种横干管、立管、支管的管径、坡度等均应标出;各管道、立管均应编号标明。

2. 给水、排水系统图

给水、排水系统图,也称"给水、排水轴测图",应表达出给排水管道和设备在建筑中的空间布置关系。系统图一般应按给水、排水、热水供应、消防等各系统单独绘制,以便于安装施工和造价计算使用。其绘制比例应与平面图一致。

给排水系统图应表达如下内容:各种管道的管径、坡度;支管与立管的连接处、管道各种附件的安装标高;各立管的编号应与平面图一致。

系统图中对用水设备及卫生器具的种类、数量和位置完全相同的支管、立管可不重复完全绘制但应用文字标明。当系统图立管、支管在轴测方向重复交叉影响视图时,可标号断开移至空白处绘制。

建筑居住小区的给排水管道,一般不绘系统图,但应绘管道纵断面图。

3. 详图

凡平面图、系统图中局部构造因受图面比例影响而表达不完善或无法表达时,必须绘制施工详图。详图中应尽量详细注明尺寸,不应以比例代尺寸。

施工详图首先应采用标准图、通用施工详图，如卫生器具安装、排水检查井、阀门井、水表井、雨水检查井、局部污水处理构筑物等，均有各种施工标准图。

4. 设计说明及主要材料设备表

凡是图纸中无法表达或表达不清的而又必须为施工技术人员所了解的内容，均应用文字说明。文字说明应力求简洁。设计说明应表达如下内容：设计概况、设计内容、引用规范、施工方法等。例如，给排水管材以及防腐、防冻、防结露的做法；管道的连接、固定、竣工验收的要求；施工中特殊情况的技术处理措施；施工方法要求严格必须遵循的技术规程、规定等。

工程中选用的主要材料及设备，应列表注明。表中应列出材料的类别、规格、数量，设备的品种、规格和主要尺寸。

此外，施工图还应绘制出图中所用的图例；所有的图纸及说明应编排有序，写出图纸目录。

3.3 建筑给排水施工图的识读

阅读主要图纸之前，应当首先看设计说明和设备材料表，然后以系统图为线索深入阅读平面图和系统图及详图。阅读时，应将三种图相互对照来看。先对系统图有大致了解，看给水系统图时，可由建筑的给水引入管开始，沿水流方向经干管、立管、支管到用水设备；看排水系统图时，可由排水设备开始，沿排水方向经支管、横管、立管、干管到排出管。

3.3.1 平面图的识读

室内给排水平面图是施工图纸中最基本和最重要的图纸，它主要表明建筑物内给水、排水管道及设备的平面布置。

图纸上的线条都是示意性的，同时管材配件如活接头、管箍等也画不出来，因此在识读图纸时还必须熟悉给水、排水管道的施工工艺。在识读平面图时，应掌握的主要内容和注意事项如下：

（1）查明卫生器具、用水设备和升压设备的类型、数量、安装位置及定位尺寸。

卫生器具和各种设备通常都是用图例画出来的，它只说明器具和设备的类型，而不能具体表示各部分的尺寸及构造，因此在识读时必须结合有关详图和技术资料，搞清楚这些器具和设备的构造、接管方式及尺寸。

（2）弄清给水引入管和污水排出管的平面位置、走向、定位尺寸、与室外给排水管网的连接形式、管径及坡度。

给水引入管上一般都装有阀门，通常设于室外阀门井内。污水排出管与室外排水总管的连接是通过检查井来实现的。

（3）查明给排水干管、立管、支管的平面位置与走向、管径尺寸及立管的编号。从平面图上可清楚地查明管道是明装还是暗装，以确定施工方法。

（4）消防给水管道要查明消火栓的布置、口径大小及消防箱的形式与位置。

（5）在给水管道上设置水表时，必须查明水表的型号、安装位置、表前后阀门的设置情况。

（6）对于室内排水管道，还要查明清通设备的布置情况，清扫口的型号和位置。搞清楚室内检查井的进出管连接方式。对于雨水管道，要查明雨水斗的型号及布置情况，并结合详图搞清雨水斗与天沟的连接方式。

3.3.2 系统图的识读

给排水管道系统图主要表明管道系统的立体走向。在给水系统图上，卫生器具不画出来，只需画出水龙头、冲洗水箱等符号;用水设备如锅炉、热交换器、水箱等则画出示意性立体图,并以文字说明。在排水系统图上,也只画出相应的卫生器具的存水弯或器具排水管。在识读系统图时,应掌握的主要内容和注意事项如下:

(1) 查明给水管道的走向,干管的布置方式,管径尺寸及其变化情况,阀门的设置,引入管、干管及各支管的标高。

(2) 查明排水管的走向,管路分支情况,管径尺寸与横管坡度,管道各部标高,存水弯的形式,清通设备的设置情况,弯头及三通的选用等。

(3) 识读管道系统图时,应结合平面图及说明,了解和确定管材及配件。

(4) 系统图上对各楼层标高都有注明,看图时可据此分清各层管路。管道支架在图中一般不表示,由施工人员按有关规程和习惯做法自定。

3.3.3 详图的识读

室内给排水详图包括节点图、大样图、标准图,主要是管道节点、水表、消火栓、水加热器、卫生器具、套管、开水炉、排水设备、管道支架的安装图及卫生间大样图等,图中注明了详细尺寸,可供安装时直接使用。

3.3.4 施工图识读举例

某住宅给排水工程施工图,如图3-12至图3-21所示。

图3-12与图3-13的主要内容有设计说明、主要材料表、图纸目录、选用的国家标准图集等内容。

图3-14为图例、户内给排水系统图、厨房、卫生间大样图。

图3-15为地下室给排水及消火栓平面图。

图3-16为一层给排水及消火栓平面图。

图3-17为二层给排水及消火栓平面图。

图3-18为三~十一层给排水及消火栓平面图。

图3-19为屋顶给排水及消火栓平面图。

图3-20为系统原理图。

图3-21为排水立管系统原理图。

在图3-15中可以读出地下室房间的功能及标高,给排水与消防管立管的位置,进出户管的走向,消火栓的位置、型号等内容。

在图3-16中可读出一层平面图中房间的功能及标高,给排水及消防管立管的位置,消火栓的位置、型号等内容。

在图3-17中可读出二层平面图中房间的功能及标高,给排水及消防管立管的位置,消火栓的位置、型号等内容。

在图3-18中可读出三~十一层平面图中房间的功能及标高,给排水及消防管立管的位置,消火栓的位置、型号等内容。

在图3-19中可读出屋顶给排水及消防管立管的位置,屋面的雨水排水等内容。

在图3-20中可读出给水与消防管道的走向及相关原理图。

在图3-21中可读出排水管道的走向及相关原理图。

给排水设计说明

1. 设计依据：
1.1 本单位与甲方签订的《建筑工程设计合同》。
1.2 建设单位提供的室外市政给水排水管网资料和设计要求。
1.3 省内地方法规、建筑及其他专业提供的设计条件、本工程专业技术统一措施。
1.4 现行国家有关设计规范、规范及规程：
《建筑给水排水设计规范（2009年版）》（GB 50015—2003）
《建筑设计防火规范（2018年版）》（GB 50016—2014）
《城镇给水排水技术规程》（CJJ/T 98—2014）
《住宅建筑规范》（GB 50368—2005）
《住宅设计规范》（GB 50096—2011）、《住宅建筑规范》（GB 50368—2005）
《建筑给水排水塑料管道工程技术规程》（CJJ/T 98—2014）
《建筑给水排水制图标准》（GB/T 50106—2010）
《住宅智能化设计规程》（GB 50140—2005）
《住宅供水"一户一表、计量出户"设计和安装技术规程》（DBJ 41/T049—2003）
《建筑灭火器配置设计规范》（GB 50140—2005）
《沟槽式连接管道工程技术规程》（CECS 151—2003）
《建筑排水内螺旋塑料管工程技术规程》（T/CECS 94—2019）

2. 工程概况：
2.1 本工程为河南盈佳置业衡园小区11#住宅楼1~11层均为住宅，地下室为戊类储藏室，建筑高度为32.2 m，建筑面积为3 596.33 m²。
2.2 本小区其他房屋及生活屋顶设置18 m³高位消防水箱，满足建筑前10 min消防用水的要求，消火栓系统加压泵房及生活加压设备设置在室外另建，不在本次设计范围。建筑分类：二类高层住宅，耐火等级：一级屋面防水等级：I级，二道设防。抗震设防烈度：7度，其主要结构类型：剪力墙结构。设计合理使用年限：50年。

3. 设计内容：
室内生活给水系统、生活排水系统、室内消火栓系统、建筑灭火器配置；
雨水排水系统及空调冷凝水系统见本设计说明。

4. 生活给水系统：
4.1 水源：市政供水。
4.2 用水量：本工程最高日用水量58.5 m³；最大时用水量3.5 m³。
4.3 给水分区：1~5层为低区，6~11层为高区；由市政压力直接供水；低区由南区变频调速泵组供水；高区水压供水压力为0.45 MPa。

4.4 管材和接口：室内冷给水干管采用涂塑钢管干管（包括低区给水干管）采用PP-R管，管材规格冷水采用S5系列，钢管与PP-R连接均应采用相匹配设置的专用过渡接头。采用PP-R管，热熔连接，管材规格冷水采用S5系列，钢管与PP-R连接均应采用相匹配设置的专用过渡接头。

表 4-1 防水套管规格表

管径/mm	50	75~100	125~150	200~250	300
防水套管/mm	φ114	φ140~159	φ180~219	φ273~325	φ377

4.5 阀门及附件：生活系统计量采用普通水表，水表放在每层水井内。每户给水平支管井户表暗敷设。户内热水系统冷水接口（由燃气电热水器供生活热水）。生活给水管上的阀门，户内及支道水管DN≤50 mm时用铜芯截止阀，DN>50 mm时用闸阀或蝶阀，工作压力1.0 MPa。洁具采用不小于0.4 m的金属软管过渡。生活给水系统阀门采用铜芯密封陶瓷片密封水龙头。大于6 L的水箱型便器反及阀芯密封水龙头。
4.6 给水横管应有0.002~0.005的坡度坡向泄水装置。

5. 生活污水系统：
5.1 生活污水排水口：污水立管采用PVC-U塑料排水管，最高日排水量34.65 m³。
5.2 管材与管件：污水立管采用PVC-U塑料排水管，专用管件连接，污水横管采用PVC-U塑料排水管，粘接连接。压力污水管采用焊接钢管，焊接，空调冷凝水管及雨水管采用PVC-U塑料排水管，主楼屋面采用承压1.60 MPa的PVC-U污水及其他管目标PVC-U塑料排水管，粘接连接。
5.3 污水横管与立管、横管与立管的连接应采用45°弯头或90°斜三通，不得采用正三（四）通。
5.4 污水立管与横管连接时，宜采用乙字管或两个45°弯头连接，并在其上部设检查口。污水管采用带检查口三（四）通。
5.5 污水立管与排水横支管、污水出户管的连接，采用两个45°弯头连接。污水立管底部应设牢固支架。

图 3-12 给排水设计说明

5.6 污水管坡度，横支管采用 $i=0.026$，排水出户横干管采用 DN100 $i=0.004$；DN150 $i=0.003$。

5.7 污水立管的检查口应安装在距地 1.0 m 处，检查口向应方便检修。

5.8 污水地漏的顶面应低于成品地面 5~10 mm，地面应有不小于 0.01 的坡度坡向地漏。

5.9 所有卫生器具（包括地漏）必须自带或配套的存水弯，水封深度不得小于 50 mm，洗衣机地漏采用洗衣机专用地漏。

5.10 雨水管至室外进行有组织排水排入市政雨水管网。

5.11 排水立管管径大于或等于 DN100 时，穿楼板处应设阻火圈。

6. 消火栓给水系统：

6.1 本工程为二类住宅楼，室外消防用水量 15 L/s，室内消防用水量 10 L/s，火灾延续时间 2 h。

6.2 本小区有二路市政供水，可以满足室外消防采用临时高压系统火灾次数为一次。

6.3 管材和接口：消火栓给水管采用内外热镀锌钢管，DN<100 丝扣连接，DN≥100 沟槽式卡箍连接或法兰连接。

6.4 消火栓箱的配备及要求：室内消火栓口径 DN65，铝合金直流水枪 d19，DN65 麻织衬胶消防水带长 25 m，消火栓箱体为钢、铝合金材料，配有启动消防泵的组和指示灯一套。本工程消火栓箱选用 05YS4 安装，本建筑负一层至九层消火栓选用减压稳压消火栓，十层及以上层选用 SN Z65 型单阀单出口（或双阀双出口）消火栓。

6.5 消火栓箱安装：消火剪力墙处均为明装，其余均为半暗装。

6.6 消火栓系统在室外水泵结合器处设地上式水泵接合器，位置详见"室外总平面"设计。

6.7 本建筑消火栓系统供水压力 0.95 MPa，室外消防水泵房设计应核对本压力能否满足小区最高建筑消火栓压力要求。

7. 室内灭火器配置：

7.1 本建筑物耐火等级，火灾种类为 A 类，按《建筑灭火器配置设计规范》（GB 50140—2005）配置手提式干粉灭火器。

7.2 本工程灭火器配置如下：每个室内消火栓处设两具手提式/FABC/4 磷酸铵盐灭火器。

8. 通用规定：

8.1 本说明适用于室内给水排水及消防工程施工，当与设计要求不符时，以图纸设计说明为准。

8.2 尺寸单位：管道长度和标高以米（m）计，其余均以毫米（mm）计。

8.3 给水管道高是指管道中心线标高，F+0.15 表示该管段安装在楼面以上 0.15 m 处；排水管道高是指管道内底面标高。例如，-1.00 表示该处管内底面高比 ±0.000 低 1.00 m。

8.4 除设计图中已有安装大样外，一般卫生设备均参照《给排水标准图集》（09S304）《卫生设备安装》进行安装。

8.5 焊接钢管、涂塑钢管公称管径以"DN"表示，塑料管与公称管径换算见表 10-3。

8.6 管道穿过室内墙和楼板，应设置金属套管，并按 GB 50242—2002 第 3.3.13 条施工，图中不再表示。

8.7 暗装塑料管的墙槽应在土建施工时预留，排水塑料管穿越沉降缝时，设金属波纹管。

8.8 钢管、给水塑料管，支吊架制作安装同距按照《建筑给水排水及采暖工程施工质量验收规范》（GB 50242—2002）施工，支吊架管道先除锈，然后刷樟丹两遍，干后，再刷调和漆两道。

8.9 管道防腐：焊接钢管明装，安装前管道先除锈，再刷樟丹两遍，干后，再刷沥青漆热沥青两道。埋地的除锈，再刷樟丹两遍，干后，再刷沥青漆热沥青两道。

8.10 管道刷色：
生活给水管（涂塑钢管）：银灰色；消火栓管：大红色。

图 3-12 给排水设计说明（续）

9. 管道冲洗、试压、保温及验收：

9.1 给水管道在系统运行前必须用水冲洗，要求以不小于 1.5 m/s 的流速进行冲洗，直至出水口的水色和透明度与进水目测一致为合格。

9.2 消防管道冲洗：室内消火栓系统在交付使用前，必须冲洗干净，其冲洗强度应达到消防时的最大设计流量。

9.3 试验压力：低消火栓给水管 1.4 MPa；给水管道 PPR 管试验压力为 0.9 MPa，给水塑钢管实验压力为 1.2 MPa。

9.4 保温：屋面给水管，消防及室外暴露管道均做保温，材料采用超细玻璃棉，厚度 30 mm，外包玻璃布。

9.5 施工和验收按国家标准《建筑给水排水及采暖工程施工质量验收规范》（GB 50242—2002）、《建筑给水排水螺旋管道技术规程》（T/CECS 94—2019）等现行有关规定进行。

10. 附注：

10.1 施工图中无特殊注明者，一般卫生器具的给水支管公称直径 DN 如下表：

表 10-1 卫生器具的给水支管公称直径

卫生器具	洗脸盆	大便器（水箱）	洗衣机	淋浴器
DN/mm	15	15	15	15

10.2 施工图中无特殊注明者，一般卫生器具的排水管（UPVC）公称外径 De 为：

表 10-2 卫生器具的排水管公称直径

卫生器具	洗脸盆	大便器	洗衣机	地漏
De/mm	50	110	50	50

10.3 PP-R 给水塑料管外径与公称直径对照表：

表 10-3 塑料管外径与公称直径对照

塑料管外径 De/mm	20	25	32	40	50	63	75	90
公称直径 DN/mm	15	20	25	32	40	50	65	80

10.4 排水管参照采用国标 JPVC 排水管设计，其编号与公称直径对照如下：

表 10-4

公称直径 DN	50	75	100	150
UPVC 外径 De	50	75	110	160

11. 其余未尽事宜按现行规程规范执行。

主要设备材料表

	编号	标准图号	名称	规格	单位	数量	备注
消火栓系统		05YS4	单栓室内消火栓箱	箱体规格 800×650×10	个	4	05YS4 页 11 丁型
		05YS4	双阀双栓消火栓箱	箱体规格 1 000×700×240	个	11	05YS4 页 13 甲型
			试验用消防箱	箱体规格 800×650×10	个	1	05YS4 页 16
			蝶阀	DN100 D71J-25	个	16	p=2.5 MPa
			蝶阀	DN150 D71J-25	个	—	p=2.5 MPa
			蝶阀	DN65 D71J-25	个	2	p=2.5 MPa
		01SS105	微量排气阀	DN25ZSFP-25	个	4	
			手提式干粉灭火器	MFABC/2	具	140	
			消火栓给水管	内外热镀锌钢管	m	—	
			阻火圈	FCS φ110/φ160 个	—	—	
生活给水系统		99S304	洗脸盆	甲方自定	个	88	包括配套五金
		99S304	洗菜池	甲方自定	个	44	包括配套五金
		99S304	坐式大便器（低水箱）	甲方自定	个	88	包括配套五金
			淋浴器		个	44	包括配套五金
			洗衣机配水龙头	DN15 陶瓷阀芯	个	88	
			截止阀	DN20 J11W-10T	个	168	p=1.6 MPa
			截止阀	DN25 J11W-10 T	个	4	p=1.6 MPa
			闸阀	DN50 Z15T-16	个	2	p=2.0 MPa
			闸阀	DN80 Z15T-16	个	44	p=2.0 MPa
		01SS105	水表	DN20	个	—	
		01SS105	水表	DN25	个	—	
		01SS105	先导式减压阀	DN65X45X-16T	个	0	$L×L1×L2=$ 1 321×920×460

图 3-13 主要设备材料表、图纸目录、参考图集

选用标准图集目录

序号	图集名称	图集号	页次
	常用小型仪表及特种阀门选用安装	01SS105	全册
	室内消火栓安装	04S202	全册
	卫生设备安装	09S304	全册
	小型潜水排污泵选用及安装	08S305	全册
	管道和设备保温	03S401	全册
	室内管道支架及吊架	03S402	全册
	防水套管	02S404	全册

续表

编号	标准图号	名称	规格	单位	数量	备注
生活给水系统		Y形过滤器	WF11B（60目）DN65	个	4	
		给水管	涂塑钢管	m	—	$p=2.0$ MPa
		给水管	PP-R	m	—	$p=1.0$ MPa
	04S301	地漏（洗衣机专用）	UPVC DN50	个	44	
	04S301	地漏（直通式）	UPVC DN50	个	88	
		UPVC螺旋降噪排水管	DN100 DN125	m	—	
			DN50/DN75	m	—	
雨水系统		雨水管	DN100/DN125/DN150	m	—	
			UPVC DN100	m	—	

注：本材料表只作型号参考，实际用量以图纸为准。

图纸目录表

序号	图别	图号	图纸名称	规格
01	水施	01	给排水设计说明	A2+
02	水施	02	主要设备材料表 图纸目录 参考图集	A2+
03	水施	03	图例 户内给排水系统图 厨房、卫生间大样图	A2+
04	水施	04	消火栓系统图 给水立管系统图	A2
05	水施	05	排水立管系统图	A2
06	水施	06	地下室给排水及消火栓平面图	A2
07	水施	07	一层给排水及消火栓平面图	A2
08	水施	08	二层给排水及消火栓平面图	A2
09	水施	09	三~二十一层给排水及消火栓平面图	A2
10	水施	10	屋顶给排水及消火栓平面图	A2

图3-13 主要设备材料表、图纸目录、参考图集（续）

第3章 建筑给排水施工图

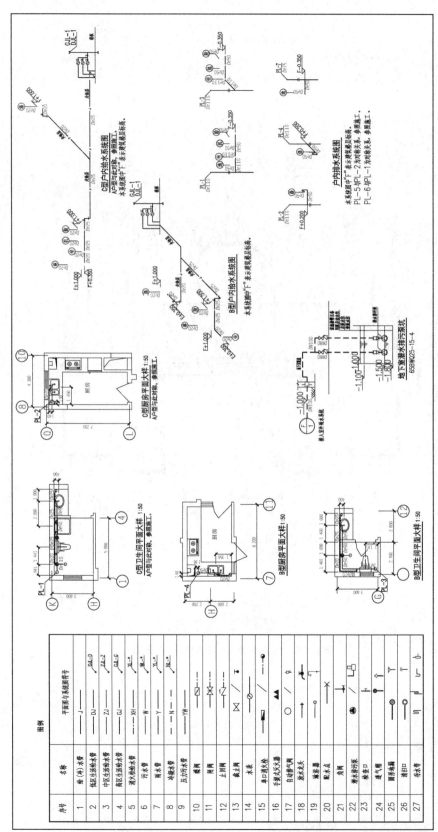

图 3-14 图例，户内给排水系统图、厨房、卫生间大样图

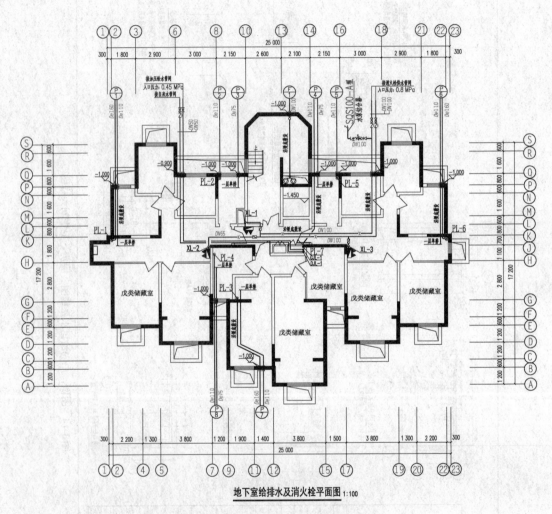

图 3-15 地下室给排水及消火栓平面图

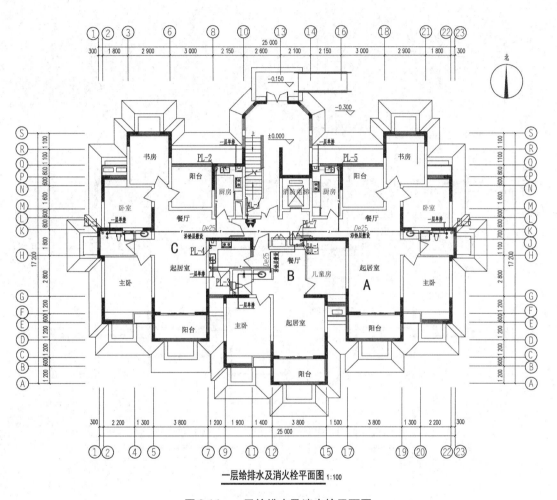

图 3-16 一层给排水及消火栓平面图

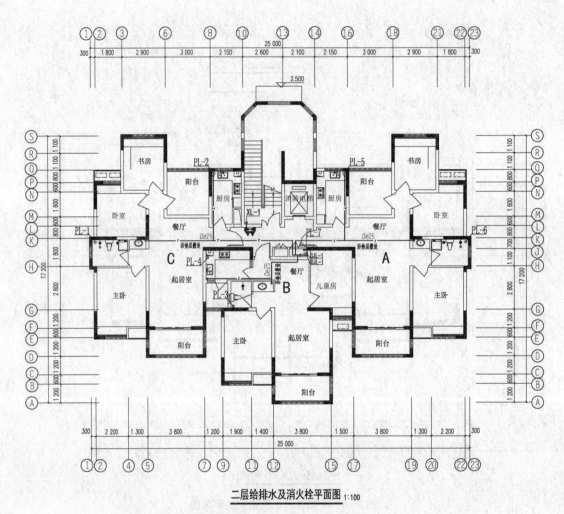

图3-17 二层给排水及消火栓平面图

第3章 建筑给排水施工图

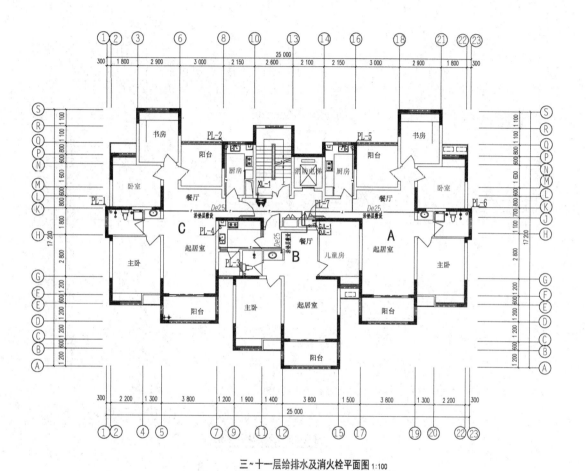

三~十一层给排水及消火栓平面图 1:100

图 3-18 三~十一层给排水及消火栓平面图

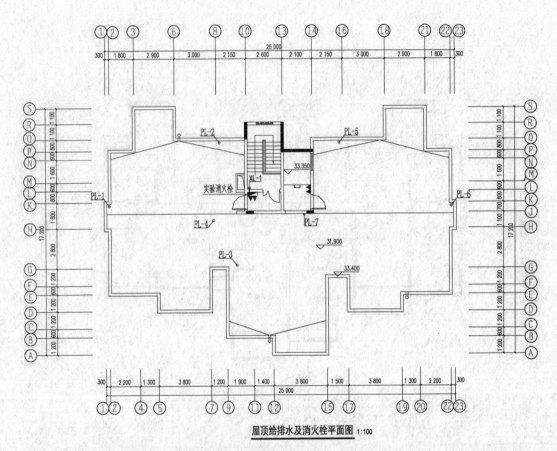

图 3-19 屋顶给排水及消火栓平面图

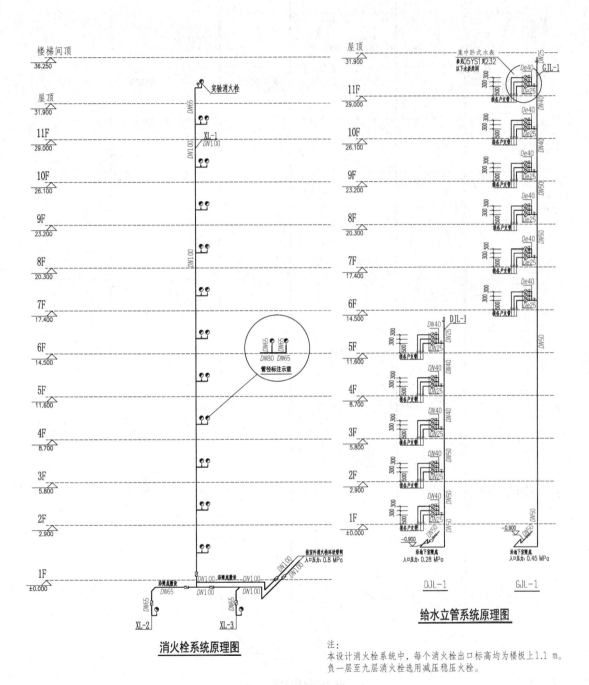

图 3-20 系统原理图

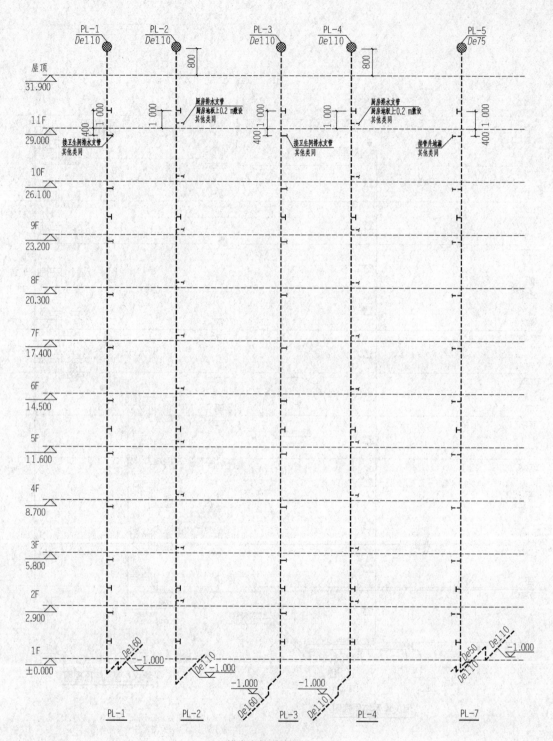

排水立管系统图

排水立管上检查口标高均为楼板上1.0 m。
PL-5与PL-2为对称关系,参照施工。
PL-6与PL-1为对称关系,参照施工。

图3-21 排水立管系统原理图

第4章 建筑电气工程图

★教学内容

建筑电气概述；电气工程图的识读；智能建筑电气工程施工图；变配电工程图。

★教学要求

1. 掌握电气工程图基本知识；
2. 掌握电气工程图的识读方法；
3. 掌握简单电气图的识读。

4.1 概　　述

利用电工学和电子学的理论和技术，在建筑物内部人为创造并保持理想的环境，以充分发挥建筑物功能的电工、电子设备和系统，统称为建筑电气。

建筑电气一方面保证供电的安全可靠，利用自动化检测、监控手段，对空调系统、供配电系统、给排水系统、运输系统、煤气系统、防灾保安系统、照明系统和经营管理系统实行最佳化控制；另一方面，它又利用电灯、电话、电梯、电视、电声广播、电子钟、计算机等设施，参与空间环境的改善。建筑电气服务性与参与性的统一，使其重要性日益显著。

在日常生活中，人们根据安全电压的习惯，通常将电气分为强电与弱电两大类。

（1）强电部分包括供电、配电、动力、照明、自动控制与调节，以及建筑与建筑物防雷保护等。

（2）弱电部分包括通信、电缆电视、建筑设备计算机管理系统、有线广播和扩声系统、呼叫信号和公共显示及时钟系统、计算机经营管理系统、火灾自动报警及消防联动控制系统、保安系统等。

4.1.1 建筑电气工程图的特点

建筑电气工程图是用规定的图形符号和文字符号表示系统的组成及连接方式、装置和线路的具体的安装位置和走向的图纸。

建筑电气工程图的特点如下：

(1) 建筑电气工程图大多是采用统一的图形符号并加注文字符号绘制而成的。
(2) 电气线路都必须构成闭合回路。
(3) 建筑电气工程的设备、器具、元器件是通过导线连接起来，构成一个整体，导线可长可短，能比较方便地表达较远的空间距离。
(4) 在进行建筑电气工程图识读时，应阅读相应的土建工程图及其他安装工程图，以了解相互间的配合关系。
(5) 电气设备和线路在平面图中并不是按比例画出它们的形状及外形尺寸，通常用图形符号来表示，线路中的长度用规定的线路图形符号按比例绘制。
(6) 建筑电气工程图对于设备的安装方法、质量要求以及使用维修方面的技术要求等往往不能完全反映出来，所以在阅读图纸时有关安装方法、技术要求等问题，要参照相关图集和规范。

4.1.2 建筑电气工程图的组成

1. 图纸目录与设计说明

图纸目录与设计说明用于说明图纸内容、数量、工程概况、设计依据以及图中未能表达清楚的各有关事项。如供电电源的来源、供电方式、电压等级、线路敷设方式、防雷接地、设备安装高度及安装方式、工程主要技术数据、施工注意事项、测试参数及业主的要求和施工原则等。

2. 图例

图例即图形符号，通常只列出本套图纸中涉及的图形符号，在图例中可以标注装置与器具的安装方式和安装高度。

3. 主要材料设备表

主要材料设备表包括工程中所使用的各种设备和材料的名称、型号、规格、数量等，是编制购置设备、材料计划的重要依据之一。

4. 系统图

系统图用规定的符号表示系统的组成和连接关系，它用单线将整个工程的供电线路示意连接起来，主要表示整个工程或某一项目的供电方案和方式，也可以表示某一装置各部分的关系。系统图包括供配电系统图（强电系统图）、弱电系统图。

供配电系统图可以表示供电方式、供电回路、电压等级及进户方式，标注回路个数、设备容量及启动方法、保护方式、计量方式、线路敷设方式。强电系统图有高压系统图、低压系统图、电力系统图、照明系统图等。

弱电系统图可以表示元器件的连接关系，包括通信电话系统图、广播线路系统图、共用天线系统图、火灾报警系统图、安全防范系统图、微机系统图。

5. 平面布置图

平面布置图是电气施工图中的重要图纸之一，如变、配电所电气设备安装平面图、照明平面图、防雷接地平面图等，是用设备、器具的图形符号和敷设的导线（电缆）或穿线管路的线条画在建筑物或安装场所，用以表示设备、器具、管线实际安装位置的水平投影图。通过阅读系统图，了解系统基本组成之后，就可以依据平面图编制工程预算和施工方案，然后组织施工。

强电平面图包括电力平面图、照明平面图、防雷接地平面图、厂区电缆平面图等，弱电平面图包括消防电气平面布置图、综合布线平面图等。

6. 控制原理图

控制原理图包括系统中各所用电气设备的电气控制原理，用以指导电气设备的安装和控制系统的调试运行工作。

7. 安装接线图

安装接线图包括电气设备的布置与接线，应与控制原理图对照阅读，进行系统的配线和调校。

8. 安装大样图（详图）

安装大样图是详细表示电气设备安装方法的图纸，对安装部件的各部位注有具体图形和详细尺寸，是进行安装施工和编制工程材料计划的重要参考。

4.2 电气工程图的识读

4.2.1 常用的图例符号和文字符号

图纸是工程"语言"，这种"语言"是采用规定符号的形式表示出来，符号分为文字符号及图形符号。熟悉和掌握"语言"是十分关键的。对了解设计者的意图，掌握安装工程项目、安装技术、施工准备、材料消耗、安装机器具安排、工程质量、编制施工组织设计、工程施工图预算（或投标报价）意义十分重大。

电气工程图上的各种电气元件及线路敷设均用图例符号和文字符号来表示，识图的基础是首先要明确和熟悉有关电气图例与符号所表达的内容和含义。

常用图线形式及应用见表4-1。

表4-1 常用图线形式及应用

图线名称	图线形式	图线应用	图线名称	图线形式	图线应用
粗实线	———	电气线路，一次线路	点画线	—·—·—	控制线
细实线	———	二次线路，一般线路	双点画线	—··—··—	辅助围框线
虚线	— — —	屏蔽线路，机械线路			

常用电气图例符号见表4-2。

表4-2 常用电气图例符号

图例	名称	备注	图例	名称	备注
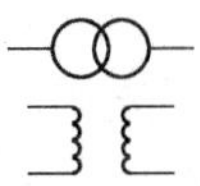	双绕组变压器	形式1 形式2	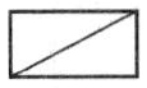	电源自动切换箱（屏）	
			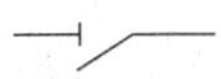	隔离开关	
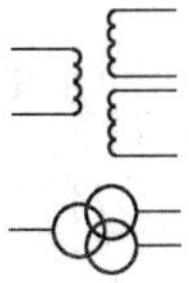	三绕组变压器	形式1 形式2		接触器 （在非动作位置触点断开）	
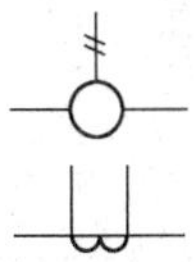	电流互感器 脉冲变压器	形式1 形式2		断路器	

续表

图例	名称	备注	图例	名称	备注
	电压互感器	形式1 形式2		熔断器一般符号	
	屏、台、箱柜一般符号			熔断器式开关	
	动力或动力—照明配电箱			熔断器式隔离开关	
	照明配电箱（屏）			避雷器	
	事故照明配电箱（屏）		MDF	总配线架	
	室内分线盒		IDF	中间配线架	
	室外分线盒			壁龛交接箱	
	灯的一般符号			分线盒的一般符号	
	球型灯			单极开关（暗装）	
	顶棚灯			双极开关	
	花灯			双极开关（暗装）	
	弯灯			三极开关	
	荧光灯			三极开关（暗装）	
	三管荧光灯			单相插座	
	五管荧光灯			暗装	
	壁灯			密闭（防水）	
	广照型灯（配照型灯）			防爆	
	防水防尘灯			带保护接点插座	
	开关一般符号			带接地插孔的 单相插座（暗装）	
	单极开关			密闭（防水）	
	指示式电压表			防爆	
	功率因数表			带接地插孔的三相插座	
	有功电能表（瓦时计）			带接地插孔的三相插座 （暗装）	

续表

图例	名称	备注	图例	名称	备注
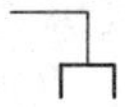	电信插座的一般符号可用以下的文字或符号区别不同插座：TP—电话，FX—传真，M—传声器，FM—调频，TV—电视，⊲—扬声器			插座箱（板）	
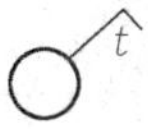	单极限时开关			指示式电流表	
	调光器		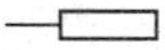	匹配终端	
	钥匙开关			传声器一般符号	
	电铃			扬声器一般符号	
	天线一般符号			感烟探测器	
	放大器一般符号			感光火灾探测器	
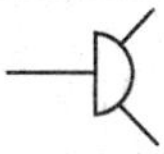	分配器，两路，一般符号			气体火灾探测器（点式）	
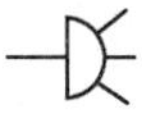	三路分配器			缆式线型定温探测器	
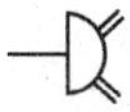	四路分配器			感温探测器	
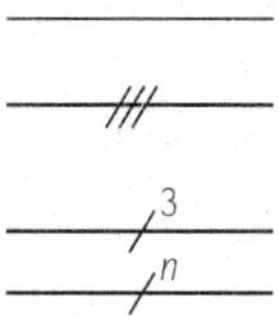	电线、电缆、母线、传输通路一般符号 三根导线 n 根导线			手动火灾报警按钮	
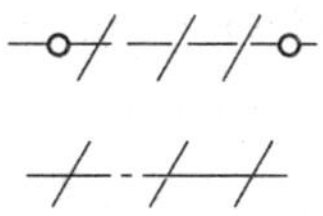	接地装置 (1) 有接地极 (2) 无接地极			水流指示器	
	电话线路		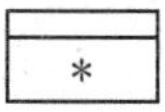	火灾报警控制器	
	视频线路			火灾报警电话机（对讲电话机）	
	广播线路			应急疏散指示标志灯	
	消火栓			应急疏散照明灯	

线路敷设方式文字符号见表4-3。

表4-3 线路敷设方式文字符号

敷 设 方 式	新符号	旧符号	敷 设 方 式	新符号	旧符号
穿焊接钢管敷设	SC	G	电缆桥架敷设	CT	
穿电线管敷设	MT	DG	金属线槽敷设	MR	GC
穿硬塑料管敷设	PC	VG	塑料线槽敷设	PR	XC
穿阻燃半硬聚氯乙烯管敷设	FPC	ZYG	直埋敷设	DB	
穿聚氯乙烯塑料波纹管敷设	KPC		电缆沟敷设	TC	
穿金属软管敷设	CP		混凝土排管敷设	CE	
穿扣压式薄壁钢管敷设	KBG		钢索敷设	M	

线路敷设部位文字符号见表4-4。

表4-4 线路敷设部位文字符号

敷设方式	新符号	旧符号	敷设方式	新符号	旧符号
沿或跨梁（屋架）敷设	AB	LM	暗敷设在墙内	WC	QA
暗敷设在梁内	BC	LA	沿顶棚或顶板面敷设	CE	PM
沿或跨柱敷设	AC	ZM	暗敷设在屋面或顶板内	CC	PA
暗敷设在柱内	CLC	ZA	吊顶内敷设	SCE	
沿墙面敷设	WS	QM	地板或地面下敷设	F	DA

标注线路用途文字符号见表4-5。

表4-5 标注线路用途文字符号

名称	常用文字符号			名称	常用文字符号		
	单字母	双字母	三字母		单字母	双字母	三字母
控制线路		WC		电力线路		WP	
直流线路		WD		广播线路		WS	
应急照明线路	W	WE	WEL	电视线路	W	WV	
电话线路		WF		插座线路		WX	
照明线路		WL					

线路的文字标注基本格式为：a b-c ($d \times e + f \times g$) i-jh

其中 a——线缆编号；
　　　b——型号（不需要可以省略）；
　　　c——线缆根数；
　　　d——电缆线芯数；
　　　e——线芯截面（mm^2）；
　　　f——PE、N（中性线）线芯数；
　　　g——线芯截面（mm^2）；
　　　i——线缆敷设方式；

j——线缆敷设部位；

h——线缆敷设安装高度（m）。

上述字母无内容则可省略该部分。

【例4-1】 $N_1BV-2\times2.5-MT16-WC$（CC）表示线路是铜芯塑料绝缘导线，2根2.5 mm²，穿管径为16 mm的电线管暗敷设在墙内（暗敷设在屋面或顶板内），一般配电箱的主进线都为电缆，而支线为电线（N_1为线缆编号）。

【例4-2】 $N_2BLX-3\times4-SC20-WC$ 表示有3根截面为4 mm²的铝芯橡皮绝缘导线，穿直径为20 mm的水煤气钢管沿墙暗敷设（N_2为线缆编号）。

用电设备的文字标注格式为：$\dfrac{a}{b}$

其中 a——设备编号；

b——额定功率（kW）。

动力和照明配电箱的文字标注格式为：$a-b-c$

其中 a——设备编号；

b——设备型号；

c——设备功率（kW）。

【例4-3】 $3\dfrac{XL-3-2}{35.165}$ 表示3号动力配电箱，其型号为XL-3-2型、功率为35.165 kW。

照明灯具的文字标注格式为：$a-b\dfrac{c\times d\times L}{e}f$

其中 a——同一个平面内，同种型号灯具的数量；

b——灯具的型号；

c——每盏照明灯具中光源的数量；

d——每个光源的容量（W）；

e——安装高度，当吸顶或嵌入安装时用"—"表示；

f——安装方式；

L——光源种类（常省略不标）。

灯具安装方式文字符号见表4-6。

表4-6 灯具安装方式文字符号

名称	新符号	旧符号	名称	新符号	旧符号
线吊式自在器线吊式	SW		顶棚内安装	CR	DR
链吊式	CS	L	墙壁内安装	WR	BR
管吊式	DS	G	支架上安装	S	J
壁装式	W	B	柱上安装	CL	Z
吸顶式	C	D	座装	HM	ZH
嵌入式	R	R			

4.2.2 识图的方法和步骤

1. 读图的原则

电气符号主要包括文字符号、图形符号、项目代号和回路标号等。在绘制电气图时，所有电气设备和电气元件都应使用国际标准符号,当没有国际标准符号时,可采用国家标准或行业标准符号。要想看懂电气图,就应了解各种电气符号的含义、标准原则和使用方法,充分掌握由图形符号和文字符号所提供的信息,才能正确识图。

电气技术文字符号在电气图中一般标注在电气设备、装置和元器件图形符号上或者其近旁,以表明设备、装置和元器件的名称、功能、状态和特征。

就建筑电气施工图而言,一般遵循"六先六后"的原则,即先强电后弱电、先系统后平面、先动力后照明、先下层后上层、先室内后室外、先简单后复杂。

2. 读图的方法及顺序

如图4-1所示,针对一套电气施工图,一般应先按以下顺序阅读,然后对某部分内容进行重点识读。

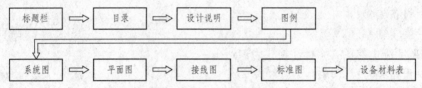

图4-1 电气工程图读图顺序

(1)看标题栏:了解工程项目名称内容、设计单位、设计日期、绘图比例。

(2)看目录:了解单位工程图纸的数量及各种图纸的编号。

(3)看设计说明:了解工程概况、供电方式以及安装技术要求,特别要注意的是有些分项局部问题是在各分项工程图纸上说明的,看分项工程图纸时也要先看设计说明。

(4)看图例:充分了解各图例符号所表示的设备器具名称及标注说明。

(5)看系统图:各分项工程都有系统图,如变配电工程的供电系统图、电气工程的电力系统图、电气照明工程的照明系统图,了解主要设备、元件连接关系及它们的规格、型号、参数等。

(6)看平面图:了解建筑物的平面布置、轴线、尺寸、比例、各种变配电设备、用电设备的编号、名称和它们在平面上的位置、各种变配电设备起点、终点、敷设方式及在建筑物中的走向。读平面图的一般顺序如下(图4-2):

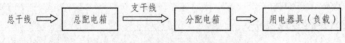

图4-2 读平面图的一般顺序

(7)看接线图:了解系统中用电设备控制原理,用来指导设备安装及调试工作,在进行控制系统调试及校线工作中,应依据功能关系从上至下或从左至右逐个回路地阅读,电路图与接线图端子图配合阅读。

(8)看标准图:标准图详细表达设备、装置、器材的安装方式方法。

(9)看设备材料表:设备材料表提供了该工程所使用的设备、材料的型号、规格、数量,是编制施工方案、编制预算、材料采购的重要依据。

3. 识图注意事项

(1)在识图时,应抓住要点进行识读。

①在明确负荷等级的基础上,了解供电电源的来源、引入方式及路数;

②了解电源的进户方式是由室外低压架空引入还是电缆直埋引入;

③明确各配电回路的相序、路径、管线敷设部位、敷设方式以及导线的型号和根数;

④明确电气设备、器件的平面安装位置。

(2) 结合土建施工图进行阅读。电气施工与土建施工结合得非常紧密，施工中常常涉及各工种之间的配合问题。电气施工平面图只反映了电气设备的平面布置情况，结合土建施工图的阅读还可以了解电气设备的立体布设情况。

(3) 熟悉施工顺序，便于阅读电气施工图。如识读配电系统图、照明与插座平面图时，就应首先了解室内配线的施工顺序。

①根据电气施工图确定设备安装位置、导线敷设方式、敷设路径及导线穿墙或楼板的位置；

②结合土建施工图进行各种预埋件、线管、接线盒、保护管的预埋；

③装设绝缘支持物、线夹等，敷设导线；

④安装灯具、开关、插座及电气设备；

⑤进行导线绝缘测试、检查及通电试验；

⑥工程验收。

(4) 识读时，施工图中各图纸应协调配合阅读。

对于具体工程来说，为说明配电关系时需要有配电系统图；为说明电气设备、器件的具体安装位置时需要有平面布置图；为说明设备工作原理时需要有控制原理图；为表示元件连接关系时需要有安装接线图；为说明设备、材料的特性、参数时需要有设备材料表等。这些图纸各自的用途不同，但相互之间是有联系并协调一致的。在识读时应根据需要，将各图纸结合起来识读，以达到对整个工程或分部项目全面了解的目的。

4.2.3 配电箱系统图

配电箱系统图是示意性地把整个工程供电线路用单线连接成形式准确、概括的电路图，它不表示相互的空间位置关系。

以图 4-3 为例，照明配电箱系统图的主要内容如下：

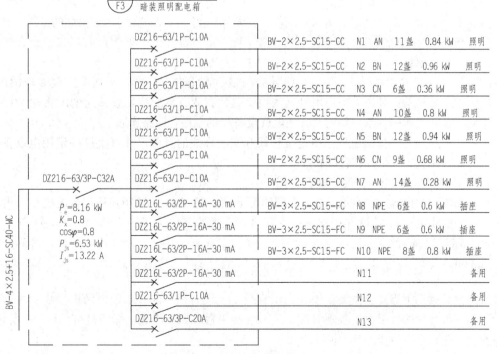

图 4-3 配电箱系统图

(1) 电源进户线、各级照明配电箱和供电回路,表示其相互连接形式。
(2) 配电箱型号或编号,总照明配电箱及分照明配电箱所选用计量装置、开关和熔断器等器件的型号、规格。
(3) 各供电回路的编号、导线型号、根数、截面和线管直径,以及敷设导线长度等。
(4) 照明器具等用电设备或供电回路的型号、名称、计算容量和计算电流等。

低压配电系统的确定应满足计量、维护管理、供电安全及可靠性的要求。应将照明与电力负荷分成不同的配电系统;消防及其他消防用电设施的配电也自成体系。图4-3表示配电箱系统图仅为照明配电系统。引入配电箱的干线为 BV－4×2.5＋16－SC40－WC;干线开关为 DZ216－63/3P－C32A;回路开关为 DZ216－63/1P－C10A 和 DZ216－63/2P－16A－30 mA;支线为 BV－2×2.5－SC15－CC 及 BV－3×2.5－SC15－FC。回路编号为 N1～N13;相别为 AN、BN、CN、PE 等。配电箱的参数为:设备容量 P_e = 8.16 kW;需用系数 K_x = 0.8;功率因数 $\cos\varphi$ = 0.8;计算容量 p_{js} = 6.53 kW;计算电流 I_{js} = 13.22A。

4.2.4 电气照明平面图

建筑电气平面图通常将建筑物的地理位置和主体结构进行宏观描述,将墙体、门窗、梁柱等淡化,而电气线路突出重点描述。其他管线,如水暖、煤气等线路则不出现在电气施工图上。

电气平面图是表示假想经建筑物门、窗沿水平方向将建筑物切开,移去上面部分,从上面向下面看,所看到的建筑物平面形状、大小、墙柱的位置、厚度、门窗的类型以及建筑物内配电设备、照明设备等平面布置、线路走向等情况。根据平面图表示的内容,识读平面图要沿着电源、引入线、配电箱、引出线、用电器这样一个"线"来读。在识读过程中,要注意了解电源进户装置、照明配电箱、灯具、插座、开关等电气设备的数量、型号规格、安装位置、安装高度,表示照明线路的敷设位置、敷设方式、敷设路径、导线的型号规格等。

阅读时按下列顺序进行:
(1) 看建筑物概况,楼层、每层房间数目、墙体厚度、门窗位置、承重梁柱的平面结构。
(2) 看各支路用电器的种类、功率及布置。图中灯具标注的一般内容有灯具数量、灯具类型、每盏灯的灯泡数、每个灯泡的功率及灯泡的安装高度等。
(3) 看导线的根数和走向。各条线路导线的根数和走向,是电气平面图主要表现的内容。比较好的阅读方法是:首先了解各用电器的控制接线方式,然后按配线回路情况将建筑物分成若干单元,按"电源—导线—照明及其他电气设备"的顺序将回路连通。
(4) 看电气设备的安装位置。由定位轴线和图上标注的有关尺寸可直接确定用电设备、线路管线的安装位置,并可计算管线长度。

以图4-4为某车间电气照明平面图为例。

据平面图中的内容,车间里设有6台照明配电箱,即 AL11～AL16,从每台配电箱引出电源向各自的回路供电。如 AL13 箱引出 WL1～WL4 四条回路,均为 BV－2×2.5－S15－CEC,表示两根截面为 2.5 mm² 的铜芯塑料绝缘导线穿直径为 15 mm 的钢管,沿顶棚暗敷设。灯具的标注格式 $22\dfrac{200}{4}P$ 表示灯具数量为 22 个,每个灯泡的容量为 200 W,安装高度为 4 m,吊管安装。管内导线的根数按图中标注,在黑实线(表示管线)上没有标注的表示敷设两根导线,在黑实线上的短斜线上标注的数字或 n 根短斜线均表示导线根数,如有斜线上标注"4"即为4根导线,或黑实线上3根小短斜线即为3根导线。

在进行照明设计时,应根据视觉要求、作业性质和环境条件,通过对光源、灯具的选择和配

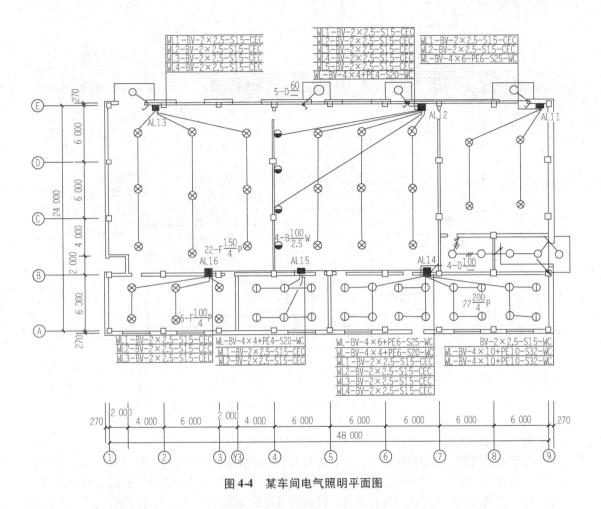

图 4-4 某车间电气照明平面图

置,使工作区或空间具备合理的照度、显色性和适宜的亮度分布及舒适的视觉环境。灯具的选择是根据具体房间和区域的功能而定的,在确定照明方案时,应考虑不同类型建筑队照明的特殊要求,并处理好电气照明与天然采光的关系。室内一般照明采用同一种类型的光源,当有装饰性或功能性要求时,也可采用不同种类的光源。

4.2.5 电气动力平面图

图 4-5 为某车间电气动力平面图。车间里设有 4 台动力配电箱,即 AL1~AL4。其中 AL1 $\frac{XL-20}{4.8}$ 表示配电箱的编号为 AL1,其型号为 XL-20,配电箱的容量为 4.8 kW。由 AL1 箱引出三条回路,均为 BV-3×1.5+PE1.5-SC20-FC,表示 3 根相线截面为 1.5 mm^2,PE 线截面为 1.5 mm^2,均为铜芯塑料绝缘导线,穿直径为 20 mm 的焊接钢管,沿地暗敷设。配电箱引出回路给各自的设备供电,其中 $\frac{1}{1.1}$ 表示设备编号为 1,设备容量为 1.1 kW。

4.2.6 防雷接地平面图

防雷接地是为了泄掉雷电电流,对建筑物、电气设备和设施采取的保护措施。其对建筑物、电气设备和设施的安全使用是十分必要的。建筑物的防雷接地,一般分为避雷针和避雷线两种

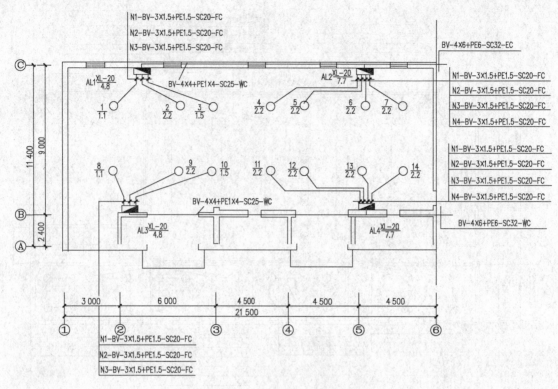

图 4-5　某车间电气动力平面图

方式。电力系统的接地一般与防雷接地系统分别进行安装和使用,以免造成雷电对电气设备的损害。对于高层建筑,除屋顶防雷外,还有防侧雷击的避雷带以及接地装置等,通常是将楼顶的避雷针、避雷线与建筑物的主钢筋焊接为一体,再与地面上的接地体相连接,构成建筑物的防雷装置,即自然接地体与人工接地体相结合,以达到最好的防雷效果。

建筑物的防雷接地平面图通常表示出该建筑防雷接地系统的构成情况及安装要求,一般由屋顶防雷平面图、基础接地平面图等组成。

1. 屋顶防雷平面图

如图 4-6 所示,该建筑年预计雷击次数:$N = 0.0286$,防雷等级达不到三类,按三类防雷考虑进行设计,建筑物的防雷装置应满足防雷直击、雷电波的侵入,并设置总等电位联结,采用避雷网(带)作为防雷接闪器,在屋顶沿女儿墙外檐等易受雷击的部位设置,避雷带采用 $\phi 10$ mm 热镀锌圆钢,并在屋面组成不大于 20 m×20 m 或 24 m×16 m 的网格,避雷带水平敷设时支架间距为 1 m,转弯间距为 0.5 m,垂直敷设时支架间距为 1.5 m,不在同一平面的避雷带应做好垂直连接。该工程利用钢筋作为防雷接地装置,利用建筑物外墙框架柱(构造柱)内的钢筋作为引下线,柱内 4 根 $\phi 16$ 的主筋通长焊接做引下线,主筋上下对齐焊接,焊接长度为 $6D$(D 为圆钢直径)。引下线间距不大于 25 m 的连接,图中共 9 处引下线,引下线上端与避雷带相连接,下端与接地极连接。凡凸出屋面的所有金属构件、金属通风管、金属屋面、金属屋架等均与避雷带可靠连接,凡凸出屋面的非金属构筑物均应设避雷带保护。屋面的水箱、空调机组等设备也须与防雷网焊接连通;用作避雷带的圆钢必须进行热镀锌;作为引下线的柱内主筋从上到下不能错位,认真做好焊接;所有焊接点的焊接长度不得小于扁钢宽度的 2 倍或圆钢直径的 6 倍,外露的焊接点应做防腐处理。

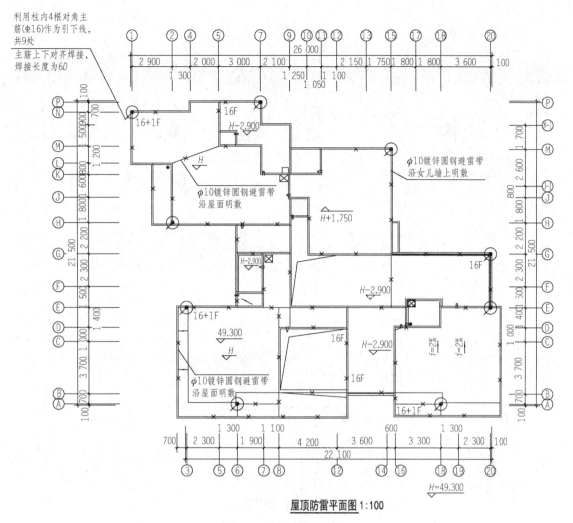

图 4-6 屋顶防雷平面图

2. 基础接地平面图

如图 4-7 所示，本工程利用整板基础双层主筋通长焊接作为接地母线，结构桩钢筋通长焊接作为接地极；引下线与接地母线、引下线与承台钢筋、桩钢筋与承台钢筋、承台钢筋与接地母线之间采用焊接，所有焊接点的焊接长度不得小于圆钢直径的 6 倍或扁钢宽度的 2 倍。没有混凝土保护层的焊接点均应做防腐处理。防雷接地、电气工作接地、弱电接地合用接地装置，基础施工后实测接地电阻小于 1 Ω，若达不到要求，应在外引接地体处增加接地极。作为引下线的主钢筋从上到下不能错位，施工时应认真做好焊接。如遇基础无钢筋地段采用 40 mm×4 mm 镀锌扁钢焊接连通。所有引入建筑物的金属管道（给排水管、电缆保护管、煤气管）均应做总等电位联结。

4.2.7 配电干线系统图

配电干线系统图表示各配电干线与配电箱之间的联系方式。图 4-8 所示为某住宅楼配电干线系统图。

（1）本工程电源由室外采用电缆穿管直埋敷设引入本楼的总配电箱，总配电箱的编号为 AL－1－1。

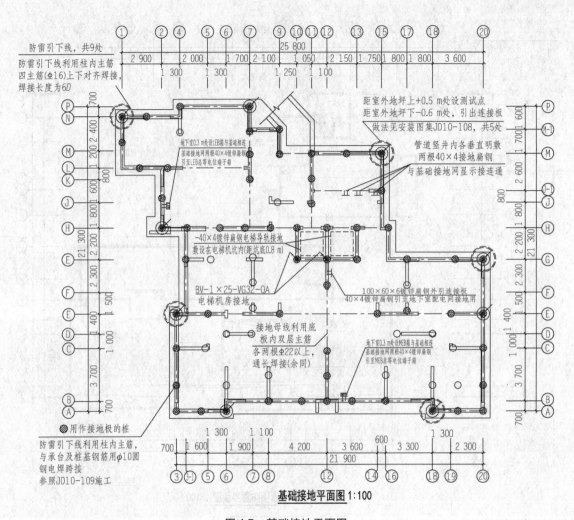

图 4-7 基础接地平面图

（2）由总配电箱引出 4 组干线回路 1L、2L、3L 和 4L，分别送至一单元、二单元、三单元一层电气计量箱和 TV 箱，即 AL-1-2 箱、AL-1-3 箱、AL-1-4 箱和电视前端设备箱 TV。1L、2L、3L 至一层计量箱的干线均为 $3×2.5+2×16-SC50-FC、WC$。4L 回路至电视前端设备箱 TV 为 $3×2.5-SC15-WC$。总开关为 GM225 H-3300/160 A，干线开关为 GM100 H-3300/63 A 和 XA10-1/2-C6 A。

（3）1L、2L、3L 回路均由一层计量箱再分别送至本单元的二层至六层计量箱，并受一层计量箱中 XA10-3 P-50 A 的空气开关的控制和保护。1L、2L、3L 回路由一层至二层的干线为 $BV-5×16-SC40-WC$；由二层至三、四层的干线为 $BV-4×16-SC40-WC$；由四层至五、六层的干线为 $BV-3×16-SC40-WC$。

（4）除一层计量箱引出 3L、$BV-3×2.5-SC15-WC$ 公共照明支路和 4L 三表数据采集支路外，所有计量箱均引出 1L 和 2L 支路接至每户的开关箱 L。

（5）由开关箱 L 向每户供电。开关箱 L 引出一条照明回路和两条插座回路，其空气开关为 XA10-1/2-C16 A 和 XA10 LE-1/2-16 A（30 mA）。

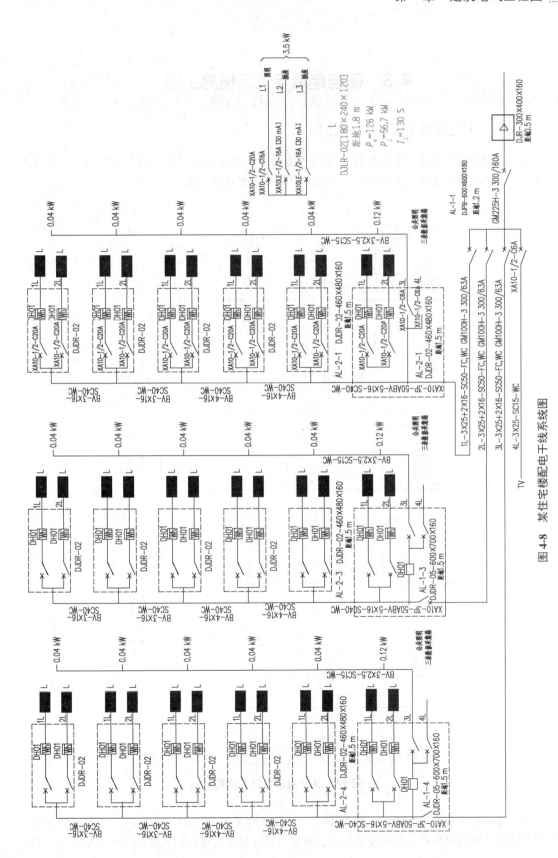

图 4-8 某住宅楼配电干线系统图

4.3 智能建筑电气工程施工图

4.3.1 火灾自动报警系统施工图

火灾自动报警系统施工图是现代建筑电气施工图的重要组成部分，包括火灾自动报警系统图和火灾自动报警平面图。本处主要介绍火灾自动报警系统图，如图 4-9 所示。

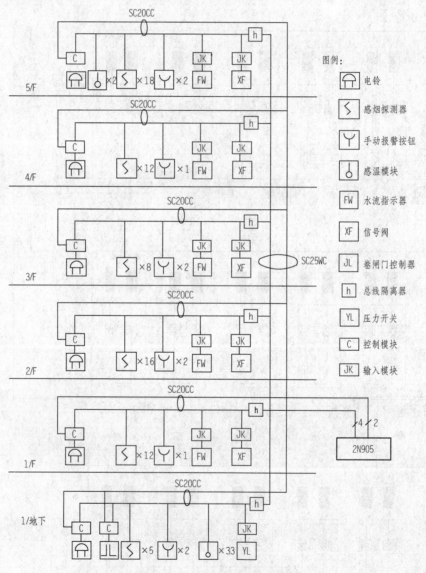

图 4-9 火灾自动报警系统图

火灾自动报警系统图反映系统的基本组成、设备和元件之间的相互关系。由图可知在各层均装有感烟、感温探测器及手动报警按钮、报警电铃、控制模块、输入模块、水流指示器、信号阀等。一层设有报警控制器为 2N905 型，控制方式为联动控制。地下室设有防火卷闸门控制器，每层信号线进线均采用总线隔离器。当火灾发生时报警控制器 2N905 接收到感烟、感温探测器或手动报警按钮的报警信号后，联动部分动作，通过电铃报警并启动消防设备灭火。

4.3.2 共用天线电视系统施工图

共用天线电视系统施工图包括共用天线电视系统图和共用天线电视平面图。这里主要介绍共用天线电视系统图，如图 4-10 所示。

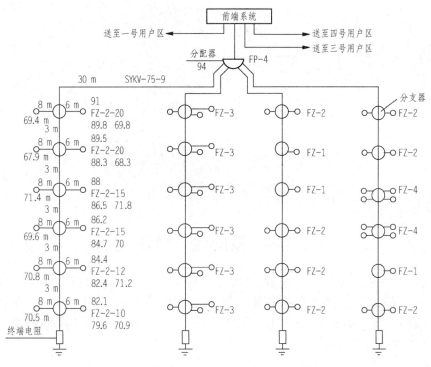

图 4-10 共用天线电视系统图

共用天线电视系统图反映网络系统的连接；系统设备与器件的型号、规格；同轴电缆的型号、规格、敷设方式及穿管管径；前端箱设置、编号等。由图 4-10 可知，从前端箱系统分四组分别送至一号、二号、三号、四号用户区。其中二号用户区通过四分配器将电视信号传输给 4 个单元，采用 SYKV－75－9 同轴电缆传输，经分支器把电视信号传输到每层的用户。

4.3.3 电话通信系统施工图

电话通信系统施工图包括电话通信系统图和电话通信平面图。图 4-11 所示为电话通信系统图。由图可知电话进户 HYA200×（2×0.5）S70 由市政电话网引来，电话交接箱分三路干线，干线为 HYA50×（2×0.5）S40 等，再由电话支线将信号分别传输到每层的电话分线盒。

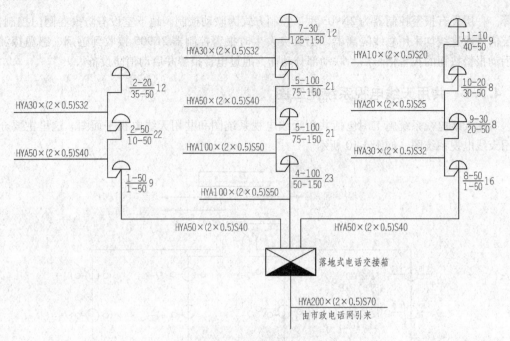

图 4-11 电话通信系统图

4.4 变配电工程图

变配电工程图是建筑电气施工图的重要组成部分，主要包括变配电所设备安装平面图和剖面图，变配电所照明系统图和平面布置图，高压配电系统图、低压配电系统图，变电所主接线图，变电所接地系统平面图等。本节主要介绍高压配电系统图、低压配电系统图及变电所主接线图。

4.4.1 高压配电系统图

高压配电系统图表示高压配电干线的分配方式。如图 4-12 所示，该变电所两路 10 kV 高压电源分别引入进线柜 1AH 和 12AH，1AH 和 12AH 柜中均有避雷器。主母线为 TMY – 3（80 × 10）。2AH 和 11AH 为电压互感器柜，作用是将 10 kV 高电压经电压互感器变为低电压 100 V 供仪表及继电保护使用。3AH 和 10AH 为主进线柜；4AH 和 9AH 为高压计量柜；5AH 和 8AH 为高压馈线柜；7AH 为母线分段柜。正常情况下两路高压分段运行，当一路高压出现停电事故时则由 6AH 柜联络运行。

4.4.2 低压配电系统图

低压配电系统图表示低压配电干线的分配方式。如图 4-13 所示。低压配电系统由 5AA 号柜和 6AA 号柜组成。5AA 号柜的 WP22～WP27 干线分别为 1～16 层空调设备的电源，电源线为 VV – 4 × 25 + 1 × 16。WP28 及 WP29 为备用回路。6AA 号柜的 WP30 干线采用 VV – 3 × 25 + 2 × 16 电力电缆引至地下人防层生活水泵。WP31 电源干线为 BV – 3 × 25 + 2 × 16 – SC50，引至 16 层电梯增压泵。WP32 和 WP33 为备用回路。WP02 为电源引入回路，电源线为 2（VV22 – 3 × 185 + 1 × 195），电源一用一备。

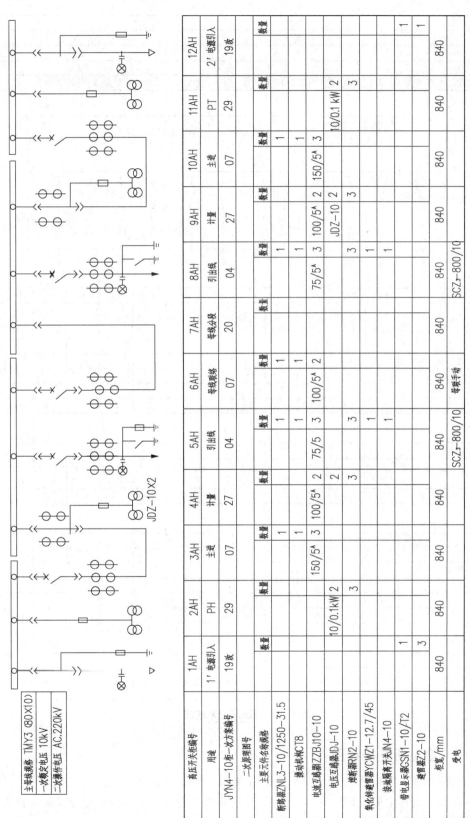

图 4-12 高压配电系统图

配电屏编号	5AA							6AA				
型号与规格	CC1-39(改)							CC1-38(改)				
屏宽/mm	800							800				
用途	出线							进出线				
仪表	Ⓐ Ⓐ Ⓐ Ⓐ Ⓐ Ⓐ Ⓐ Ⓐ							Ⓐ Ⓐ Ⓐ Ⓐ Ⓐ Ⓐ Ⓐ				
回路编号	WP22	WP23	WP24	WP25	WP26	WP27	WP28	WP29	WP30	WP31	WP32	WP33	WP02
负荷名称	十二至十六层空调通风设备	八至十一层空调设备	八至七层空调设备	二层空调设备	三层空调设备	一层空调设备			地下人防层生活水泵	十六层电梯增压泵			空调回路进线
设备容量/kW	102	96	96	31	30	31			26	52			1 331
需用系数													
计算负荷/kW	49	46	46	25	24	25			26	64			268
计算电流/A	93	88	88	48	16	48			52	49			596
刀开关	HD13-400/31				HD13-400/31				HD13-400/31				HD13-600/31
刀熔开关													
自动开关CM1	100/3 340 100 A	100/3 340 100 A	100/3 340 100 A	100/3 340 80 A	100/3 300 80 A	100/3 340 80 A	100/3 300 60 A	100/3 300 80 A	100/3 300 100 A	100/3 300 100 A	100/3 300 80 A	100/3 300 80 A	600/3 300 600 A
电流互感器	150/5	150/5	150/5	75/5	75/5	75/5	75/5	150/5	75/5	150/5	150/5	75/5	(750/5)×3
电压表													
转换开关													1
电流表	0~150 A	0~150 A	0~150 A	0~75 A	0~75 A	0~75 A	0~75 A	0~150 A	0~75 A	0~150 A	0~150 A	0~75 A	(0~750 A)×3
电能表													DT10CT
型号	W	W	W	W	W	W			W	BV			W22
规格	4×25+1×16	4×25+1×16	4×25+1×16	4×25+1×16	4×25+1×16	4×25+1×16			3×25+2×16	3×25+2×16			2(3×185)+1×195
长度/m													
敷设方式					SC50				SC50				
备注													

图 4-13 低压配电系统图

4.4.3 变电所主接线图

如图 4-14 所示，配电所高压 10 kV 电源分 WL1、WL2 两路引入。高压进线柜为（GG-1AF）-11 型，高压主母线 LMY3（40×4）。高压隔离开关 GN6-10/400 做分段联络开关。电压互感器柜为 GG-1A（F）-54 型，6 台高压馈电柜为 GG-1A（F）-03 型，引出 6 路高压干线分别送至高压电容器室；1、2、3 号变电所；高压电动机组。变压器将 10 kV 高压变为 400 V 低压。低压进线柜 AL201 号（PCL2 - 05A 型）和 AL207 号（PCL2 - 04A 型），并由它们送至低压主母线 LMY - 3（100×10）+1（60×6），两路低压电源可分段与联络运行。由低压馈线柜 AL202 号（PGL2 - 40 型）引出 4 路低压照明干线；AL203 号（PCL2 - 35A 型）、AL205 号（PCL2 - 35B 型）、AL206 号（PCL2 - 34A 型）柜分别引出了 4 路低压动力干线；AL204 号（PCL2 - 14 型）柜引出了 2 路低压动力干线。

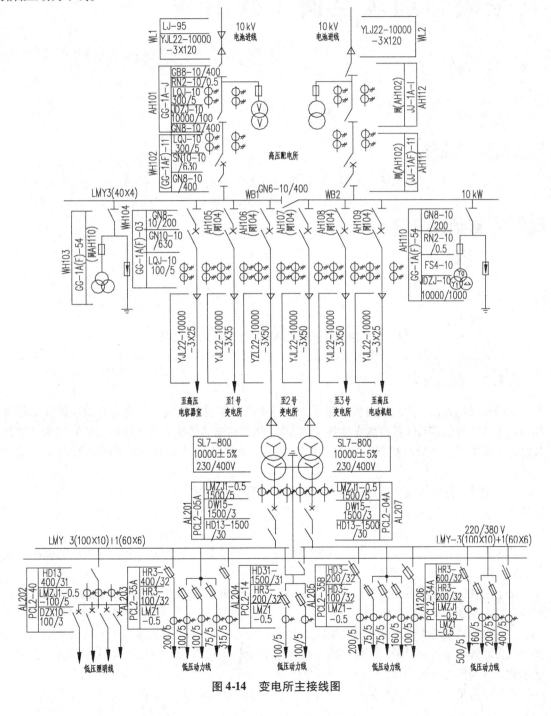

图 4-14 变电所主接线图

第5章

采暖与通风空调工程图

★教学内容

采暖与通风空调工程概述；采暖工程施工图；通风空调工程施工图。

★学习要求

1. 了解采暖与通风工程基本知识；
2. 掌握采暖工程与通风工程识图。

5.1 采暖与通风工空调工程概述

5.1.1 采暖工程

供暖就是用人工方法向室内供给热量，维持室内所需要的温度，创造适宜的生活或工作条件的技术。所有供暖系统都由热媒制备（热源）、热媒输送和热媒利用（散热设备）三个主要部分组成。根据三个主要组成部分的相互位置关系，供暖系统可分为局部供暖系统和集中采暖系统。

热媒制备、热媒输送和热媒利用三个主要组成部分在构成上都在一起的供暖系统，称为局部供暖系统，如烟气供暖（火炉、火墙和火炕等）、电热供暖和燃气供暖等。虽然燃气和电能通常由远处输送到室内来，但热量的转化和利用都是在散热设备上实现的。

热源和散热设备分别设置，用热媒管道相连接，由热源向各个房间或各个建筑物供给热量的供暖系统，称为集中采暖系统。

集中采暖系统主要由远离采暖房间的热源、输送管网和散热设备三部分组成。热源泛指锅炉房，煤、重油、轻油、天然气、液化气、管道煤气等作为燃料在锅炉中燃烧，使矿物能转化为热能，将水加热成热水或水蒸气。热能以热水或水蒸气作为载体，通过输送通道、管网输送到各个用热房间和多个用热建筑，以供使用。在这种系统中，采暖工程不仅承担为房间加热的任务，还常常为房间内的其他生活，生产过程提供热量。

在集中采暖系统中，把热量从热源输送到散热器的物质叫作"热媒"，这些物质有热水、蒸汽和热空气等。

根据热媒性质的不同，集中采暖系统可分为三种：热水采暖系统、蒸汽采暖系统和热风采暖系统。

以热水作为热媒的采暖系统，称为"热水采暖系统"，它是目前广泛使用的一种采暖系统，不仅用于居住和公用建筑，而且用在工业建筑中。热水采暖系统用于高层建筑时可分为分区采暖系统、双线式系统和单双管混合式系统。以蒸汽作为热媒的采暖系统潜热比每千克水散热器中靠降温放出的热量要大得多，与热水比较，蒸汽采用的流速较高，因此可采用较小管径的管道，所以在管道初投资方面，蒸汽采暖系统较经济，但蒸汽采暖系统由于系统的热惯性小，供气时热得快，停气时冷得也较快，因此适用于人群短时间迅速集散，需要间歇调节的建筑。辐射采暖是利用建筑物内的屋顶面、地面、墙面或其他表面的敷设散热器设备散出的热量来达到房间或局部工作点采暖要求的采暖方法。

热风采暖系统是以空气作为热媒，将空气加热，然后将高于室温的热空气送入室内，与室内空气进行混合换热，以达到加热房间、维持室内气温达到采暖使用要求的目的。在这种系统中，空气可以通过热水、蒸汽或高温烟气来加热，常用于通风空调系统。

以热水作热媒的采暖系统，按热水供暖循环动力的不同，可分为自然循环系统和机械循环系统。靠水的密度差进行循环的系统，称为自然循环系统。靠机械进行循环的系统，称为机械循环系统。按供回水方式的不同，热水采暖系统可分为单管系统和双管系统，如图 5-1 所示。按系统管道敷设方式不同，热水采暖系统分为垂直式系统和水平式系统。按热媒温度的不同，热水采暖系统可分为低温水供暖系统（热水温度低于 100 ℃）和高温水供暖系统（热水温度高于 100 ℃）。

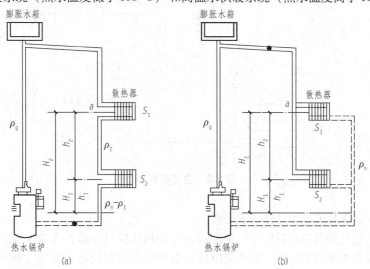

图 5-1 单管、双管系统
（a）单管系统；（b）双管系统

5.1.2 通风工程

通风工程是用换气的方法，把室外的新鲜空气经过适当的处理后送到室内，将室内的废气排除，保持室内空气新鲜和洁净度的工程。

通风系统的分类如下：

（1）按照通风动力的不同，通风系统可分为自然通风和机械通风。

(2) 按照通风作用范围的不同，通风系统可分为全面通风和局部通风。

通风系统由于设置场所的不同，其系统组成也各不相同。

进风系统由进风百叶窗、空气过滤器（加热器）、通风机（离心式、轴流式、贯流式）、风道以及送风口等组成。

排风系统一般由排风口（排气罩）、风道、过滤器（除尘器、空气净化器）、风机、风帽等组成。

5.1.3 空气调节系统

图 5-2 所示为空气调节系统图。空气调节（空调）是用人工的方法使室内的空气温度、相对湿度、洁净度和气流速度等达到一定要求，从而满足生产和生活需要的工程技术。空调一般分为工艺性空调（满足生产和科研用的空气调节）和舒适性空调（满足人们生活需要的空气调节）。

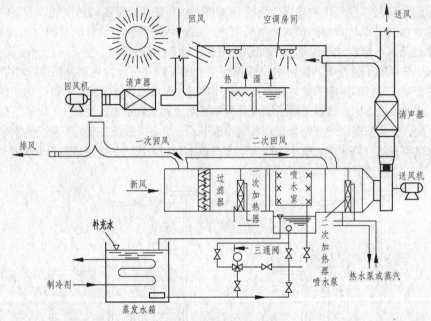

图 5-2 空调系统图

空调系统按设备的布置情况分以下三类：

(1) 集中式空气调节系统是将空气处理设备（如加热器与冷却器或喷水室、过滤器、风机、水泵等）集中设置在专用机房内。其系统组成一般有空气处理设备、冷冻（热）水系统（组成类同热水采暖系统）和空气系统（组成类同机械通风系统）。

(2) 半集中式空调系统是一种空气系统与冷冻（热）水系统的有机组合，空调水系统直接进入空调房间对室内空气进行热湿处理，而空气系统主要负担新风负荷。其主要由冷水机组、锅炉或热水机组、水泵及其管路系统、风机盘管、新风系统等组成。

(3) 局部式空调系统是将冷热源、空气处理、风机、自动控制等装备在一起，组成空调机组，由厂家定型生产，现场安装，只供小面积房间或少数房间局部使用，如窗式空调机、分体式空调机、柜式空调机等。

空调系统由空气处理设备、空气输送管道、空气分配装置、调节控制设备、冷热源（空调水系统）组成。

5.2 采暖工程施工图

5.2.1 采暖工程施工图的组成

采暖工程施工图由文字部分和图示部分组成。文字部分包括设计施工说明、图纸目录、图例及设备材料表等；图示部分包括平面图、系统图和详图。

1. 文字部分

（1）设计施工说明。采暖工程设计施工图的设计施工说明一般包括以下内容：

①建筑物的采暖面积、热源的种类、热媒参数、系统总热负荷。
②系统形式、进出口压力差、各房间设计温度。
③采用散热器的型号及安装方式、系统形式。
④在施工图上无法表达的内容，如管道防腐、保温的做法等。
⑤所采用的管道材料及管道连接方式。
⑥在施工图上未做表示的管道附件安装情况，如在散热器支管与立管上是否安装阀门等。
⑦在安装和调整运转时应遵循的标准和规范。
⑧施工注意事项，施工验收应达到的质量要求。

（2）图纸目录。其包括设计人员绘制部分和所选用的标准图部分。

（3）图例。采暖施工图中的管道及附件、管道连接、阀门、采暖设备及仪表等，采用《暖通空调制图标准》（GB/T 50114—2010）中统一的图例表示，凡在标准图例中未列入的可自设，但在图纸上应专门画出图例，并加以说明。表5-1摘录了《暖通空调制图标准》（GB/T 50114—2010）中的部分图例。

（4）设备材料表。为了便于施工备料，保证安装质量和避免浪费，使施工单位能按设计要求选用设备和材料，一般的施工图均应附有设备及主要材料表，简单项目的设备材料表可列在主要图纸内。设备材料表的主要内容有编号、名称、型号、规格、单位、数量、质量、附注等。

表5-1 采暖施工图常用图例

符号	名称	说明	符号	名称	说明
———	供水（汽）管			疏水器	也可用 
 - - - -	回（凝结）水管			自动排气阀	
	绝热管		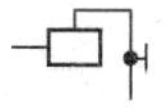	集气罐、排气装置	
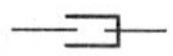	套管补偿器		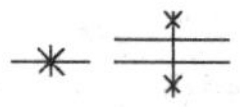	固定支架	右为多管
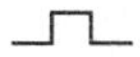	方形补偿器		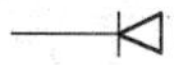	丝堵	也可表示为
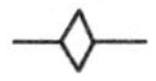	波纹管补偿器		$i=0.003$ 或 $i=0.003$	坡度及坡向	
	弧形补偿器		 ○ 或 	温度计	左为圆盘式温度计；右为管式温度计

续表

符号	名称	说明	符号	名称	说明
⊣N⊢⊳⊲	止回阀	左图为通用 右图为升降式止回阀	⌀或⌀	压力表	
⊣•⊢⊳⊲	截止阀		▽	水泵	流向： 自三角形底边至顶点
⊳⊲	闸阀		⊣⊢	活接头	
散热器及手动放气阀符号	散热器及 手动放气阀	左图为平面图画法 右图为系统图画法	⊣○⊢	可曲挠接头	
散热器及控制器符号	散热器及控制器	左图为平面图画法 右图为系统图画法	除污器符号	除污器	左为立式除污器； 中为卧式除污器； 右为Y形过滤器

2. 平面图

室内供暖平面图表示建筑各层供暖管道与设备的平面布置。其内容如下：

（1）建筑物的平面布置，其中应注明轴线、房间主要尺寸、指北针，必要时应注明房间名称、建筑（各房间分布、门窗和楼梯间位置等）。在图上应注明轴线编号、外墙总长尺寸、地面及楼板标高等与采暖系统施工安装有关的尺寸。

（2）热力入口位置，供、回水总管名称、管径。

（3）干、立、支管位置和走向，管径以及立管（平面图上为小圆圈）编号。

（4）散热器（一般用小长方形表示）的类型、位置和数量。各种类型的散热器规格和数量标注方法如下：

①柱型、长翼型散热器只注数量（片数）；

②圆翼型散热器应注根数、排数，如 3×2（每排根数×排数）；

③光管散热器应注管径、长度、排数，如 $D108 \times 200 \times 4$ ［管径（mm）×管长（mm）×排数］；

④闭式散热器应注长度、排数，如 1.0×2 ［长度（m）×排数］；

⑤膨胀水箱、集气罐、阀门位置与型号；

⑥补偿器型号、位置，固定支架位置。

（5）对于多层建筑，各层散热器布置基本相同时，也可采用标准层画法。在标准层平面图上，散热器要注明层数和各层的数量。

（6）平面图中散热器与供水（供汽）、回水（凝结水）管道的连接按图 5-3 所示方式绘制。

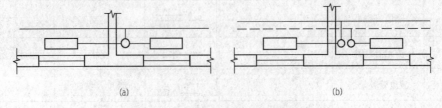

图 5-3　平面图中散热器与管道连接

（a）单管系统画法；（b）双管系统画法

(7) 当平面图、剖面图中的局部要另绘详图时，应在平面图或剖面图中标注索引符号，画法如图 5-4 所示，分别为详图编号及所在图纸号，为详图所在标准图或通用图图集号及图纸号。

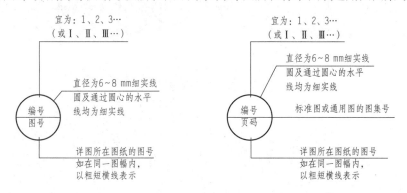

图 5-4　详图索引号

(8) 主要设备或管件（如支架、补偿器、膨胀水箱、集气罐等）在平面上的位置。
(9) 用细虚线画出的采暖地沟、过门地沟的位置。

3. 系统图

系统图又称流程图，也叫系统轴测图。它与平面图配合，表明了整个采暖系统的全貌。供暖工程系统图应以轴测投影法绘制，并宜用正等轴测或正面斜轴测投影法。当采用正面斜轴测投影法时，y 轴与水平线的夹角可选用 45° 或 30°。系统图的布置方向一般应与平面图一致。系统图包括水平方向和垂直方向的布置情况。散热器、管道及其附件（阀门、疏水器）均在图上表示出来。此外，图中标注各立管编号、各段管径和坡度、散热器片数、干管的标高。系统图应包括如下内容：

(1) 采暖管道的走向、空间位置、坡度，管径及变径的位置，管道与管道之间连接方式。
(2) 散热器与管道的连接方式，如是竖单管还是水平串联的，是双管上分还是下分等。
(3) 管路系统中阀门的位置、规格。
(4) 集气罐的规格、安装形式（立式或卧式）。
(5) 蒸汽供暖疏水器和减压阀的位置、规格、类型。
(6) 节点详图的索引号。
(7) 按规定对系统图进行编号，并标注散热器的数量。柱型、圆翼型散热器的数量应注在散热器内，如图 5-5 所示；光管式、串片式散热器的规格及数量应注在散热器的上方，如图 5-6 所示。

图 5-5　柱型、圆翼型散热器画法　　图 5-6　光管式、串片式散热器画法

(8) 采暖系统编号、入口编号由系统代号和顺序号组成。其画法如图 5-7 所示，其中图 5-7 (b) 为系统分支画法。
(9) 竖向布置的垂直管道系统，应标注立管号，如图 5-8 所示。为避免引起误解，可只标注序号，但应与建筑轴线编号有明显区别。

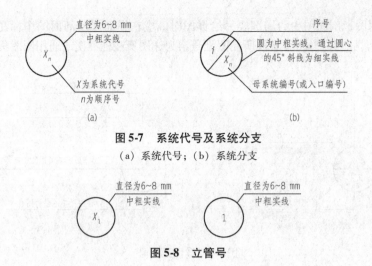

图5-7 系统代号及系统分支

(a) 系统代号;(b) 系统分支

图5-8 立管号

4. 详图

在供暖平面图和系统图上表达不清楚、用文字也无法说明的地方,可用详图画出。详图是局部放大比例的施工图,因此也叫大样图。它能表示采暖系统节点与设备的详细构造及安装尺寸要求,例如,一般供暖系统入口处管道的交叉连接复杂,因此需要另画一张比例比较大的详图。它包括节点图、大样图和标准图。

(1) 节点图。能清楚地表示某一部分采暖管道的详细结构和尺寸,但管道仍然用单线条表示,只是将比例放大,使人能看清楚。

(2) 大样图。管道用双线图表示,看上去有真实感。

(3) 标准图。它是具有通用性质的详图,一般由国家或有关部委出版标准图案,作为国家标准或部标准的一部分颁发。

5.2.2 壁式采暖施工图识读实例

图5-9 所示为某综合楼供暖一层平面图,图5-10 所示为供暖系统图。

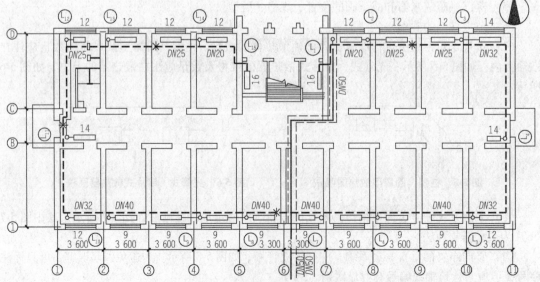

图5-9 某综合楼供暖一层平面图

第5章 采暖与通风空调工程图

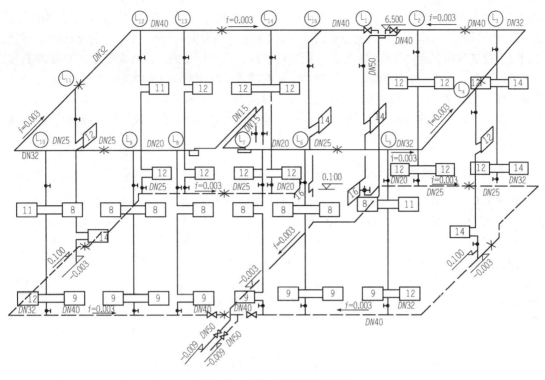

图 5-10 某综合楼供暖系统图

（1）本工程采用低温水供暖，供水温度为 70 ℃ ~ 95 ℃；
（2）系统采用上分下回单管顺流式；
（3）管道采用焊接钢管，DN32 以下为丝扣连接，DN32 以上为焊接；
（4）散热器选用铸铁四柱 813 型，每组散热器设手动放气阀；
（5）集气罐采用《采暖通风国家标准图集》N103 中Ⅰ型卧式集气阀；
（6）明装管道和散热器等设备，附件及支架等刷红丹防锈漆两遍，银粉两遍；
（7）室内地沟断面尺寸为 500 mm × 500 mm，地沟内管道刷防锈漆两遍，50 mm 厚岩棉保温，外缠玻璃纤维布；
（8）图中未注明管径的立管均为 DN20，支管为 DN15；
（9）其余未说明部分，按施工及验收规范有关规定进行。

1. 平面图

识读平面图的主要目的是了解管道、设备及附件的平面位置和规格、数量等。

在一层平面图（图 5-9）中，热力入口设在靠近⑥轴右侧位置，供、回水干管管径均为 DN50。供水干管引入室内后，在地沟内敷设，地沟断面尺寸为 500 mm × 500 mm。主立管设在建筑比例⑦轴处。回水干管分成两个分支环路，右侧分支连接共 7 根立管，左侧分支连接共 8 根立管。回水干管在过门和厕所内局部做地沟。

建筑物内各房间散热器均设置在外墙窗下。一层走廊、楼梯间因有外门，散热器设在靠近外门内墙处。散热器为铸铁四柱 813 型，各组片数标注在散热器旁。

2. 系统图

阅读供暖系统图时，一般从热力入口起，先弄清干管的走向，再逐一看各立、支管。参照图 5-10，系统热力入口供、回水干管均为 DN50，并设同规格阀门，标高为 - 0.900 m。引入室内后，供水干管标高为 -0.300 m，有 0.003 上升的坡度，经主立管引到二层后，分为两个分支，分流后设阀门。两分支环路起点标高均为 6.500 m，坡度为 0.003，供水干管始端为最高点，分别设卧式集气罐，通过 DN15 放气管引至二层水池，出口处设阀门。各立管采用单管顺流式，上下端设阀门。图中未标注的立、支管管径详见设计说明（立管为 DN20，支管为 DN15）。回水干管同样分为两个分支，在地面以上明装，起点标高为 0.100 m，沿水流方向有 0.003 下降的坡度。设在局部地沟内的管道，末端为最低点，并设泄水丝堵。两分支环路汇合前设阀门，汇合后进入地沟，回水排至室外。

5.2.3 辐射采暖施工图识读实例

辐射采暖一般适用于新建民用建筑，将塑料管敷设在现浇层中，热水温度不超过 55 ℃，工作压力不大于 0.4 MPa 的地板敷设供暖系统。

1. 平面图

如图 5-11 所示，一住宅项目采用低温热水地板辐射采暖系统，每户为独立的系统。户内设有集（分）水器。各层楼板均设埋管垫层，采暖管道均敷设在垫层内。卫生间采用钢制卫浴型散热器 GWY60-100，标准散热量：冬季采暖热水供回水温度为 50 ℃/40 ℃，接自小区换热站。

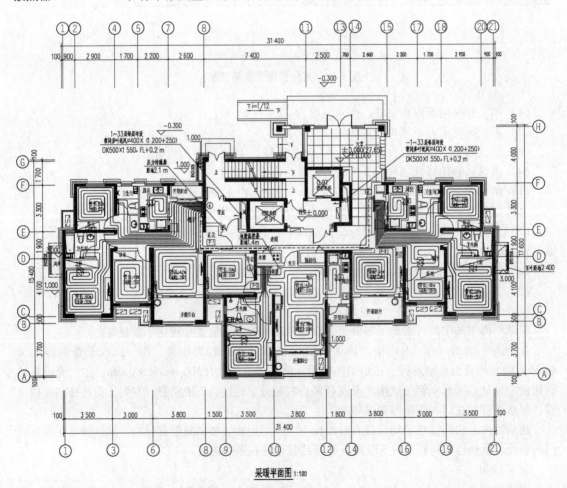

图 5-11 低温热水地板辐射供暖一层平面图

2. 系统图

图5-12所示为低温热水地板辐射供暖部分系统图,住宅采暖主立管敷设在管井内,立管为下供下回双管异程式。每户为独立的系统,系统形式为双管异程式。

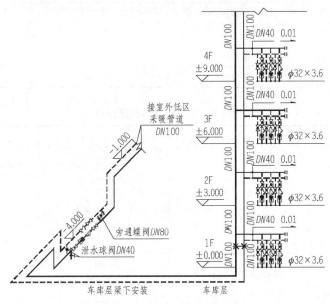

图5-12 低温热水地板辐射供暖系统图(部分楼层)

5.3 通风空调工程图

5.3.1 通风空调工程图识图基础

通风空调工程图一般由两大部分组成,即文字部分和图纸部分。文字部分包括图纸目录、设计施工说明、设备及主要材料表。

图纸部分包括基本图和详图。基本图包括通风空调系统的平面图、剖面图、轴测图、原理图等。详图包括系统中某局部或部件的放大图、加工图、施工图等。

1. 识图原则

(1) 通风空调平、剖面图中的建筑与相应的建筑平、剖面图是一致的,通风空调平面图是在本层顶棚以下按俯视图绘制的。

(2) 通风空调平、剖面图中的建筑轮廓线只是与通风空调系统有关的部分(包括有关的门、窗、梁、柱、平台等建筑构配件的轮廓线),同时还有各定位轴线编号、间距以及房间名称。

(3) 通风空调系统的平、剖面图和系统图可以按建筑分层绘制,或按系统分系统绘制,必要时对同一系统可以分段进行绘制。

2. 线型及常用图例、符号

线型及常用图例、符号见表5-2至表5-5。

表 5-2　通风空调线型

图形符号	说明	图形符号	说明
————	粗实线	— — — —	细虚线
————	中实线	—·—·—	细点画线
————	细实线	—··—··—	细双点画线
━ ━ ━ ━	粗虚线	∿	折断线
─ ─ ─ ─	中虚线	～～～	波浪线

表 5-3　通风空调风管及部件

图形符号	说明	图形符号	说明
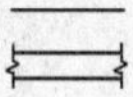	风管	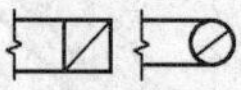	送风管
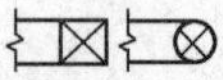	排风管	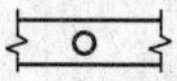	风管测定孔
	异径管	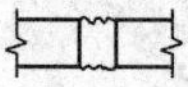	柔性接头 中间部分也适用于软风管
	异形管（天圆地方）	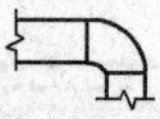	弯头
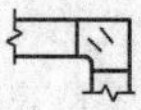	带导流片弯头	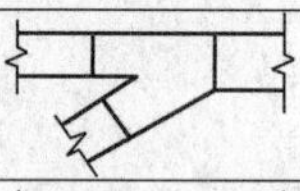	圆形三通
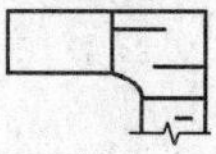	消声弯头	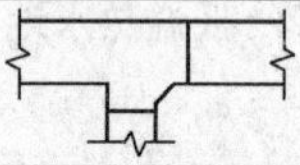	矩形三通
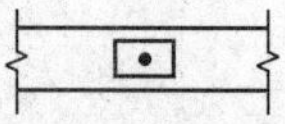	风管检查孔	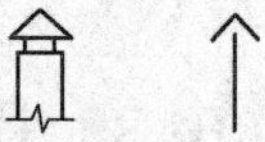	伞形风帽
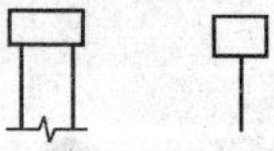	筒形风帽		百叶窗
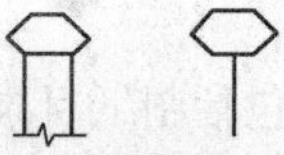	锥形风帽	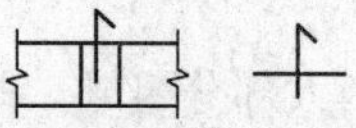	插板阀 本图例也适用于斜插板
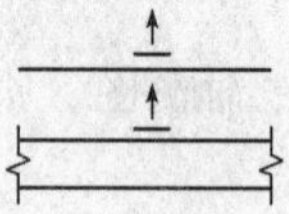	送风口	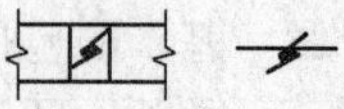	蝶阀
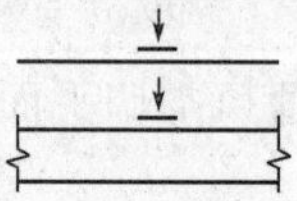	回风口	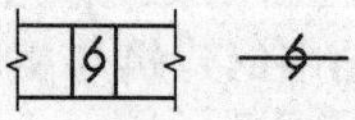	对开式多叶调节阀
	圆形散流器 上图为剖面 下图为平面	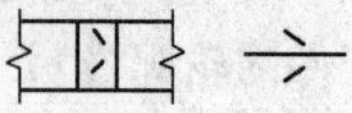	光圈式启动调节阀
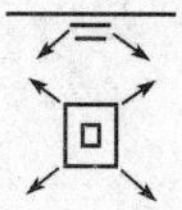	方形散流器 上图为剖面 下图为平面	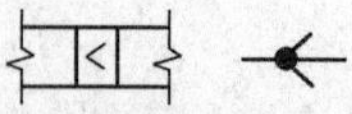	风管止回阀

续表

图形符号	说明	图形符号	说明
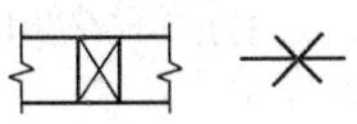	防火阀	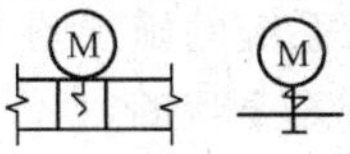	电动对开多叶调节阀
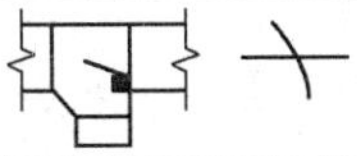	三通调节阀		

表5-4 通风空调设备

图形符号	说明	图形符号	说明
 ○ □	通风空调设备 左图适用于带传动部分的设备， 右图适用于不带传动部分的设备		加湿器
	空气过滤器		电加热器
	消声器		减振器
	空气加热器	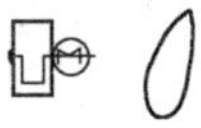	离心式通风机
	空气冷却器		轴流式通风机
	风机盘管		喷嘴及喷雾排管
	风机 流向：自三角形的底边至顶点	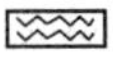	挡水板
	压缩机		喷雾式滤水器

表5-5 阀门

图形符号	说明	图形符号	说明
	安全阀		膨胀阀
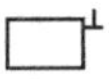	散热放风门		手动排气阀
	散热器三通阀		

3. 通风空调施工图的特点

（1）风、水系统环路的独立性。图5-13、图5-14所示分别为风管系统与水管系统。在空调通风施工图中，风管系统与水管系统（包括冷冻水、冷却水系统）按照它们的实际情况出现在同一张平、剖面图中，但是在实际运行中，风系统与水系统具有相对独立性。因此，在阅读施工图时，首先将风系统与水系统分开阅读，然后综合起来。

（2）风、水系统环路的完整性。空调通风系统，无论是水管系统还是风管系统，都可以称为环路，这就说明风、水管系统总是有一定来源，并按一定方向，通过干管、支管，最后与具体设备相接，多数情况下又将回到它们的来源处，形成一个完整的系统。

(3) 通风空调系统的复杂性。通风空调系统中的主要设备，如冷水机组、空调箱等，其安装位置由土建决定，这使得风管系统与水管系统在空间的走向往往是纵横交错，在平面图上很难表示清楚，因此，空调通风系统的施工图中除了大量的平面图、立面图外，还包括许多剖面图与系统图，它们对读懂图纸有重要帮助。

(4) 与土建施工的密切性。

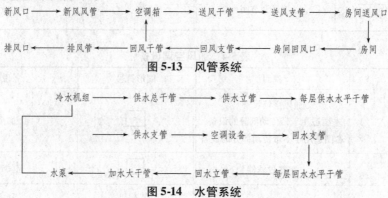

图 5-13　风管系统

图 5-14　水管系统

4. 通风空调施工图识图方法与步骤

(1) 阅读图纸目录。

(2) 阅读施工说明。

(3) 阅读有代表性的图纸。在通风空调施工图中，有代表性的图纸基本上都是反映空调系统布置、空调机房布置、冷冻机房布置的平面图，因此，通风空调施工图的阅读基本上是从平面图开始的，先是总平面图，然后是其他平面图。

(4) 阅读辅助性图纸。

(5) 阅读其他内容。

5.3.2　通风空调工程图识图实例（一）

通风空调平面图中可以查明系统的编号与数量、末端装置的种类、型号规格与平面布置位置、风管材料、形状、规格尺寸，设备布置及型号。

通风空调剖面图可以选择表达清楚的位置进行剖切，用左视图和上视图，可以查明系统风管、水管、设备、部件在竖直方向的布置与标高、设备与风管、水管之间在直竖方向连接及其规格型号、末端装置的种类、型号规格、尺寸，并与平面图对照。

通风空调系统图中的风管用单线绘制。查明系统中的编号，设备规格型号，管段标高及规格型号、尺寸、坡度、坡向，以及它们之间在系统中的布置情况。

图 5-15 至图 5-17 所示为某大厦多功能厅全空气空调工程施工图，图中标高以米（m）计，其余以毫米（mm）计。从图中可以看出：

(1) 图中空气处理由位于图中①和②轴线的空气处理室内的变风量整体空调箱（机组）完成，其规格为 8 000（m³/h）/0.6 t。在空气处理室轴线外墙上，安装了一个 630 mm × 1 000 mm 的铝合金防雨单层百叶新风口（带过滤网），其底部距地面 2.8 m，在空气处理室②轴线内墙上距地面 1.0 m 处，装有一个 1 600 mm × 800 mm 的铝合金百叶回风口，其后面接一阻抗复合消声器，型号为 T701-6 型 5#，两者组成回风管。室内大部分空气由此消声器吸入回到空气处理室，与新风混合后吸入空调箱，处理后经风管送入多功能厅。

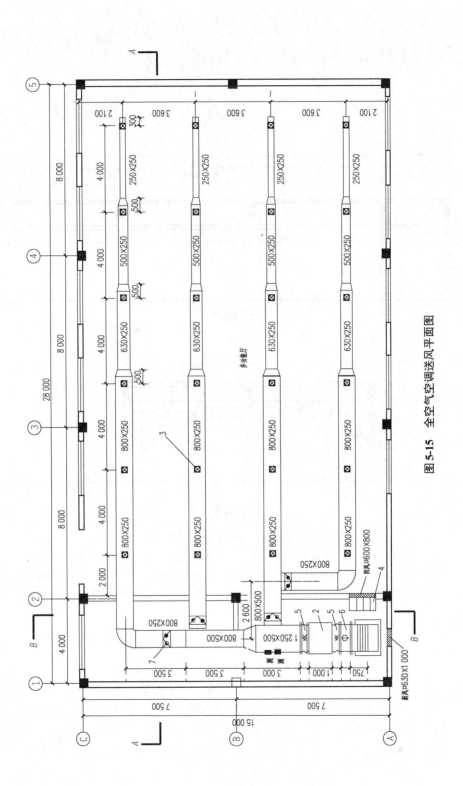

图 5-15 全空气空调送风平面图

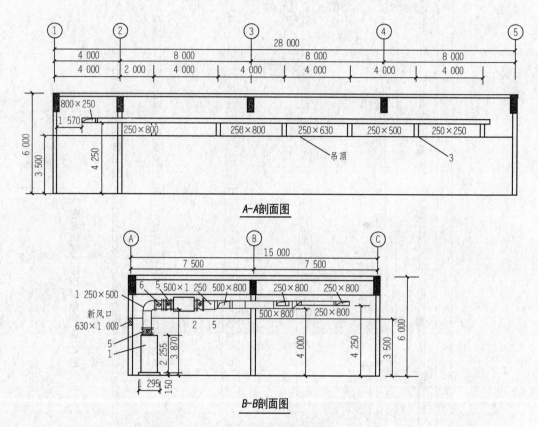

图 5-16 送风管道剖面图

1—变风量整体空调箱（机组）；2—矿棉管式消声器，1 250 mm×500 mm×1 400 mm（长）；
3—铝合金方形散流器，240 mm×240 mm；4—阻抗复合消声器 T701—6 型 5 号，1 600 mm×800 mm；
5—帆布软管接头，长 200 mm；6—风管防火阀，长 400 mm；7—对开多叶调节阀，长 200 mm

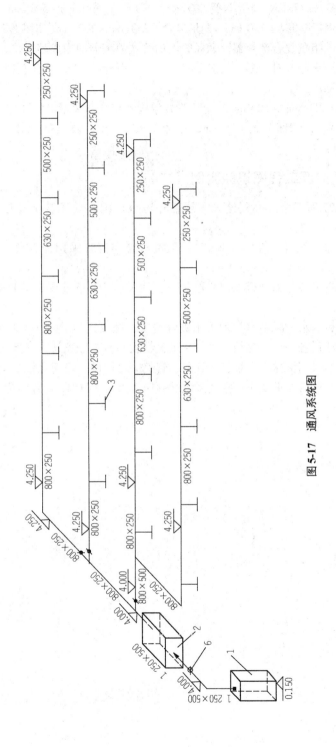

图 5-17 通风系统图

(2) 本工程风管采用镀锌薄钢板，咬口连接。其中矩形风管 240 mm × 240 mm、250 mm × 250 mm，钢板厚度 $\delta = 0.75$ mm，矩形风管 800 mm × 250 mm、800 mm × 500 mm、630 mm × 250 mm、500 mm × 250 mm，钢板厚度 $\delta = 1.0$ mm，矩形风管 1 250 mm × 500 mm，钢板厚度 $\delta = 1.2$ mm。

(3) 回风管上的阻抗复合消声器、送风管上的管式消声器均为成品安装。

(4) 图中风管防火阀、对开多叶风量调节阀、铝合金新风口、铝合金回风口、铝合金方形散流器均为成品安装。

(5) 主风管（1 250 mm × 500 mm）上，设置温度测定孔和风量测定孔各一个。

(6) 风管保温采用岩棉板，$\delta = 25$ mm，外缠玻璃布一道，玻璃布不刷油漆。保温时使用胶粘剂、保温钉。

5.3.3 通风空调工程图识图实例（二）

图 5-18 至图 5-21 所示为某办公楼（一层部分房间）风机盘管工程施工图。图中标高以米计，其余以毫米（mm）计。

(1) 风机盘管采用卧式暗装（吊顶式），风机盘管连接管采用镀锌薄钢板，钢板厚度 $\delta = 1.0$ mm，截面尺寸为 1 000 mm × 200 mm。

(2) 风机盘管送风口为铝合金双层百叶风口，回风口为铝合金单层百叶风口，均采用成品安装。

(3) 空调供水、回水及凝结水管均采用镀锌钢管，螺纹连接。进出风机盘管供、回水支管均装金属软管（丝接）各一个，凝结水管与风机盘管连接需装橡胶软管（丝接）一个。

(4) 图中阀门均采用铜球阀，规格同管径。管道穿墙均设一般钢套管。

(5) 管道安装完毕后要求试压，空调系统试验压力为 1.3 MPa，凝结水管做灌水试验。

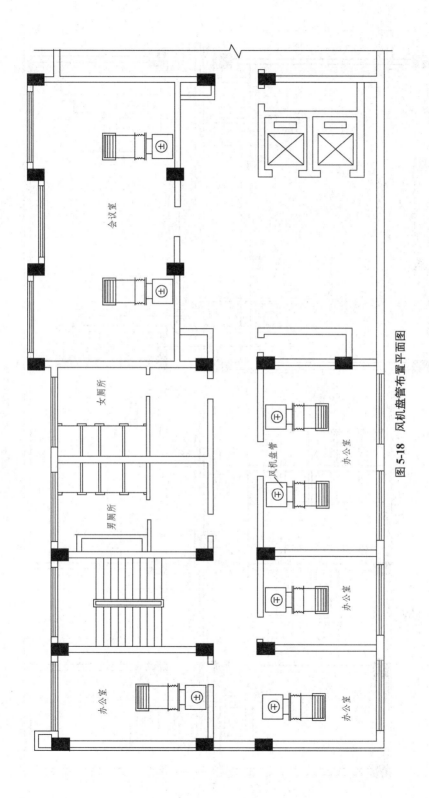

图 5-18 风机盘管布置平面图

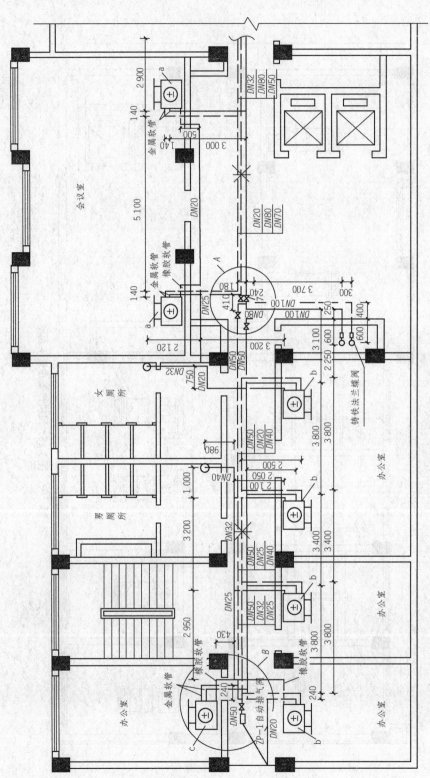

图 5-19 空调水管道布置平面图

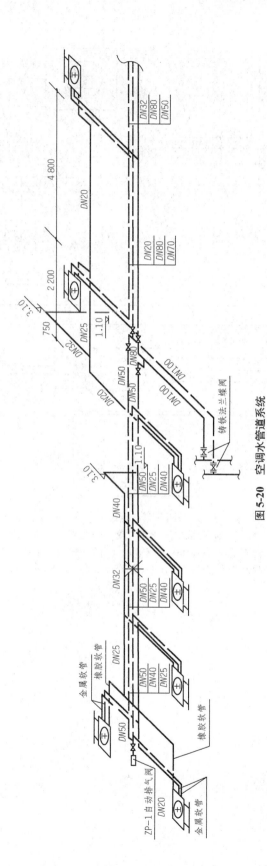

图 5-20 空调水管道系统

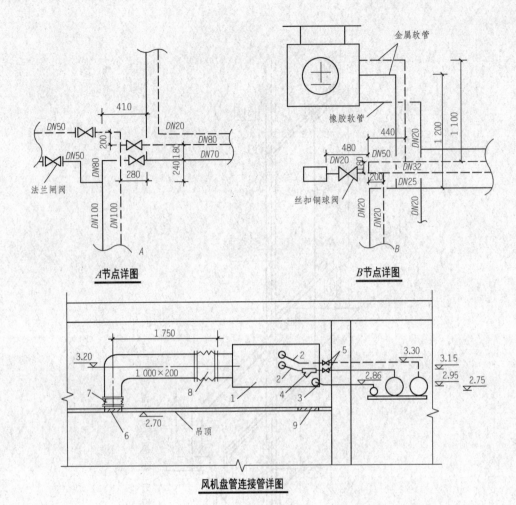

图 5-21 详图

1—风机盘管；2—金属软管；3—橡胶软管；4—过滤器；5—丝扣铜球阀；
6—铝合金双层百叶送风口（1 000 mm×200 mm）；7—帆布软管接口，长 200 mm；
8—帆布软管接口，长 300 mm；9—铝合金回风口（400 mm×250 mm）

第6章

道路工程图

★教学内容

公路路线工程图；公路路面工程图；路基路面排水工程图；城市道路路线工程图；道路交叉口工程图；城市道路路灯照明工程图；市政排水工程图；市政给水工程图。

★教学要求

1. 掌握道路工程图的基本概念；
2. 会识读公路路线工程图、公路路面工程图、路基路面排水工程图、城市道路路线工程图、道路交叉口工程图、城市道路路灯照明工程图、市政排水工程图、市政给水工程图；
3. 会运用国家制图规范和相关标准进行简单工程图的绘制，从而提高处理实际工程问题的能力，同时为以后的专业课学习奠定良好的基础。

6.1 概 述

6.1.1 道路的组成

道路工程由路线工程和结构工程两大部分组成。

1. 路线组成

道路路线即道路的中心线，是一条平面有曲线、纵面有起伏的立体空间线形。平面图由直线段和曲线段组成，纵面图由平坡和上、下坡段及竖曲线组成。因此道路路线是一条空间曲线。

路线线形组成包括平面、纵断面、横断面三个方面。如图6-1所示，路线的平面指道路中线在水平面上的投影；路线的纵断面指沿着中线竖直剖切，再行展开；公路横断面指中线各点的法向切面。

2. 结构组成

公路的结构组成主要包括路基、路面、桥涵、隧道、防护工程（护栏、挡土墙、护脚等）、排水设施（边沟、截水沟、盲沟、跌水、急流槽、过水路面、渗水路堤等）、线路交叉工程和公路其他沿线设施。

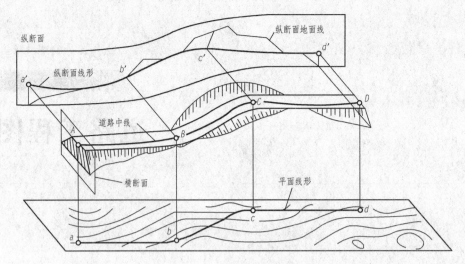

图 6-1 路线组成示意图

（1）路基。路基是道路的基本结构，是支撑路面结构的基础，与路面共同承受行车荷载的作用，同时承受气候变化和各种自然灾害的侵蚀与影响。路基可以分为填方路基、挖方路基和半填半挖路基三种类型。

（2）路面。路面是铺筑在公路路基上与车轮直接接触的结构层，承受和传递车轮荷载，承受磨耗，经受自然气候的侵蚀和影响。对路面的基本要求是具有足够的强度、稳定性、平整度、抗滑性能等。路面结构一般由面层、基层、底基层与垫层组成。

（3）桥涵。桥涵是指公路跨越水域、沟谷和其他障碍物时修建的构造物。按照《公路工程技术标准》（JTG B01—2014）的规定，单孔跨径小于 5 m 或多孔跨径之和小于 8 m 的桥涵称为"涵洞"，大于这一规定值的桥涵称为桥梁。

（4）隧道。公路隧道通常是指建造在山岭、江河、海峡和城市地面下，供车辆通过的工程构造物。

（5）防护工程。陡峭的山坡或沿河一侧的路基边坡受水流冲刷，会威胁路段的稳定。为保证路基的稳定、加固路基边坡所修建的人工构造物，称为防护工程。常见的防护工程有护坡、碎落台、填石路堤、反压护道、导流堤、坡面防护等。

（6）排水设施。为确保路基稳定，免受自然水的侵蚀，道路还需要修建排水设施。道路的排水系统按其排水方向的不同，可分为纵向排水和横向排水。纵向排水系统有边沟、截水沟和排水沟等；横向排水系统有桥梁、涵洞、路拱、过水路面、透水路堤和渡水槽等。

（7）路线交叉工程。路线交叉是道路工程专用名词，指道路相互之间、道路与其他带状构筑物之间的交叉。其中，道路与道路之间的交叉点也是道路路网的系统节点。

（8）道路其他沿线设施。沿线设施是道路沿线交通安全、管理、服务以及环保设施的总称。公路的沿线设施主要包括安全设施、服务设施、控制与管理设施等，城市道路的沿线设施主要包括交通设施、停车场、照明设施及道路绿化等。

6.1.2 道路工程图样的基本规定

道路工程图样与建筑工程图样本质内容是一致的，但由于道路工程图本身的特点，它又具有和建筑工程图不一样的部分，主要体现在以下几个方面。

1. 图线

工程图是线框图，图中的信息都是由线条表示的。为了反映图中不同的内容和分清主次，必须采用不同的线型和线宽来表示。图纸上的实线、虚线、点画线、双点画线、折断线、波浪线等线型适用于不同的场合，同时应符合国家标准的有关规定。图线的宽度应根据图的复杂程度及比例大小，从《道路工程制图标准》（GB 50162—1992）规定的线宽系列 0.13 mm、0.18 mm、0.25 mm、0.35 mm、0.5 mm、0.7 mm、1.0 mm、1.4 mm、2.0 mm 中选取。基本线宽（b）应根据图样比例和复杂程度确定。

图线有粗、中、细之分。在同一张图纸内，相同比例的图样应采用相同的线宽。在绘图过程中，每张图上的图线线宽不宜超过 3 种，通常根据所表达的对象的复杂程度、比例的大小来确定基本线宽。线宽组合宜符合表 6-1 的规定。粗线的宽度若为 b，则中线的宽度为 $0.5b$，细线的宽度为 $0.35b$，合理的线型比例应当与打印比例保持对应关系。当打印输出比例为 $1:n$ 时，线型比例应当设置为 n。

表 6-1 线宽组合

线宽类型	线宽系列/mm				
b	1.4	1.0	0.7	0.5	0.35
$0.5b$	0.7	0.5	0.35	0.25	0.25
$0.25b$	0.35	0.25	0.18（0.2）	0.13（0.15）	0.13（0.15）

图纸图框和标题栏线宽根据图纸幅面的大小不同而不同，具体详见表 6-2。

表 6-2 图纸图框和标题栏线宽   mm

图纸幅面	图框线	标题栏外框线	标题栏分割线
A0，A1	1.4	0.7	0.35
A2，A3，A4	1.0	0.7	0.35

2. 文字

文字、数字、字母和符号是工程图的重要组成部分。采用规定的字体，规定的大小。《道路工程制图标准》（GB 50162—1992）规定图中汉字应采用长仿宋体字（又称工程字），并采用国家正式公布的简化字，除有特殊要求外，不得采用繁体字，汉字书写要求采用从左向右、横向书写的格式。

图纸上常见的文字高度一般有 3.5 mm、5 mm、7 mm、10 mm、14 mm、20 mm。文字的宽度比例，即宽高比一般设置为 2∶3，文字的间距应大于 1.5 倍的字高，且汉字高度不宜小于 3.5 mm。

当图样中有需要说明的事项时，需在图样所在图纸的右下角图标上方处加以叙述。该部分文字应采用"注"字表明，"注"写在叙述事项的左上角，每条"注"的结尾应标句号。说明事项需要划分层次时，第一、二、三层次的编号应分别用阿拉伯数字、带括号的阿拉伯数字及带圆圈的阿拉伯数字标注。当表示数量时，应采用阿拉伯数字书写。如一千零五十米应写成 1 050 m，十二小时应写成 12 h。分数不得用数字与汉字混合表示，如五分之一应写成 1/5，不得写成 5 分之 1。不够整数位的小数，小数点前应加 0 定位。

3. 比例

道路工程具有组成复杂、长宽高三项尺寸相差悬殊、形状受地形影响大等特点，因此它的图示方法与一般工程不完全相同。它的平面图就是一个带状地形图，纵向断面图是沿公路中心线的纵剖面图，横断面是道路中心线法线方向的断面图，根据这三种图所表示内容的差异，通常采用的绘图比例各不同，绘图比例的选择，应遵循图面布置合理、均匀、美观的原则，使绘出的图形有较好的可读性。

6.1.3 道路工程图内容

道路工程图涵盖的范围较大，本章主要介绍公路路线工程图、公路路面工程图、路基路面排水工程图、城市道路路线工程图、道路交叉口工程图、城市道路路灯照明工程图、市政排水工程图、市政给水工程图。

6.2 公路路线工程图

在公路工程勘测、设计、施工中，工程测量人员经常需要绘制路线工程图，以指导工程的建设。公路由路线和构造物组成。公路路线工程图主要包括路线平面图、路线纵断面图和路线横断面图。

（1）路线平面图。路线平面图表达道路路线的平面位置、走向及线形状况，沿线的地形、地物，路线上的附属建筑物的位置及其与路线的相互关系。

（2）路线纵断面图。路线纵断面图表达路线的纵向线形、地面起伏、地质状况、沿线设置建筑物的情况。

（3）路线横断面图。路线横断面图表达路基的断面形状、填挖高度、边坡坡长、路基中心桩处的横向地面情况。

6.2.1 公路路线平面图

公路路线平面图是指包括道路中心线在内的有一定宽度的带状地形图。路线平面设计图的识图要点关键是确定表达线路的方向、平面线形、沿线两侧一定范围的地形、地物情况及转折点、水准点。

1. 公路路线平面图的形成

将路线的水平投影与沿线地物、地貌的地形图合并画出，即在沿线的地形图上画出道路路线的走向及其平面线形。路线平面图从上至下用粗实线画出中心线，只表示长度，不表示宽度。图 6-2 所示为某公路 K3+300～K5+200 段的路线平面图，其路线平面图内容分为地形和路线两部分。

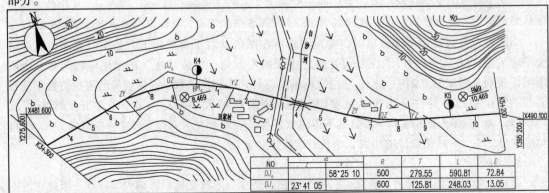

图 6-2 路线平面图（绘图比例：1∶5 000）

2. 路线平面图的内容

路线平面图表达的内容如下:

(1) 地形部分。地形部分包括比例、方向、地形、地物地貌。

①比例:为了清晰地表达图样,根据地形起伏变化程度不同,一般山岭区为1:2 000,丘陵区和平原区采用1:5 000。图6-2采用绘图比例为1:5 000。

②方向:为了表示路线所在地区的方位和路线的走向,在路线平面图上应画出指北针或坐标网。图例 表示指北针,箭头所指方向为正北方向,指北针宜用细实线绘制。在方位的坐标网表示方法中,X轴表示南北方向,向北为正,Y轴表示东西方向,向东为正。坐标值的标注应靠近被标注点,书写方向应平行网格或在网格延长线上,数值前应标注坐标轴线代号。图6-2路线起点坐标(图6-3),表示该点距坐标网原点东481 600单位(m),南275 600单位(m)。坐标网用细实线绘制。

图6-3 坐标

③地形:地形的起伏变化及其变化程度用等高线来表示,相邻两根等高线之间的高差为2 m,每隔4条较细的等高线就应有一条较粗的等高线,并标有相应的高程数字。根据等高线了解地形——平原、洼地、丘陵。等高线能反映地面的实际高度、起伏状态,具有一定的立体感,能满足图上分析研究地形的需要。等高线越密,表示地势越陡,等高线越疏,表示地势越平坦。有时在图中还会有很多带有数字的小数点,小数点表示的是测点,数字表示该测点的高程。如图6-2所示,从地形图上看,路线位于平原地段。

④地物地貌:地物按比例缩小画在图纸上时,只能用简化的规定符号表示。如在路线平面图中地面上的地物如河流、房屋、道路、桥梁、电力线、植被等,都是按规定图例绘制的,常用的地物图例基本与地形图中的地物图例相同。图6-2所示路线穿过田家村和白沙河,白沙河上有一坐桥梁,穿过白沙河上的桥梁后进入反向弯道。从平面图中表明,沿线两侧农田主要是果地、旱地、水稻田、菜地。

路线平面图中的常用符号见表6-3,道路工程平面图常用地物图例见表6-4,路线平面图图例见表6-5。

表6-3 路线平面图中的常用符号

名称	符号	名称	符号
交角点	JD	第四缓和曲线起点	HZ
半径	R	曲线起点	ZY
切线长度	T	曲线中点	QZ
曲线长度	L	曲线终点	YZ
缓和曲线长度	L_s	东	E
外距	E	西	W
偏角	α	南	S
第一缓和曲线起点	ZH	北	N
第二缓和曲线起点	HY	横坐标	X
第三缓和曲线起点	YH	纵坐标	Y

表6-4 道路工程平面图常用地物图例

名称	图例	名称	图例	名称	图例
机场		港口		井	
学校		变电室		房屋	
土堤	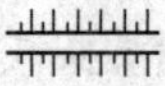	水渠	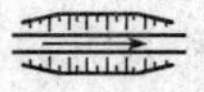	烟囱	
河流		冲沟		人工开挖	
铁路		公路		大车道	
小路		低压线	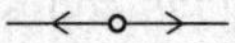	电信线	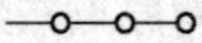
果园	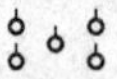	高压线	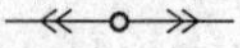	草地	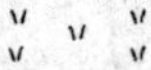
林地		旱地	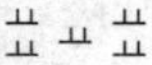	菜地	
导线点	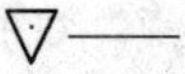	水田		图根点	
水准点	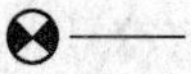	三角点		指北针	
切线交点					

表6-5 路线平面图图例

序号	名称	图例	序号	名称	图例
1	涵洞		6	通道	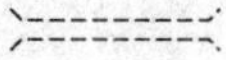
2	桥梁（大、中桥按实际线度绘制）	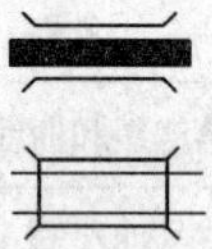	7	分离式立交 (a) 主线上跨 (b) 主线下穿	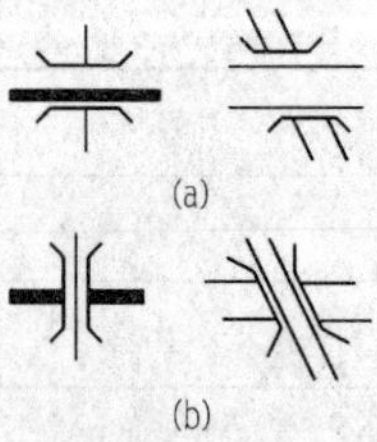
3	隧道		8	互通式立交（用形式绘制）	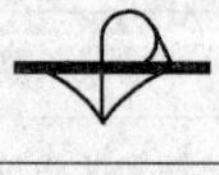
4	养护机构	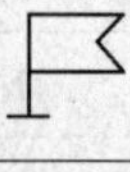	9	管理机构	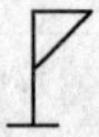
5	隔离墩	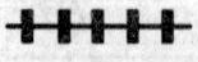	10	防护栏	

(2) 路线部分。路线部分包括路线走向（中心线）、里程桩（每100 m设以百米桩）、平曲线、超高、加宽、控制点。

①路线走向（中心线）。在道路中心线画出一条加粗的实线（2b）来表示新设计的路线。在

《道路工程制图标准》（GB 50162—1992）中规定，道路中心线应采用细点画线表示，路基边缘线应该采用粗实线表示。由于公路路线平面图所采用的比例太小，公路的宽度无法按实际尺寸画出，所以在路线平面图中，设计路线是用粗实线沿着道路中心表示的。

②里程桩。为了清楚地看出路线的总长和各段之间的长度，一般在道路中心线上从起点到终点，沿前进方向的左侧注写里程桩（km），里程桩号以"⊕"标记法由左向右递增。里程桩分公里桩和百米桩两种。在符号上面注写 K1，即表示距路线起点 1 km，右侧注写百米桩，用桩位，用字头朝向前进方向的阿拉伯数字表示百米数，注写在短线的端部。同时也可均采用垂直于路线的细短线表示公里桩和百米桩，若桩号为 K1+200，则表示距路线起点 1.2 km。

③平曲线。路线的平面线型有直线型和曲线型，在路线转折处应设平曲线，并用曲线表来表示。平曲线是路线平面图线的简称，它由直线、圆弧曲线（简称圆曲线）和缓和曲线组成，这三者称为路线平面线形三要素。为了将路线上各段平曲线的几何要素表示清楚，一般还应在图中的适当位置列出平曲线要素表。

最常见的较简单的平曲线为圆曲线，如图 6-4（a）所示。其主要基本几何要素如下：

a. 交点 JD，是路线的两直线段的理论交点；
b. 转折角 α，是路线前进时向左（α_z）或向右（α_y）偏转的角度；
c. 圆曲线半径 R；
d. 切线长 T，是切点与交角点之间的长度；
e. 外矢距 E，是曲线中点到交角点的距离；
f. 曲线长 L，是曲线两切点之间的弧长。

在路线平面图中，转折处应注写交点代号并依次编号，如 JD_2 表示第 2 个交点。还要注出曲线段的起点 ZY（直圆点）、中点 QZ（曲中点）、终点 YZ（圆直点）的位置。为了将路线上各段平曲线的几何要素值表示清楚，一般还应在图中的适当位置列出平曲线要素表。

除圆曲线外通常还设有缓和曲线。带有缓和曲线的曲线由三部分组成，按顺序为缓和曲线、圆曲线、缓和曲线。如果设置缓和曲线，则将缓和曲线与前、后段直线的切点分别标记为 ZH（直缓点）和 HZ（缓直点）；将圆曲线与前、后段缓和曲线的切点分别标记为 HY（缓圆点）和 YH（圆缓点）。图 6-4（b）所示具体基本要素如下：

a. ZH 是直缓点，即曲线的起点，直线与缓和曲线的分界点；
b. HY 是缓圆点，即缓和曲线与圆曲线的分界点；
c. QZ 是曲中点，即整个曲线的中点；
d. YH 是圆缓点，即圆曲线与缓和曲线的分界点；
e. HZ 是缓直点，即缓和曲线与直线的分界点，也就是整条曲线的终点。

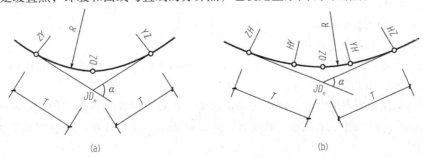

图 6-4 平曲线
(a) 圆曲线；(b) 缓和曲线

④超高。如图6-5所示,为了减少转弯时产生的离心力,减缓离心力变化的速度,将在路线横断面外侧逐渐加高即为超高。汽车在圆曲线上行驶时,受横向力或离心力作用会产生滑移或倾覆,为抵消车辆在圆曲线路段上行驶时所产生的离心力,保证汽车能安全、稳定、满足设计速度和经济、舒适地通过圆曲线,在该路段横断面上设置的外侧高于内侧的单向横坡。

⑤加宽。汽车在弯道上行驶时,前轴外轮的轨迹曲率半径大,后轴内轮的轨迹曲率半径小,则汽车在弯道上行驶所需的宽度比直线上行驶的宽度大。因此,当平曲线半径小于等于250 m时,应在平曲线内侧加宽路面,如图6-6所示。

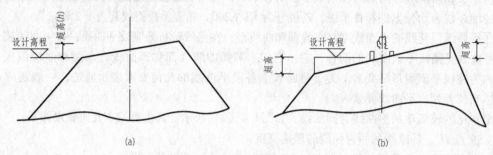

图 6-5　超高
(a) 一般公路;(b) 高速公路

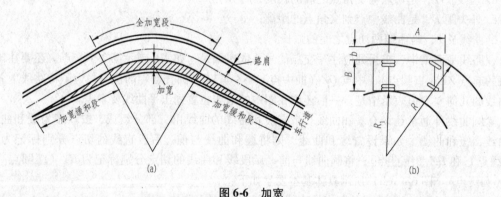

图 6-6　加宽
(a) 高速公路的加宽;(b) 普通汽车的加宽

⑥控制点。控制点在路线平面图中需要标出公路沿线的控制点,如控制标高的水准点和用三角网测量的三角点等,结合图例可从路线平面图上了解这些控制点的平面位置和高程,便于路线的测量。例如, ⚠ 表示3号三角点。设路线每隔一定距离在图中标出水准点位置用于路线的高程测量, ⊗ 表示标高为67.458的第3号水准点。

3. 公路路线平面图绘图注意事项

(1) 用与已知地形图相同的比例,将各转角点换成坐标,注入地形图,而后根据各转角条件的平曲线元素,画出路线中心线。

(2) 若无可用的现在地形图,则应先画出路线中心线,根据纵断面图和横断面图,做出路线各桩号及在桩号断面附近注明各点的高程,并以路线中心线为导线,现场被测路线两侧一定宽度的地形图。

(3) 路线主线用粗实线,比较线用粗虚线,为使路中心线与等高线有显著区别,一般以2倍左右计曲线的粗度画出。

(4) 由于道路平面图是狭长、曲折的长条形状，所以还常需要把图纸拼接起来绘制。在拼接的每张图幅上都应画指北针（或坐标网格），每张图纸右上角绘出角标，注明图纸序号及图纸的总张数。

6.2.2 路线纵断面图

路线纵断面图是表示路线中心的地面起伏状况以及路线的纵向设计坡度和竖曲线。

1. 路线的纵断面图的形成

道路路线的纵断面图是用假想的铅垂剖切面沿着道路的中心线进行纵向剖切，表达了路线中心处的地面起伏状况、地质情况、路线纵向设计坡度、竖曲线及沿线构造物设置概况。由于道路中心线是由直线和曲线组合而成的，所以纵向剖切面既有平面，又有曲面。为了清晰地表达路线的纵断面情况，特采用展开的方法，将此纵断面展平成一平面，并绘制在图纸上，即路线的纵断面图。

2. 纵断面的图示内容

如图 6-7 所示，路线纵断面图包括图样和资料表两部分：一般图样画在图纸的上部；资料表布置在图纸的下部。

(1) 图样部分。

①比例。路线纵断面图的横向长度表示路线的长度（里程），纵向高度表示地面及设计线的标高。由于路线和地形的高程变化比路线的长度要小得多，为了在路线纵断面图上清晰地显示出高程的变化和设计上的处理，绘制时一般采用纵向比例是横向比例的 10 倍。横向比例尺和纵向比例尺的确定要根据实际工程要求选取，如在山岭地区，横向比例尺一般选择 1∶2 000，则与之对应的纵向比例尺选择 1∶200；在丘陵和平原地区，由于地形起伏变化较小，所以横向比例尺一般选择 1∶5 000，则与之对应的纵向比例尺选择 1∶500。

由于路线较长，路线的纵断面图一般有许多张，则在第一张图的图标内或左侧纵向标尺处应注明纵、横向所采用的比例尺。

②设计线和地面线。在纵断面图中，粗实线为公路纵向设计线，是由直线和竖曲线组成的，是根据地形起伏和公路等级，按相应的公路工程技术标准而确定的，设计线上各点的标高通常是指路基边缘的设计高程。不规则的细折线为设计中心线处的地面线，是根据原地面上沿线各点的实测中心桩高程而绘制的。比较设计线与地面线的相对位置，可确定填挖地段和填挖高度。原地面线为细实线，纵断面图的水平横向长度表示路线的里程，铅垂纵向高度表示高程。

③竖曲线。在设计线的纵向坡度变更处，即变坡点，应按公路工程技术标准的规定设置竖曲线，以利于汽车平稳地行驶。竖曲线分为凸形和凹形两种，在图中分别用 "⊓" 和 "⊔" 符号表示，符号中部的竖线应对准变坡点，竖线两侧标注变坡点的里程桩号和竖曲线中点的高程。符号的水平线两端应对准竖曲线的起点和终点，水平线上方应标注竖曲线要素值（半径 R、切线长 T、外距 E）。

举例：图 6-8（a）所示凹形曲线，曲线半径 R 为 175 m，切线长 T 为 25 m，外距 E 为 0.16 m，K0+700 为边坡点桩号，77.20 为变坡点高程；图 6-8（b）所示凸形曲线，曲线半径 R 为 15 000 m，切线长 T 为 155 m，外距 E 为 0.65 m，K1+175 为变坡点桩号，148.34 为变坡点高程。

④沿线构造物。道路沿线如设有桥梁、涵洞、立交和通道等构造物时，应在其相应设计里程和高程处，按图例绘制并注明构造物名称、种类、大小和中心里程桩号。桥涵、隧道、涵洞、通道统称构造物。常见的道路工程纵断面常见结构物图例见表 6-6。

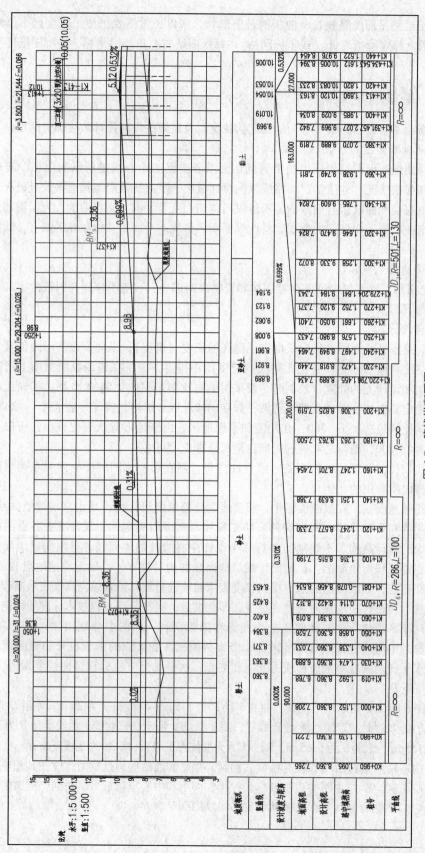

图 6-7 路线纵断面图

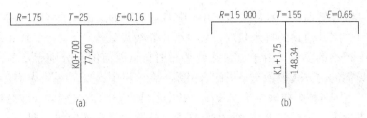

图 6-8 竖曲线要素
（a）凹形竖曲线；（b）凸形竖曲线

表 6-6 道路工程纵断面常见结构物图例

序号	名称	图例	序号	名称	图例
1	箱涵		5	桥梁	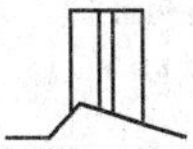
2	盖板涵	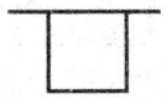	6	箱型通道	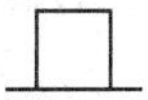
3	拱涵	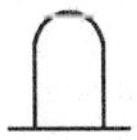	7	管涵	
4	分离式立交 （a）主线上跨 （b）主线下穿	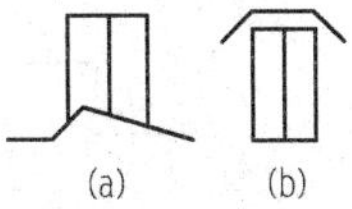	8	互通式立交 （a）主线上跨 （b）主线下穿	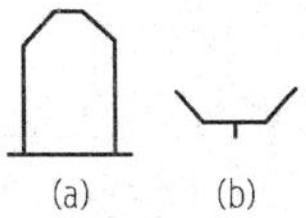

沿线构造物举例，如图 6-9（a）所示，表示在里程桩 K6+900 处有一座单跨 20 m 的石拱桥，桥中心桩号为 K6+900。如图 6-9（b）所示，表示在里程桩 K1+143 处有一座三跨预应力空心板桥。

⑤水准点。沿线设置的水准点，都应按所在里程注写在设计线的上方或下方，并标出其编号、高程和路线的相对位置。如图 6-10 所示，表示在里程桩 K1+073 右侧岩石上设有一水准点，水准点编号为 BM_8，高程为 3.36 m。

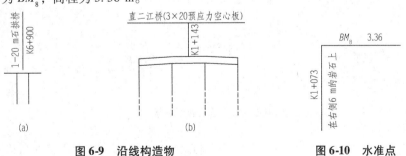

图 6-9 沿线构造物
（a）石拱桥；（b）预应力空心板桥

图 6-10 水准点

（2）资料表部分。路线纵断面图的资料表是与图样上下对应布置的，这种表示方法，较好地反映出纵向设计线在各桩号处的高程、填挖方量、地质条件和坡度以及平曲线与竖曲线的配合关系。资料表主要包括以下栏目和内容：

①地质概况：根据实测资料，在该栏中注出沿线各段的地质情况，作为修筑道路路基时的地质资料。如图 6-7 所示，地质情况分别为粉土、砂土、亚砂土、黏土。

②直线、平曲线及竖曲线：在路线设计中，竖曲线与平曲线的配合关系直接影响着汽车行驶的安全性和舒适性，以及道路的排水状况，故《公路路线设计规范》（JTG D 20—2017）对路线的平纵配合提出了严格的要求。由于道路路线平面图与纵断面图是分别表示的，所以在纵断面图的资料表中，以简约的方式表示出平纵配合关系。在该栏中，以"—"表示直线段；以"⌒""⌣"或"⊔""⊓"四种图样表示平曲线段，其中前两种表示设置缓和曲线的情况，后两种表示不设缓和曲线的情况，图样的上凸表示右转曲线，下凹表示左转曲线，即"∧"表示右转弯，"∨"表示左转弯。如图 6-11（a）所示，JD_7，$R=501$ m，$L_s=130$ m，下凹表示第 7 号交点沿路线前进方向左转弯，平曲线半径 501 m，缓和曲线长 130 m，其中水平线与下凹之间的斜线即缓和曲线长；如图 6-11（b）所示，JD_7，$R=501$ m，$L_s=130$ m，下凹，表示第 7 号交点沿路线前进方向左转弯，平曲线半径 501 m，圆曲线长 130 m；如图 6-11（c）所示，JD_7，$R=501$ m，$L_s=130$ m，上凸，表示第 7 号交点沿路线前进方向右转弯，平曲线半径 501 m，缓和曲线长 130 m，其中水平线与上凸之间的斜线即缓和曲线长；如图 6-11（d）所示，JD_7，$R=501$ m，$L_s=130$ m，上凸，表示第 7 号交点沿路线前进方向右转弯，平曲线半径 501 m，圆曲线长 130 m。

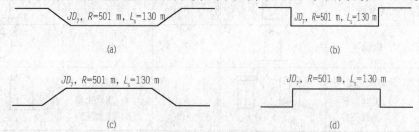

图 6-11 平曲线

（a）设缓和曲线的下凹左转弯；（b）不设缓和曲线的下凹左转弯；
（c）设缓和曲线的上凸右转弯；（d）不设缓和曲线的上凸右转弯

纵断面上两个坡段的转折处，为了便于行车，用一段曲线来缓和，称为竖曲线。变坡点是相邻两条坡度线的交点。变坡角是相邻两条坡度线的坡度值之差，用 ω 表示坡度角。$ω=i_2-i_1$；ω 为"+"，凹形竖曲线；ω 为"－"，凸形竖曲线，如图 6-12 所示。

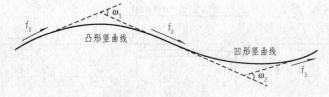

图 6-12 竖曲线示意图

③坡度及坡长：标注设计线各段的纵向坡度和水平长度距离。该栏中的对角线表示坡度方向，左下至右上表示上坡，左上至右下表示下坡，坡度及坡长分注在对角线的上下两侧。

纵坡是指路线的纵线坡度，为高差与水平距离的比值，用 i 表示。如图 6-13（a）所示，$i=(H_2-H_1)/L×100\%$，其中 L 称为坡长，i 上坡为正，下坡为负。如图 6-13（b）所示，表示路线为上坡，坡度 0.699%，坡长 163。如图 6-13（c）所示，表示路线为下坡，坡度 0.532%，坡长 27。如图 6-13（d）所示，分格线"｜"表示两坡边坡点位置，与图形部分坡点里程一致。

道路工程中对各级公路最大纵坡和最小纵坡做了相关规定，最大纵坡规定的原因是坡长太长，行车困难，上坡速度低，下坡危险，限制纵坡对山区公路而言，可以缩短里程，减低造价。

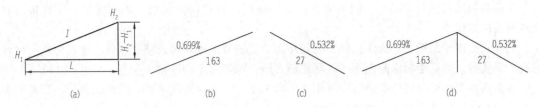

图 6-13 坡度及坡长
(a) 纵坡坡度；(b) 上坡；(c) 下坡；(d) 两坡边坡点

具体最大纵坡规定见表 6-7。最小纵坡规定为 0.3%～0.5%，一般情况下 0.5% 为宜，以满足排水要求。

表 6-7 最大纵坡规定表

设计速度/（km·h^{-1}）	120	100	80	60	40	30	20
最大纵坡/%	3	4	5	6	7	8	0

④高程资料：表中有设计标高和地面标高两栏，与图样相互对应分别表示设计线和地面线上各点（桩号）的高程。其中，设计高程指路基边缘点设计高程；地面高程指原地面点中心点标高；正值为填高，负值为挖深。

⑤填挖高度：设计线在地面线下方时需要挖土，设计线在地面线上方时需要填土，挖或填的高度值应是各点（桩号）对应的设计高程与地面高程之差的绝对值。

⑥里程桩号：沿线各点的桩号是按测量的里程数值填入的，单位为 m，桩号从左向右排列。在平曲线的起点、中点、终点和桥涵中心点等处可设置加桩。里程桩号一般包括千米桩、百米桩、二十米整桩、曲线要素点桩、构造物中心点以及加桩。

3. 路线的纵断面图绘制

（1）路线的纵断面图的画法。纵断面图绘制分计算机绘制和手工绘制两种。

计算机绘制纵断面图，实际上是使用根据纵断面图成图原理编制的专用程序，将平面、纵断面的一系列数据输入计算机的操作过程。输入数据有平面图中的各个交角点桩号坐标，中线各测量里程桩号及地面标高，每个弯道的平面交角（α）、设计半径（R）、设计缓和曲线长（L_s）；纵断面上各个变坡点桩号、标高、竖曲线的半径（R），还有地质说明、桥址桩号、长短链桩号。通过人机对话式的操作，便可生成纵断面图。

①数据的计算。计算机以极快的速度处理通过人机对话输入的一系列数据，计算路线设计线，计算各桩号填挖数据，根据里程计算各平曲线特征桩的桩号及标高。

②画图。计算机处理数据的同时，根据计算数据，按照设置的比例、坐标定出路线设计线，绘制设计线、地面线、绘制资料表表格。

③地质资料输入。输入地质资料，最后由打印机打印出纵断面图。

（2）路线纵断面图的画图步骤。

①以公路中桩里程作为纵断面图的横坐标，以中桩的地基点高程为纵坐标，里程比例尺与公路带状地形图的比例一致，高程比例尺通常比里程比例尺大 10 倍。

②绘制纵断面图。

③编制公路纵断面成果表。

（3）手绘纵断面图注意事项。

①路线纵断面图一般画在透明的方格纸上。画图时宜使用方格纸反面。这是为了在擦改时能够保留住方格线。

②纵断面图绘制顺序：确定比例，均匀布图，先画数据资料表，填注里程、地面标高、设计标高、平曲线。然后绘制纵断面图，并画出桥、隧、涵等人工构造物。

③纵断面图的标题栏绘在最后一张图或每张的下方，注明路线名称、纵横比例等。每张图纸右上角应有角标，注明图纸序号及总张数。

6.2.3 横断面设计图

路线横断面图是在垂直于道路中心线的方向上所做的断面图，其作用是表达路线各中心桩处路基横断面的形状和横向地面高低起伏状况。

1. 横断面图的形成

路基横断面图是在路线的各个中心桩处用垂直于路线中心线剖切面剖切道路路基，画出剖切平面与地面交线及设计的道路横断面，称为路基横断面图。路基横断面图主要是表达路基横断面的形状和地面高低起伏状况。路基横断面图一般不画出路面层和路拱，以路基边缘的标高作为路中的设计标高。如图6-14所示，断面图中的路基和路面结构可以用图例来表示它们的结构。

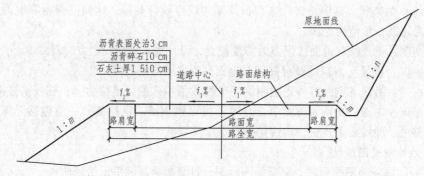

图6-14 路基横断面图

2. 道路横断面图的相关知识

在道路横断面外业测量中，对每一个需测横断面的位置，都要进行测量，测得在横断面方向上各变坡点相对于中桩地面的高差，根据外业实测数据，整理得出各里程桩的横断面的资料见表6-8，表中按路线前进的方向分左侧、右侧。分数的分子表示测段两端的高差，分母表示测段的水平距离。高差为正表示上坡，为负表示下坡。根据这些数据绘制出各里程横断面图，再根据设计要求，画出路基断面设计线，得到一系列路基横断面图，以此来计算公路的土石方量和作为路基施工的依据。

表6-8 路线横断面测量数据

左侧			桩号	右侧			
……	……		……	……	……		
-0.6/11.0	-1.8/8.5	-1.6/6.0	K4+800	+1.5/4.6	+0.9/4.4	+1.1/5.0	+0.5/10.0
-0.5/7.8	-1.2/4.2	-0.8/6.0	K4+820	+0.7/7.2	+1.1/4.8	-0.4/7.0	+0.9/6.5
……	……		……	……	……		

3. 横断面的组成、形式与内容

（1）横断面的组成。整体式断面由行车道、中间带、路肩以及应急停车带、爬坡车道、变速车道等部分组成（图6-15）；分离式断面由行车道、路肩以及应急停车带、爬坡车道、变速车道等部分组成（图6-16）。

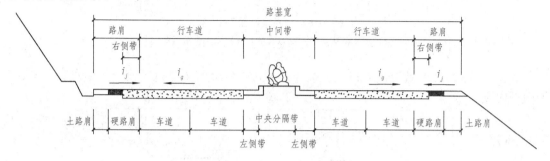

图6-15　整体式公路横断面

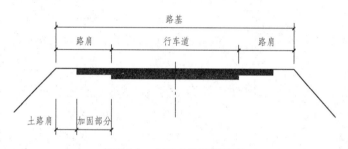

图6-16　分离式公路横断面

二级、三级、四级公路的路基横断面由行车道、路肩以及错车道等组成（图6-17）。

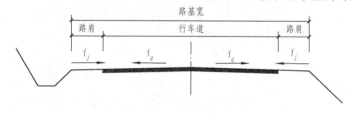

图6-17　一般公路横断面

（2）横断面的形式。路基横断面图的基本形式有三种：

①填方路基。如图6-18（a）所示，整个路基全为填土区称为路堤。填土高度＝设计标高－地面标高。填方边坡一般为1∶1.5。

②挖方路基。如图6-18（b）所示，整个路基全为挖土区称为路堑。挖土深度＝地面标高－设计标高，挖方边坡一般为1∶1。

③半填半挖路基。如图6-18（c）所示，路基断面一部分为填土区，一部分为挖土区，是前两种路基的综合。

（3）横断面的内容。

①比例。路线横断面图的水平方向和高度方向宜采用相同比例，一般比例为1∶200、1∶100或1∶50。

②线型。

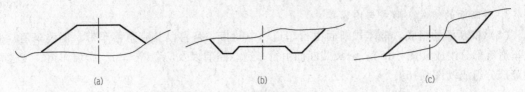

图 6-18 路基横断面形式
(a) 填方路基；(b) 挖方路基；(c) 半填半挖路基

③里程桩号。每个断面都应标注上桩号，排列顺序沿着桩号从下到上、从左到右画出，如图 6-19 所示。

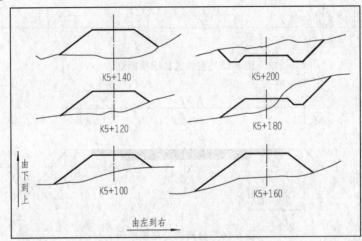

图 6-19 按照里程桩号排列的路基横断面

④路基断面工程量。如图 6-20 所示，路基断面工程量应该注明边坡坡度，填（h_T）、挖（h_W）高度，填方（A_T）、挖方（A_W）工程数量。

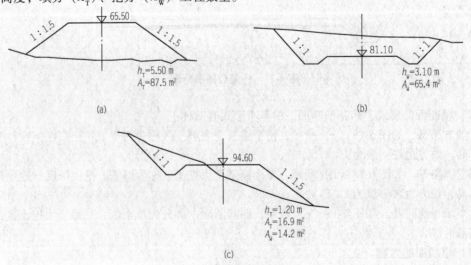

图 6-20 路基断面工程量的标注
(a) 填方路基；(b) 挖方路基；(c) 半填半挖路基

4. 横断面图绘制注意事项

（1）在横断面图中，路面线、路肩线、边坡线、护坡线均用粗实线表示；路面厚度用中粗实线表示；原有地面线用细实线表示；路中心线用细点画线表示。

（2）手工绘制横断面图一般使用方格纸或透明方格纸，既便于计算断面的填挖面积，又方便施工放样。

（3）每张断面图的右上角写明图纸序号及总张数。

6.3 公路路面工程图

6.3.1 路面结构组成与表达

1. 路面的结构组成

路面是用硬质材料铺筑在路基顶面的层状结构。路基是按照路线位置和一定技术要求修筑的作为路面基础的带状构造物。如图 6-21 所示，路面横向主要由中央分隔带、行车道、路肩、路拱等组成。

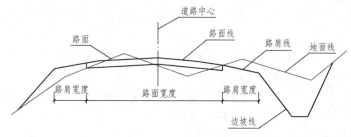

图 6-21 路面横向组成

路面纵向结构层由面层、基层、底基层、垫层、联结层等组成，如图 6-22 所示。

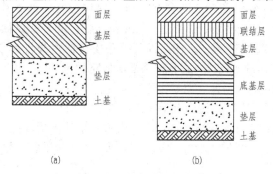

图 6-22 路面纵向结构层的组成
（a）低、中级路面；（b）高级路面

2. 路面结构组成的表达

典型的路面结构形式一般由面层、基层、底基层与垫层组成，自上至下排［图 6-23（a）］。当路面结构类型单一时，可直接在标准横断面图上用竖直引出线（细实线）标注材料层次及厚度［图 6-23（b）］；当路面结构类型较多时，可按各路段不同的结构类型分别绘制路面结构图，并标注材料图例（或名称）及厚度［图 6-23（c）］。

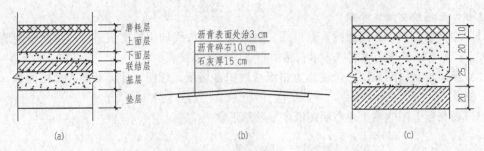

图 6-23 路面结构组成的表达
(a) 典型结构；(b) 单一结构；(c) 多结构

6.3.2 公路路面结构施工图

路面施工图与路基施工图（公路路线横断面图）有很大的不同。路基施工图除有标准横断面外，每个桩号处都有一个断面图，而路面施工图只有路面结构图。具体采用哪种类型的结构图，应该以表格的形式出现在图纸文件中。

以具体的工程施工图为例介绍路面结构图，路面结构图主要包括路面结构形式图、路面边部构造设计图、埋板设计图、复合式路面水泥混凝土板设计图、路拱大样等。

1. 结构形式图

如图 6-24 所示，路面结构形式图反映自然区划、路面类型、所处路段、路基土组、累计轴次、设计弯沉、图式、图例、附注等信息。

（1）自然区划。自然区划是根据自然地理环境及其组成成分在空间分布的差异性和相似性，将一定范围的区域划分为一定等级系统的系统研究方法，全称自然地理区划。如图 6-24 所示，本图自然区划属于Ⅳ（江南丘陵过湿区）。

（2）路面类型。如图 6-24 所示，路面类型包括沥青路面、复合式路面、水泥路面、其他路面。

（3）所处路段。如图 6-24 所示，沥青路面所处路段包括主线（中湿~干燥）、主线（潮湿）、主线（岩质挖方）、桥面铺装、被交道（二级改建）；复合式路面所处路段包括主线（构造物之间小于 50 m 的路基）、隧道；水泥路面所处路段包括主线收费广场、汽车通道、机耕通道、人行通道、被交道（等外路改建）；其他路面所处路段包括被交道（等外路改建）。

（4）路基土组。如图 6-24 所示，路基土组为黏性土、砂岩、砾岩、花岗岩、灰岩。

（5）累计轴次。当量轴次是指按弯沉等效或拉应力等效的原则，将不同车型、不同轴载作用次数换算为与标准轴载 100 kN 相当的轴载作用次数。累计当量轴次是在设计年限内，考虑车道系数后，一个车道上的当量轴次总和。如图 6-24 所示，累计轴次为 $N_e = 2.52 \times 10^7$ 次。

（6）设计弯沉。设计弯沉是指路面竣工后第 1 个不利季节，在标准轴载作用下，双轮轮隙中间的弯沉值，是根据路面达到临界破坏状态时的弯沉调查结果，结合路表弯沉在路面使用期间的变化规律统计得到的。它是路面建设竣工初期实测应该满足的弯沉值，或者称为竣工验收应该满足的弯沉值。设计弯沉的实质就是路面设计的弯沉控制指标。现行柔性路面设计方法直接取容许弯沉作为设计弯沉。如图 6-24 所示，设计弯沉 $L_d = 0.199$ mm。

（7）图式，即路面结构图的形式。如图 6-25 所示，沥青路面上面层为粗型密级配沥青混凝土（AC-13C），中面层为粗型密级配沥青混凝土（AC-20C），下面层为粗型密级配沥青混凝土（AC-25C）。基层为水泥稳定碎石，水泥剂量为 5%；底基层为水泥稳定碎石，水泥剂量为 3%。

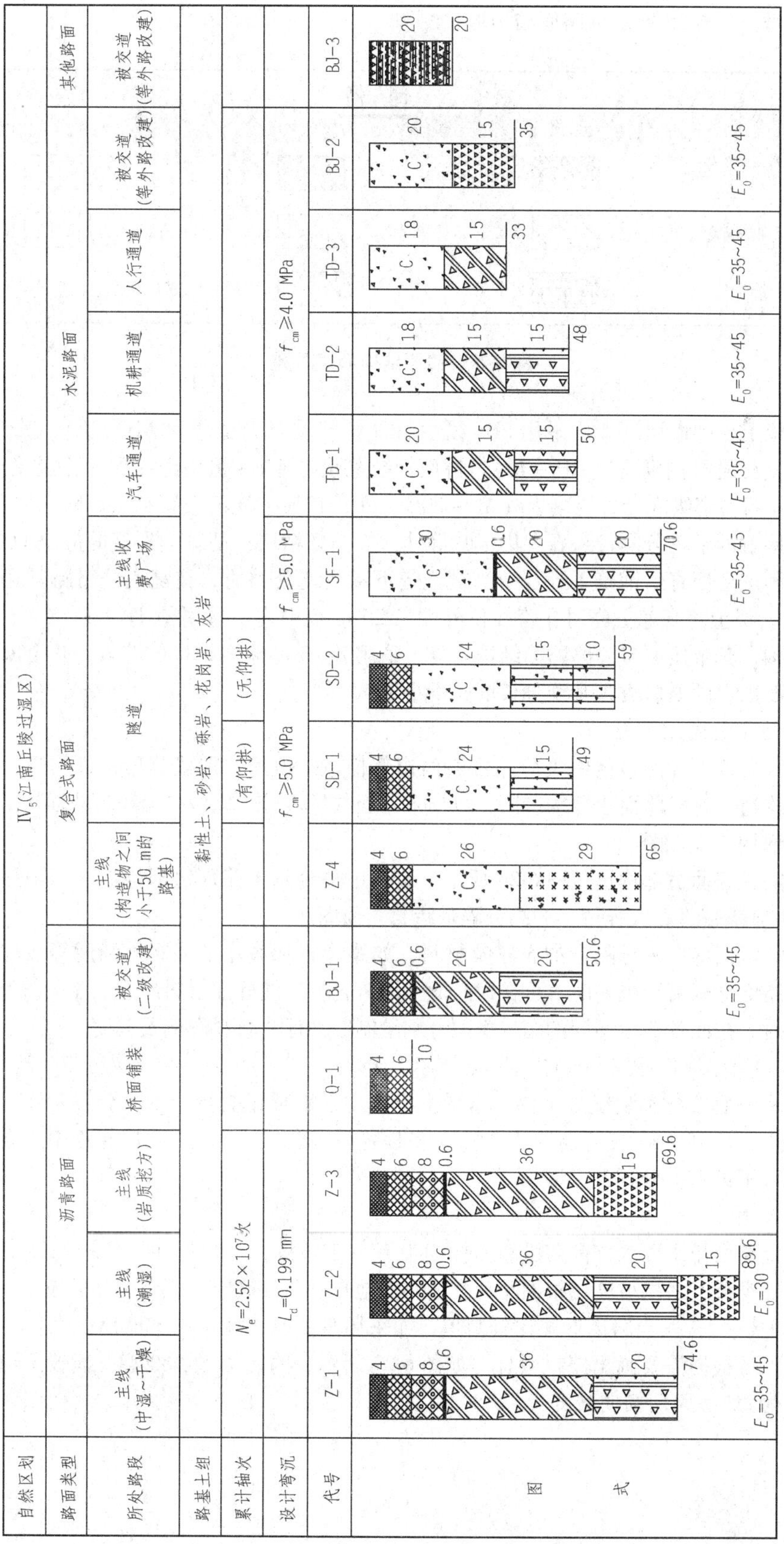

第6章 道路工程图

图 6-24 路面结构形式图

·187·

(8) 图例。图 6-25 所示为路面结构形式图例。

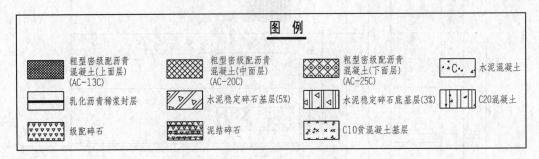

图 6-25　路面结构形式图例

路面主线上、中面层沥青均采用 SBS 改性沥青（基质沥青型号为 AH-70），其他道路中、上面层采用重交通石油沥青（AH-70）。桥面铺装除设置 4 cm 粗型密级配沥青混凝土（AC-13C）+ 6 cm 粗型密级配沥青混凝土（AC-20C）外，必须按规范设置粘层、防水层及保护层。沥青混凝土接触的中央分隔带缘石、集水井等处，应浇洒粘层；沥青面层层间应浇洒粘层沥青；基层顶部浇洒透层沥青后铺筑下封层。当被交道下穿高速公路时，在高速公路路基宽加两端各 20 m 范围内，或上跨高速公路时在跨线桥外端各 20 m 范围内，采用图 TD-1、TD-2、TD-3 所示路面结构，其余按原有公路路面结构恢复。采用 Z-3 型路面结构的路段，其全断面岩石分类应属次坚石以上硬质岩类，其划分长度应不小于 50 m。

2. 路面边部构造设计图

路面边部构造设计图包括中央分隔带路面边部构造、填挖方路段路面边部构造、挡土墙路段路面边部构造、改建路面边部构造图、每延米工程数量表等。以中央分隔带路面边部构造为例介绍路面边部构造设计图。

中央分隔带路面边部构造如图 6-26 所示，包括中央分隔带路面边部构造（一般路段、超高路段）、中央分隔带缘石大样图、中央分隔带缘石立面图。

从图中可以读出中央分隔带的布置及材料，如路缘石和底座的混凝土强度等级、缘石的各部尺寸。当路面结构类型单一时，可在横断面上用竖直引出线标注材料层次及厚度。但当路面结构类型较多时，按照各路段不同的结构类型分别绘制，并标注材料图例及厚度。

图 6-26 中尺寸除管径以 mm 计外，其余均以 cm 计。图 6-26 为主线中央分隔带边部构造图。为防止雨水从路面接缝和裂缝处下渗，基层上设乳化沥青稀浆封层。中央分隔带缘石采用 C20 混凝土预制块，长 49 cm，置于封层之上。安装时用 M5 砂浆勾缝，纵向应与路中心线平行。岩质挖方路段可不设中央分隔带盲沟。

3. 路拱大样

为了满足路面排水要求，需要沿路面横向设置一定坡度，形成路拱。常用的路拱形式有直线、抛物线等类型，路拱坡度应根据路面类型和当地自然条件确定。土路肩横向坡度一般较路面横向坡度大 1% ~ 2%。当路拱形式比较简单，如采用直线时，就可以省略路拱大样，当路拱形式较复杂时，可根据需要画出路拱大样。如图 6-27 所示，路拱为抛物线型，横坡 $i = 1.5\%$，路面横向坡度为 2%，路肩横向坡度为 4%。

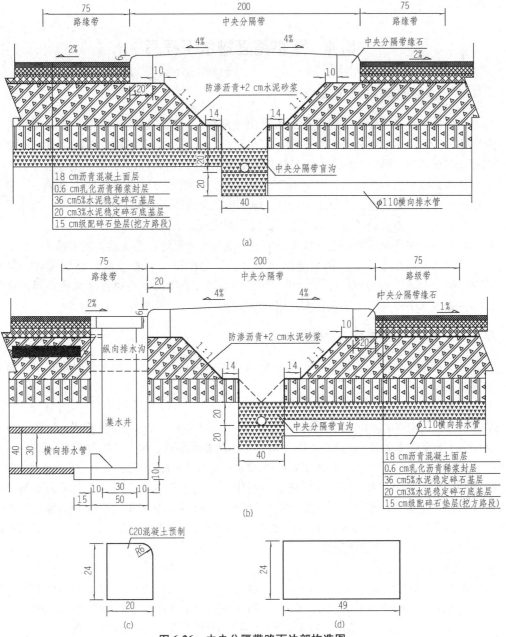

图 6-26 中央分隔带路面边部构造图

（a）一般路段中央分隔带路面边部构造；（b）超高路段中央分隔带路面边部构造；
（c）中央分隔带缘石大样图；（d）中央分隔带缘石立面图

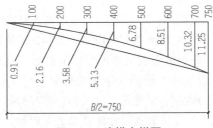

图 6-27 路拱大样图

6.4 路基路面排水工程图

6.4.1 路基路面排水工程概述

路基路面排水设计是公路工程设计的重要组成部分，对保证公路的使用性能和使用寿命具有重要作用。为减少水对路面的破坏作用，应尽量阻止水进入路面结构，并提供良好的排水措施，以便迅速排除路面结构内的水，也可建筑具有能承受荷载和雨水共同作用的路面结构。

路基排水系统包括地面排水系统和地下排水系统。其图示方法主要有两大目标，一是表达排水系统在全线的布设情况，主要是通过平、纵、横三个图样来实现；二是表达某一排水设施具体构造和技术要求，主要是通过路基排水防护设计图实现。

路面排水设计主要包括路面表面排水、中央分隔带排水设计、路面结构内部排水、路面边缘排水设计、排水基层排水系统、排水垫层排水系统。路面排水设施主要由路面横坡、拦水带（或矩形边沟）、泄水口和急流槽组成。其主要目的是迅速排除降落在路面和路肩表面的大气降水，以减少表面水下渗并防止路表积水影响行车安全。

6.4.2 路基路面排水工程图识读

以具体的路面工程为例，其排水形式主要包括排水沟、急流槽、中央分隔带排水、路肩排水、路面集中排水。

1. 排水沟

排水沟包括土质排水沟和混凝土预制块排水沟。图 6-28（a）所示为土质排水沟，图 6-28（b）所示是混凝土预制块排水沟。从图中可以读出排水沟的断面形状、尺寸和工程数量。图 6-28 中尺寸单位除 h、H 以 m 为单位外，其余均以 cm 为单位。h 为排水沟沟底到原地面线的距离，H 为排水沟沟顶到原地面线的距离。主线一般情况下使用土质排水沟 - Ⅰ，当其泄水能力不满足时使用混凝土预制块排水沟；互通区主线及匝道内侧使用土质排水沟 - Ⅱ。排水沟铺砌施工前需将两侧及底面夯实，排水沟每 10~15 m 设一道 1 cm 的伸缩缝。水泥混凝土预制块采用 C20 混凝土，预制块勾缝采用 M7.5 水泥砂浆。

2. 急流槽

图 6-29 所示急流槽包括平面、断面和工程数量表。从图中可以读出急流槽的尺寸、结构、材料等。图中尺寸除 L 以 m 计外，其余均以 cm 计。图 6-29 适用于排水沟与大的排涝河、沟衔接处，在河、沟岸坡上设置的急流槽。浆砌片石采用 M7.5 水泥砂浆砌筑，块片石强度不低于 30 MPa。急流槽较长时，应分段砌筑，分段长度为 5~10 m，接头处用沥青麻筋填塞，有水河沟，先围堰排水，然后修筑急流槽。

3. 中央分隔带排水

图 6-30 所示为中央分隔带排水设计图。图（a）包括填方路段中央分隔带设计图、路缘石大样和每延米工程数量表。从图中可以读出填方路段中央分隔带的横断面形状、尺寸、结构和工程数量。图（b）包括中央分隔带纵向碎石盲沟纵坡设计示意图、横向塑料排水管外包处理图、三通软式透水管与横向塑料排水管连接大样图、集水槽平面图等。从图中可以读出中央分隔带的排水设计形式以及各排水形式的做法、尺寸等。其具体包括盲沟排水、坡度排水、集水槽排水。

图 6-30 中尺寸均以 cm 计。人孔位置及尺寸详见交通工程设计图。图 6-30（a）适用于一般

填方路段中央分隔带排水。沿路线方向每隔 50 m 左右设置集水槽,并采用横向排水管将中央分隔带渗水引出,凹曲线底部必须设置横向排水管。填方路段横向排水管接路堤边坡,排水至排水沟。路缘石预制长度为 49.5 m,应在路面基层施工完毕后安装,然后铺筑沥青面层。图 6-30 (b) 为中央分隔带纵向碎石盲沟纵坡和集水槽及横向塑料排水管设置与路线纵坡和人孔构造物之间的关系示意。图 6-30 为路线纵坡 $i\%$ 大于等于 0.25% 时,两人孔之间的纵向碎石盲沟设计情况。

4. 路肩排水

如图 6-31 所示,路肩排水包括主线一般路段、匝道一般路段及超高段内侧、工程数量表。从图中可以读出路肩排水的形式、尺寸、工程量等。

5. 路面集中排水

如图 6-32 所示,路面集中排水工程图包括平面图、横剖面图、断面图和工程数量表。平面图和横剖面图绘图比例为 1∶50,断面图绘图比例为 1∶25。从图中可以读出路面集中排水的形式(急流槽)、尺寸、材料、工程数量等。

图 6-32 中绘图尺寸单位是 cm。$A-A$、$B-B$、$C-C$ 断面图的位置在横剖面图中显示。急流槽适用于填方路段凹曲线底部,急流槽槽底及侧壁须形成糙面。拦水带采用 C25 水泥混凝土预制,设于凹曲线中心两边各 20 m。

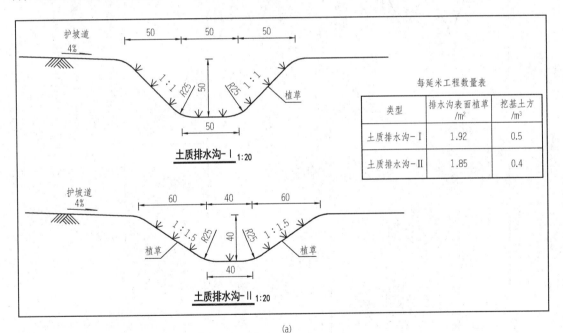

(a)

图 6-28 排水沟设计图

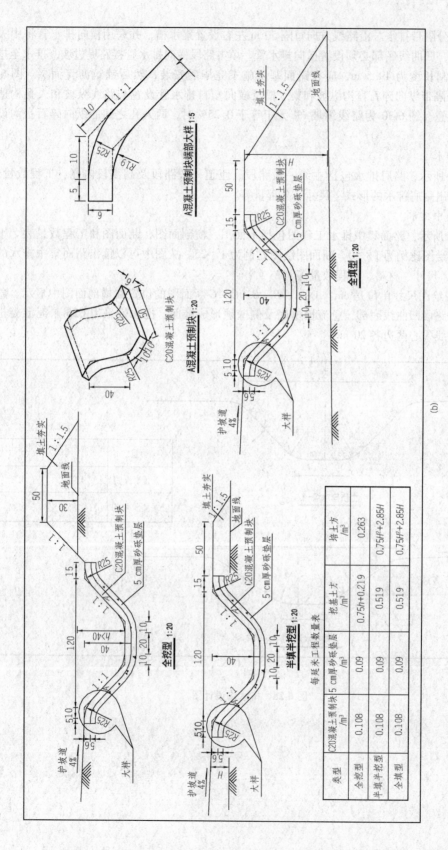

图 6-28 排水沟设计图（续）
(a) 土质排水沟；(b) 混凝土预制块排水沟

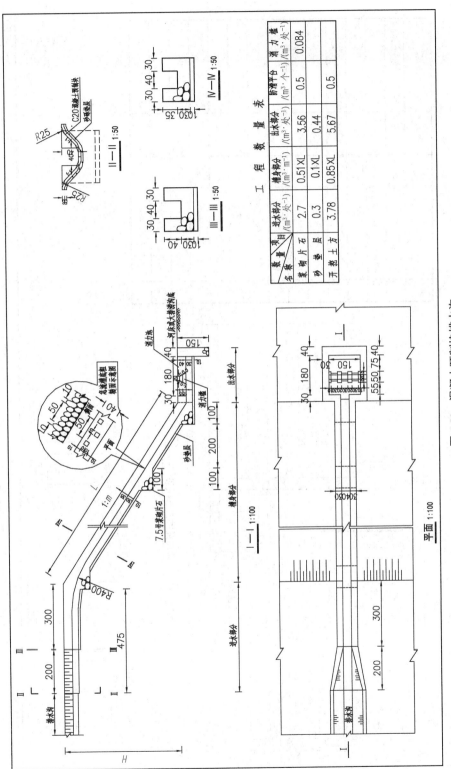

图 6-29 混凝土预制块排水沟

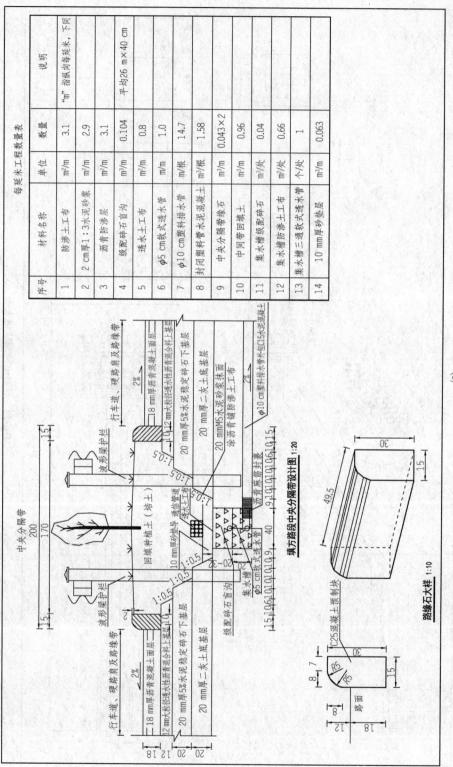

第6章 道路工程图

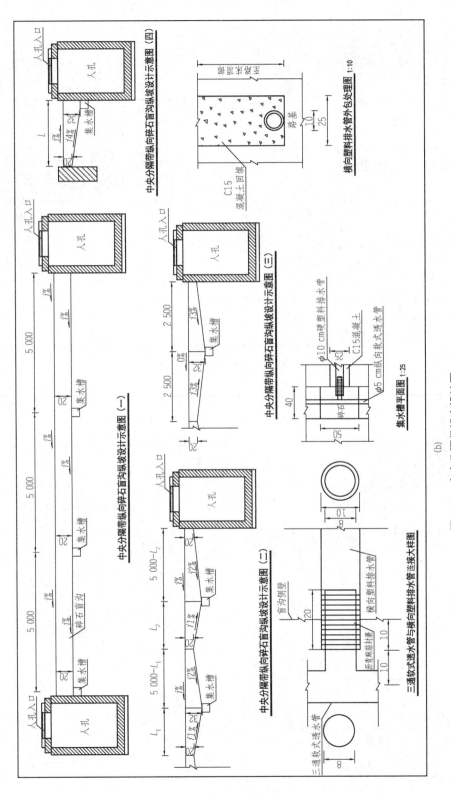

图 6-30 中央分隔带排水设计图
(a) 填方路段中央分隔带排水设计图(一); (b) 填方路段中央分隔带排水设计图(二)

· 195 ·

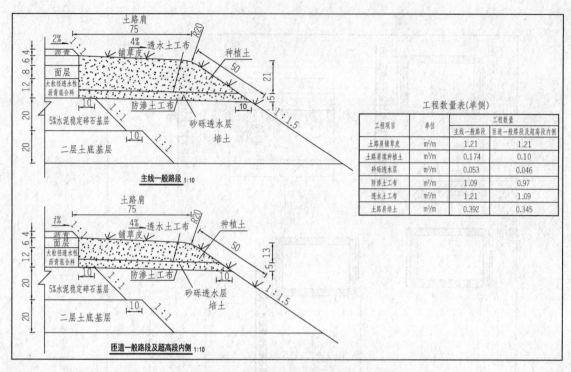

图 6-31 路肩排水图（单位：cm）

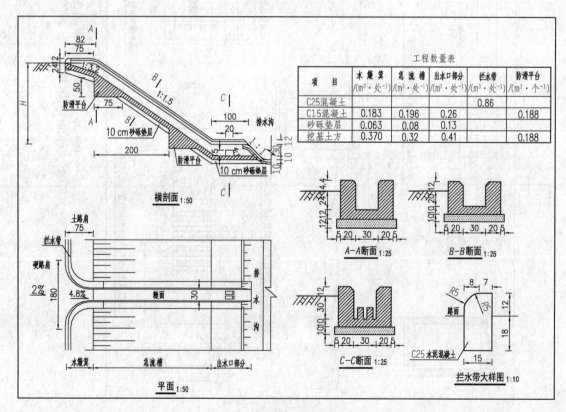

图 6-32 路面集中排水图

6.5 城市道路路线工程图

城市道路路线工程图是城市道路工程图中的一部分，城市道路工程图除包括城市道路路线工程图（道路总体布置图、道路平面图、横断面、道路线位图）之外，还包括道路纵断面图、道路路面结构图、路基结构设计图等，有时根据实际情况还包括交叉口设计、道路无障碍设计、排水设计等。道路纵断面图、道路路面结构图和路基结构设计图与公路相同，本节主要介绍城市道路路线工程图。

现在世界上的城市道路网形式大致分为以下七种：①线形或带形道路网；②环形放射式道路网；③方格形道路网；④方格环形放射式道路网（又称综合式道路网）；⑤星状放射式道路网；⑥自由式道路网；⑦组团式道路网。

按照城市在道路网中的地位、交通功能以及对沿线建筑物的服务功能，城市道路分为四类：快速路、主干路、次干路、支路。城市道路一般由车行道、人行道、绿化带、分隔带、交叉口和交通广场以及高架桥、高速路、地下道路等各种设施组成。

城市道路的线型设计结果也是通过平面图、纵断面图和横断面图表达的。它们的图示方法与公路路线工程图完全相同。但由于城市道路设计是在城市规划与交通规划的基础上实施的，交通性质和组成部分比公路复杂得多。

6.5.1 城市道路工程图设计说明

不同项目的城市道路设计总说明内容各不相同，但总体包含的内容是一致的。城市道路路线工程图的设计总说明一般不单列，它是城市道路工程图设计说明的一部分。图6-33所示的城市道路工程图设计总说明包括工程概述，设计依据，设计、施工与验收规范及标准，主要技术标准，道路横断面设计、道路平面设计、道路纵断面设计、交叉口设计、路基设计、路面结构、施工注意事项。

6.5.2 城市道路平面布置图

城市道路平面布置图是指包括道路中心线在内的有一定宽度的带状地形图。当路线很长时，可以一条加粗实线表示新建道路线。道路平面布置图用来表达路线的方位、平面线形、沿线两侧一定范围内的地形和地物等情况。如图6-34所示，某城市道路平面位置图主要表示了市区道路的大致平面位置以及周边道路网状况。由于此时采用的比例较小，用一条粗实线表示新建道路，并在该道路的起始和终止位置标注里程桩号，以显示道路的总长。从指北针来看，新建道路为东西走向。新建道路名称为兴业路（裕民路-矿山东路）道路工程，总长1 501.65 m。

6.5.3 城市道路平面图

1. 城市道路平面图概述

城市道路平面图与公路路线平面图相似，它是用来表示城市道路的方向、平面线形和车道布置以及沿街两侧一定范围内的地形和地物情况，具体包括道路情况和地形、地物情况等。

由于道路与公路一样具有狭长曲折的特点，不可能将整个道路平面图画在同一张图纸内，因而往往需要分段画在若干张图纸上，使用时再将各张图纸拼接起来。

（1）道路情况。

①道路中心线用点画线表示。为了表示道路的长度，在道路中心线上标有里程。

②道路的走向，用坐标网来确定（或画出指北针）。

③城市道路平面图所采用的绘图比例较公路路线平面图大，因此车、人行道的分布和宽度可按比例画出。

（2）地形和地物情况。城市道路所在的地势一般比较平坦。地形除用等高线表示外，还用大量的地形点表示高程。

2. 城市道路平面图识读

以具体的工程施工图为例介绍城市道路平面图，因为路线太长，分9幅图纸拼接。本道路按城市道路次干路Ⅱ级标准进行设计，道路红线宽30 m，设计年限为15a，计算行车速度40 km/h，道路限界最小净高5.5 m。道路轴线共有平交道口4处，道路总长1 501.65 m。为保证残障人士行走方便，人行道、交叉口及公交站点均考虑无障碍设计。交叉口处的停车视距三角形内不应设置妨碍驾驶员视线的建筑物和绿化植被等设施，以免造成交通事故。图6-35所示为城市道路平面图（第8幅），其他图幅略。

6.5.4 城市道路纵断面图

城市道路纵断面图也是沿道路中心线的展开断面图。其作用与公路路线纵断面图相同，其内容也是由图样和资料表两部分组成。图6-36所示为城市道路0+000.00~0+300.00桩号的纵断面图。充分考虑沿线地形和已建道路的衔接、道路沿线两侧地块的合理开发、保证区域总体排水顺畅和在尽量减少土方工程量的原则下进行道路纵断设计。

6.5.5 城市道路横断面图

城市道路横断面图是沿道路中心法线方向的断面图，由车行道、人行道、绿化带和分离带等部分组成。

横断面设计的最后成果用标准横断面设计图表示，标准横断面图表示了各组成部分的横断面尺寸，有时横断面图中还包括路面结构层设计成果。以具体的新建城市道路为例，图6-37所示为某城市道路标准横断面图，其横断面设计除了道路横断面外，还包括机动车道路拱大样图。

从图6-37中可以看出：

（1）横断面组成包括人行道、平缘石、绿化带、立缘石、车行道，沿道路中心线两侧对称布置。其中，平缘石指的是顶面与路面平齐的路缘石，有标定路面范围、整齐路容、保护路面边缘的作用；立缘石指的是顶面对高出路面的路缘石，有标定车行道范围和纵向引导排除路面水的作用。

（2）标准横断面形式为单幅路，红线宽30 m，具体布置为3.0 m（左侧人行道）+4.0 m（左侧绿化带）+16.0 m（车行道）+4.0 m（右侧绿化带）+3.0 m（右侧人行道）=30.0 m。

（3）车行道横坡采用双向坡，坡向绿化带，横坡度1.5%，绿化带及人行道采用单向坡，坡向路中心，横坡度1.5%。车行道两侧缘石外露18 cm，绿化带表面低于两侧缘石2 cm。

城市道路工程图设计总说明

一、工程概述

××××位于××××××新区工业分区内,是规划中的一条东西走向的城市次干路。××规划道路红线宽 30 m,建筑红线宽 50 m,道路两侧规划均为工业区。本次设计范围西起××七路路口(坐标 X－56 859.510,Y－76 795.372,宁波独立坐标。下同),终点止于××二路路口(坐标 X－55 431.148,Y－82 612.613)。其中××六路路口、××四路路口、××三路路口、××二路路口已由××××规划设计院××××规划设计研究院设计,不在本次设计范围内。根据委托,设计内容为道路工程、交通工程、桥梁工程、给水工程、污水工程、雨水工程、电力通道工程、通信工程、道路照明等,同时对远期煤气工程管位做出预留。本册为其中的道路工程工程工程设计图纸。

二、设计依据

(1) 业主的委托以及相关要求。
(2) 《××××××××新区市政工程详细规划》××××规划设计院 2004 年 2 月。
(3) 管委会提供的 1:1 000 现状地形图。
(4) 相交道路的设计资料。
(5) 初步设计评审意见。

三、设计、施工与验收规范规范及标准

(1) 《市政工程设计技术管理标准》;
(2) 《中华人民共和国工程建设标准强制性条文〈城市建设部分〉》(2016 年版);
(3) 《城市工程建设设计规范》(2016 年版)(CJJ 37—2012);
(4) 《道路交通标志和标线》(GB 5768);
(5) 《城市桥梁设计规范》(CJJ 11—2011);
(6) 《公路桥涵设计通用规范》(JTG D60—2015);
(7) 《公路桥涵地基及基础设计规范》(JTG D63—2007);
(8) 《公路钢筋混凝土及预应力混凝土桥涵设计规范》(JTG 3362—2018);
(9) 《城市工程管线综合规划规范》(GB 50289—2016);
(10) 《无障碍设计规范》(GB 50763—2018);
(11) 《室外给水设计规范》(GB 500-3—2018);
(12) 《室外排水设计规范》(GB 50014—2018)(2016 年版);
(13) 《民用建筑电气设计规范》(JGJ 16—2008);
(14) 《城市道路照明设计标准》(CJJ 45—2015)。

四、主要技术标准

(1) 道路等级:城市Ⅱ级次干路,道路红线宽度 30 m,建筑红线宽度 40 m;
(2) 设计计算行车速度:40 km/h;
(3) 路面结构设计标准轴载:BZZ-100 kN;
(4) 地震基本烈度:6 度。

五、道路标准横断面设计

根据滨海三路在新区的地位和作用,道路标准横断面形式如下:
5 m 的路缘带绿化+2 m 的道路绿化+5 m 的人行道+16 m 的车行道+5 m 的人行道+2 m 的道路绿化+5 m 的路缘带绿化;机动车道+2×3.75 m 的大车道+0.5 m 的双黄线+2×3.75 m 的大车道+0.25 m 的路缘带。机动车道路拱采用直线加圆曲线加直线的路拱形式,坡向均为 1.5%,坡向朝机动车道。
1.5%,坡向朝机动车道。

六、道路平面设计

平面线位采用 "市政详规" 所确定的规划线位,全线呈自东西向,道路沿各桥梁标高控制,东隔堤是以及沿各桥梁标高控制,七路、××六路、××五路、××四路、××三路相交,跨越董二江、董三江,直四三条规划河道,道路的转折点位于相交道路的交口上,全线不设弯曲曲线。

(1) 力求线形平顺,起伏和缓,保证行车安全,符合与设计车速;
(2) 保证路基稳定,又尽可能减小土方工程量,降低施工造价;
(3) 保证与道路的顺适衔接;
(4) 保证道路排水通畅,特别是道路交叉口不能积水;
(5) 满足各种管线的埋设要求;
(6) 满足各条控制包括道路起终点,各交叉降点,及纵断面形式,确定与设计车速。其中本桥全线共设 26 个坡段,最小纵坡长 120 m;最小坡形平坡;最大坡长度为 40.922 m;道路设计高程最高 5.090 m,最低为 3.36 m;最小凸曲线半径为 3 000 m,最小凹曲线长度 890 m;最小凸曲线半径为 5 000 m;当纵坡 0.0% 时,通过设置锯齿形偏沟排除路面雨水。

七、道路纵断面设计

按行车条件、防洪标准、路面排水等综合初步设计,最大坡长度为 40.922 m,道路设计高程最高 5.090 m,最低为 3.36 m;最小凸曲线半径为 3 000 m,最小凹曲线长度 890 m;最小凸曲线半径为 5 000 m;当纵坡 0.0% 时,通过设置锯齿形偏沟排除路面雨水。
大横向宽度 2.8 m;当纵坡 0.0% 时,通过设置锯齿形偏沟排除路面雨水。

图 6-33 城市道路工程图设计总说明

八、交叉口设计

全线共有六个平面交叉口,其中××路、××六路、××三路、××四路、××二路路口不在本工程设计范围内。××七路路口是丁字路口,××五路路口为十字路口,所有进交叉口的每个车道宽度为 3.25 m 或 3.5 m,拓宽段长度为 60~80 m;××七路路口段进交叉口段拓宽每个车道宽度拓宽为 3.25 m 或 3.5 m,拓宽段长度 60~80 m。

九、路基设计

根据岩土工程报告,区域场地土层自上而下分别为:

(1) 冲填土:灰黄色,稍密状,高压缩性,饱和,全场量很高,表层 0.2~0.4 m 为耕植土,当植物根茎。该植物根茎:该场全场分布,一般层厚 0.8~2.0 m。

(2) 粘质粉土:灰色,稍密状,饱和,中压缩性,以粉粉为主,摇振反应迅速,干强度低韧性差。表层全场分布,一般层厚 0.4~5.3 m。

本层冲填土具有高压缩性、力学强度较差,不适宜作为路基持力层,下卧的亚粘土层承载能力相对较高,地基土承载力容许 120 kPa,可以作为路基基础的持力层。

(1) 一般路基设计。

材料要求:全线采用塘渣填筑,塘渣中石料强度不小于 15 MPa,在路基顶面以下 30 cm 范围内塘渣最大粒径应不超过 10 cm,其余不超过层实厚度的 2/3。

施工要求:路渣填筑前表清表除耕植土,塘渣最小填筑厚度不小于 0.8 m,人行道下为 0.3 m,分层填筑,分层压实,每层填筑厚度不大于 30 cm。

(2) 特殊地段路基设计。

材料的要求:此石材料采用塘渣,要求石材料不风化,石石各粒径不得超过 20%,且小于 30 cm 的粒径含量不得超过 20%。

施工方法:当地面平坦时,沿道路中心线向前填扩展;沿道路中心线向两侧再逐渐向前填,自南向低碾压平坦,并且从低侧填起约 2 m 宽的平台前多抛投,使低侧边达部分多抛投,将低侧缘部分多抛投,再利用重型压路机碾压密实,然后按一般路基设计填筑塘渣。

(3) 路基检测。

根据杭州湾新区 I 期道路工程的检测经验,路基检测采用固体体积率控制指标如下:

填方 0~80 cm 不小于 83%
填方 80~150 cm 不小于 80%
填方 >150 cm 不小于 78%

(4) 路基施工沉降量及抛石挤淤深度。

路基施工沉降量按 30 cm 考虑,抛淤深度按 50 cm 考虑。

十、路面结构

滨海三路为城市 II 级次干路,路面设计轴载采用标准轴载 BZZ-100。路面结构设计使用年限为 15 年,综合新区一期工程经验,确定路面结构设计经验,确定沥青混合料掺 2.5 kg 路用纤维 DCPET,4 cm 厚中粒式沥青混凝土(AC-16I),6 cm 厚相粒式沥青混凝土(AC-25),0.5 cm 厚沥青路面封层,18 cm 厚 6% 水泥稳定碎石,15 cm 厚 4% 水泥稳定碎石,总厚度为 46.5 cm。人行道路面结构自上而下依次为:8 cm 厚 C30 彩色水泥混凝土大块浇砖(11.25×22.5×8)、2 cm 厚 1:3 水泥砂浆垫层,10 cm 厚 C10 水泥混凝土,5 cm 级配碎石,总厚度为 25 cm。

(1) 道路路面弯沉值允许值 0.254 mm,路表计算弯沉值 0.251 mm,当试验路段的密度为标准密度的 95% 时,压实度应达到 98% 的压实度。

(2) 对沥青面层的技术要求。沥青路面应平整、抗滑、抗损坏、耐磨,并具有防止雨水渗入基层的功能,沥青层工程施工检查与验收按现行行业标准《公路工程质量检验评定标准 第一册 土建工程》(JTG F80/1—2017) 要求执行。

(3) 沥青材料的选择。沥青路面应选用符合重交通道路沥青石油技术要求的沥青,所用沥青标号为 AH-70。

试验项目	AH-70	测试方法 (JTG E20—2011)
针入度 (25 ℃,100 g,5 s) / (0.1 mm⁻¹)	60~80	T0604—2011
延度 (5 cm/min,15 ℃) /cm	100	T0605—2011
软化点 (环球法) /℃	44~54	T0606—2011
闪点 (COC) /℃不小于	230	T0611—2011
含蜡量 (蒸馏法) /%不大于	3	T0615—2011
密度 (15 ℃) / (g·cm⁻²)	实测记录	T0603—2011
溶解度 (三氯乙烯) /%不小于	99.0	T0607—2011
薄膜加热试验 163 ℃ 5 h	0.8	T0609—2011
质量损失不大于/%	0.8	T0609—2011
针入度比 (25 ℃) /%不小于	55	T0609—2011/T0604—2011
延度 (25 ℃) /cm 不小于	50	T0609—2011/T0605—2011
黏度 (15 ℃) /cm	实测记录	T0609—2011/T0605—2011

道路石油沥青技术要求

图 6-33 城市道路工程设计总说明(续)

（4）对集料的要求。各种沥青面层的粗集料、细集料、矿粉质量的技术要求按《公路沥青路面施工技术规范》要求执行。

（5）沥青混凝土的要求。

①上面层采用细粒式沥青混凝土（AC－10Ⅰ），中面层采用中粒式沥青混凝土（AC－16Ⅰ），面层采用粗粒式沥青混凝土（AC－25Ⅱ），材料要求、施工要求及施工方法按（JTG F40—2004）要求执行。

②沥青混凝土的热稳定性：本道路的沥青混凝土的动稳定度应不低于800次/mm。

③沥青混凝土的水稳性：沥青混凝土应具有成好的水稳性，沥青与石料的黏附性不低于4级，浸水马歇尔试验（48 h）残留稳定度不低于75%。

（6）基层与底基层的要求。

①6%水泥稳定碎石层的压实度不小于98%，4%水泥稳定碎石层的压实度不小于96%，7 d（25 ℃条件下湿养6 d、浸水1 d）龄期的无侧限抗压强度：6%水泥稳定级配碎石抗压强度为3.5 MPa，4%水泥稳定级配碎石抗压强度为2.0 MPa。

②6%水泥稳定碎石基层与4%水泥稳定碎石底基层的材料要求、技术要求、施工要求、质量要求应严格按照《公路路面基层施工技术细则》（JTG/T F20—2015）中的规定及要求执行。

十一、施工注意事项

（1）施工前需对坐标控制点进行复核，注意坐标系和高程系。

（2）填方路段填塘渣前，原地面上的杂草、树根、农作物残根、腐蚀土、垃圾等必须全部清除。路基施工必须做好路基排水。

（3）每道工序完成后，必须经检验合格后方可进行下道工序施工。

（4）路基、路槽、沥青路面、混凝土路面等施工验收均应按照有关规范及质量评定标准执行。

图6-33　城市道路工程图设计总说明（续）

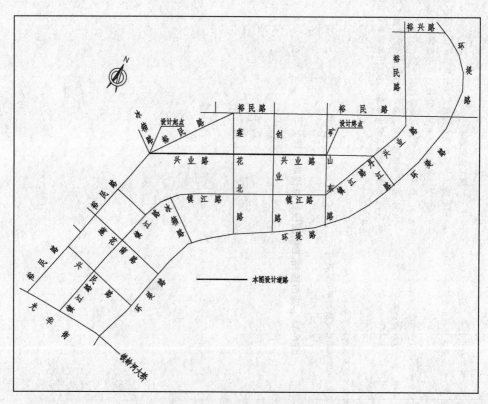

图 6-34 城市道路平面布置图

第 6 章 道路工程图

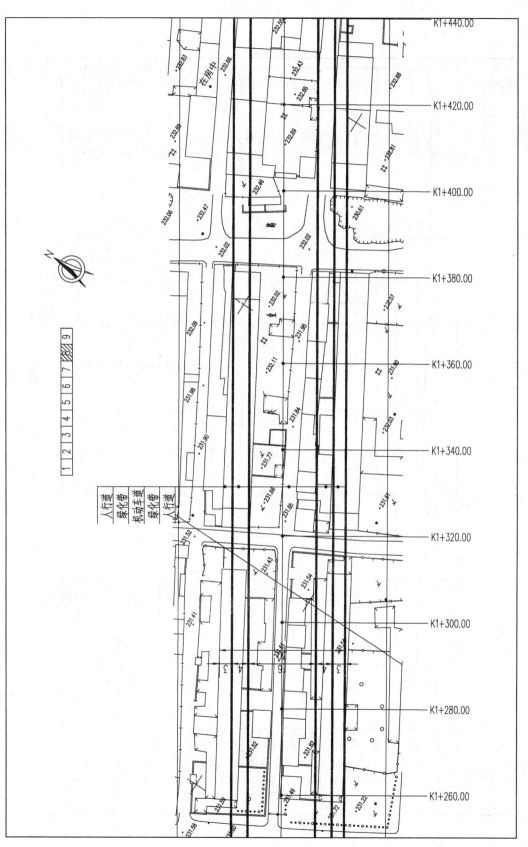

图 6-35 城市道路平面图（第8幅）

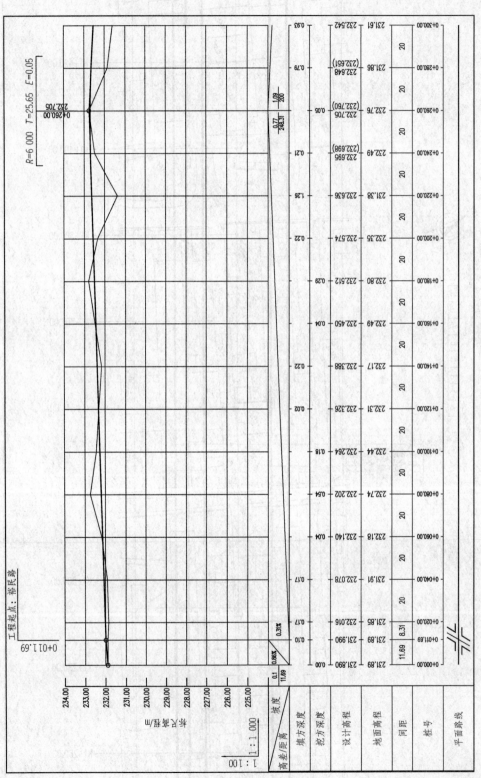

图 6-36 城市道路纵断面图

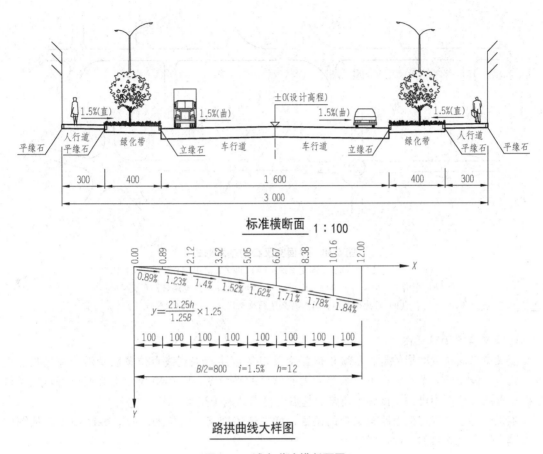

图 6-37 城市道路横断面图

6.6 道路交叉口工程图

道路与道路相交的地方，称为交叉口。它是车辆、行人汇集、转向和疏散的必经之地，为交通的咽喉。因此，正确设计道路交叉口，合理组织、管理交叉口交通，是提高道路通行能力和保障交通安全的重要方面。道路交叉口分平面交叉口、环形交叉口和立体交叉口。

6.6.1 平面交叉概述

平面交叉口是道路在同一个平面上相交形成的交叉口，通常有十字交叉口、T 形交叉口、斜交叉口、Y 形交叉口、交错 T 形交叉口、折角交叉口、漏斗（加宽路口）行交叉口、环形交叉口、斜交 Y 形交叉口、多路交叉口等形式（图 6-38）。

6.6.2 平面交叉工程图识读

当城市道路路线较长，有多个交叉口时，一般在一个平面图中无法全部表达，需要分幅绘制并进行图样拼接。图 6-39 所示为道路工程图样拼接示意图。它与公路拼接方法一致。

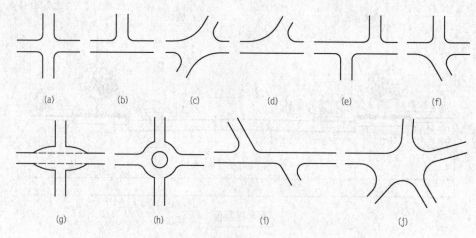

图 6-38　平面交叉口的基本形式
（a）十字交叉口；（b）T形交叉口；（c）斜交叉口；（d）Y形交叉口；
（e）交错T形交叉口；（f）折角交叉口；（g）漏斗（加宽路口）行交叉口；
（h）环形交叉口；（i）斜交Y行交叉口；（j）多路交叉口

1. 交叉口平面位置图

交叉口平面位置图指的是表示城市道路交叉口的道路起点到终点位置以及沿线建筑物、交通设施、管线设施以及有关排水系统等的大比例尺的平面图。图6-40所示为某城市道路交叉口平面位置图。从图中可知，该城市道路的起点到终点共六个交叉口。

工程中为了准确定位道路交叉口的位置，增加道路交叉口线位图，如图6-41所示，从图中可以读出每个交叉口的平面位置坐标。

2. 交叉口平面图

交叉口平面图详细描述交叉口平面设计结果，反映城市道路线形、交叉口、排水设施及各种道路附属设施等平面位置的设计。城市道路包括机动车道、非机动车道、人行道、路缘石（侧石或道牙）、分隔带、分隔墩、各种检查井和进水口等。图6-42所示为某城市道路交叉口平面图。平面线形包括直线和曲线，从图中可以读出交叉口平面平曲线要素，平曲线要素识读与道路平面图一致。

3. 路线纵断面图

平面交叉工程图中的路线纵断面图与道路路线纵断面图识读方法与内容一致，图6-43所示为平面交叉口路线纵断面设计图，绘图比例水平向为1∶500，竖直向为1∶50。从图中可以读出平面图对应的纵断面设计成果，包括竖曲线、设计坡度与超高、地面线、填挖高度、桩号、平曲线情况等。

为了准确表达纵断面设计成果，在交叉口平面图中增加竖向设计成果——交叉口竖向设计图，如图6-44所示。从图中可以读得交叉口纵面地形线、标高等。

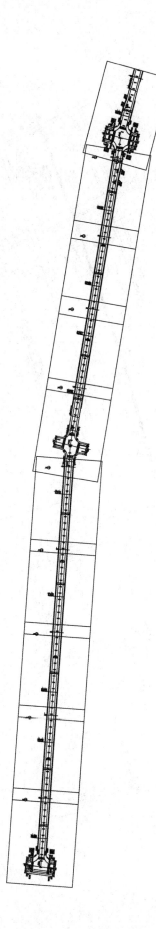

图 6-39 道路工程图样的拼接

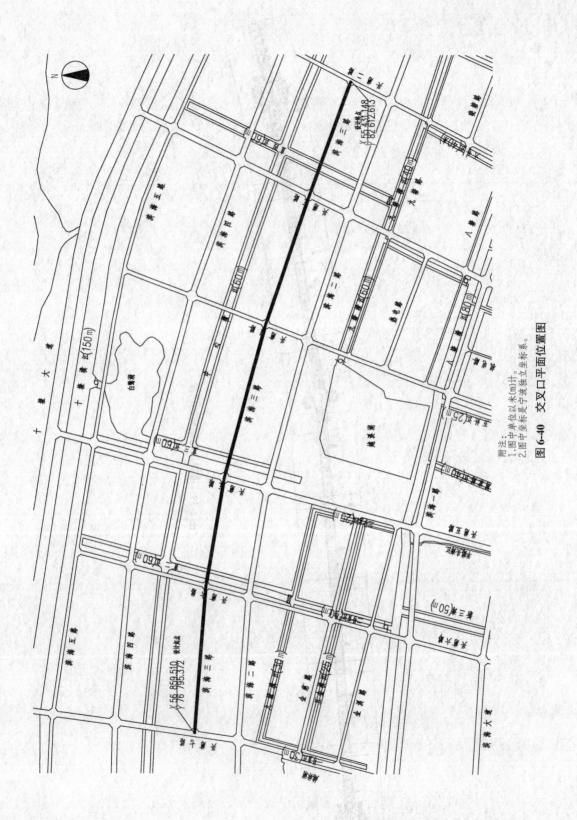

图 6-40 交叉口平面位置图

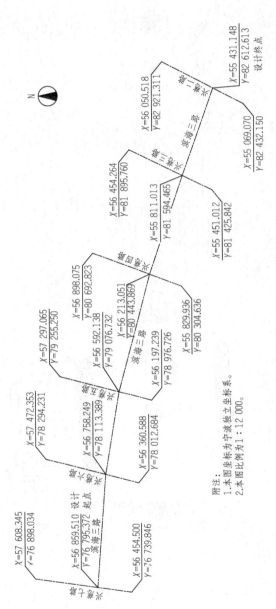

图6-41 道路交叉口线位图

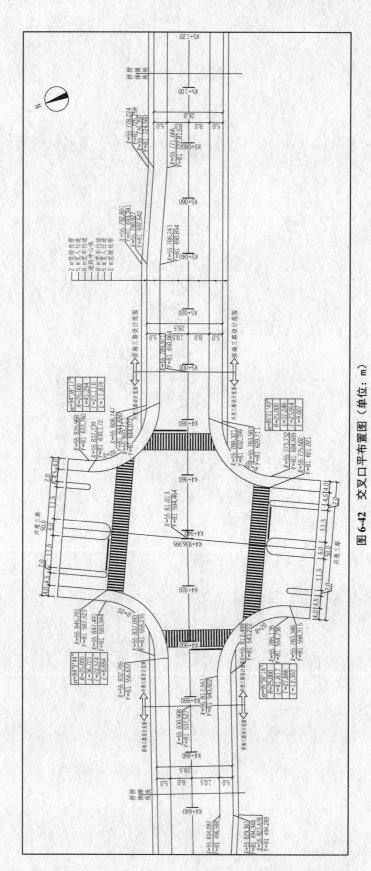

图 6-42 交叉口平布置图（单位：m）

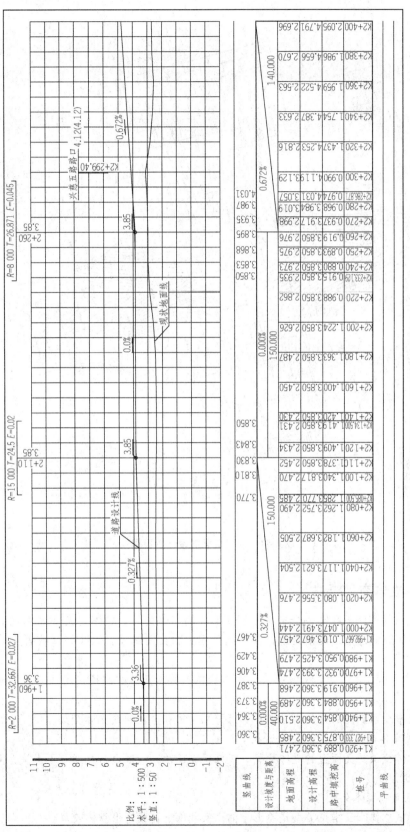

图 6-43 路线纵断面图（平面交叉口设计）

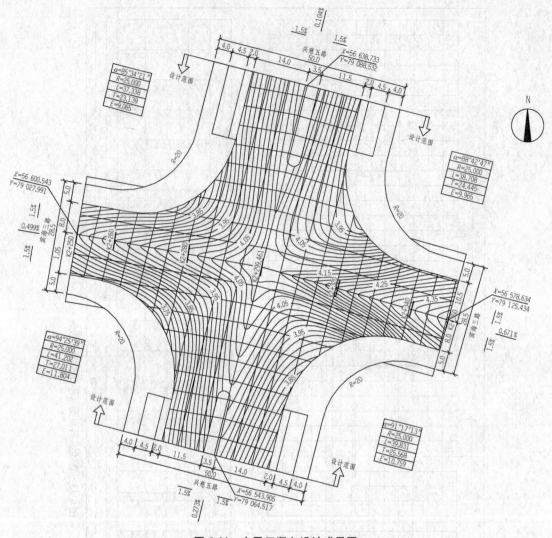

图 6-44 交叉口竖向设计成果图

6.6.3 立体交叉概述

立体交叉口是道路不在同一个平面上相交形成的立体交叉。立体交叉(简称立交)是利用桥、隧、涵等跨线构造物,使相交道路在不同高程层面实现连续、无冲突(或者少冲突)相互交错的连接方式。

如图 6-45 所示,立体交叉组成部分包括跨线构造物、正线、匝道、出入口、变速车道、集散车道等。

立体交叉按交通功能,可分为分离式、部分互通式和全互通式立体交叉。

1. **分离式立体交叉**

分离式立体交叉是无匝道的立体交叉,仅修建立交桥,保证直行交通互不干扰,但不能互相连通(图 6-46)。

2. **部分互通式立体交叉**

部分互通式立体交叉常见类型是菱形立体交叉和部分苜蓿叶形立体交叉。

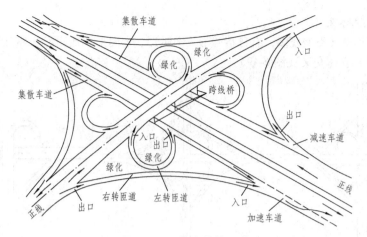

图 6-45　立体交叉的组成

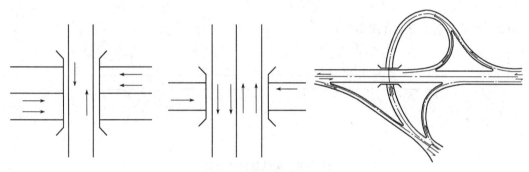

图 6-46　分离式立体交叉

（1）菱形立体交叉（图 6-47）。

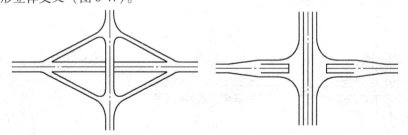

图 6-47　菱形立体交叉

（2）部分苜蓿叶形立体交叉（图 6-48）。

图 6-48　部分苜蓿叶形立体交叉

3. 全互通式立体交叉

全互通式立体交叉类型繁多，有苜蓿叶形、喇叭形、定向形、迂回形和环形等。

（1）苜蓿叶形立体交叉（图6-49）。

图6-49 苜蓿叶形立体交叉

（2）喇叭形立体交叉（图6-50）。

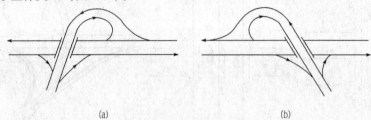

图6-50 喇叭形立体交叉
（a）经环形左转匝道驶入主线（或正线）；（b）经环形左转匝道驶出主线（或正线）

（3）定向形立体交叉（图6-51）。

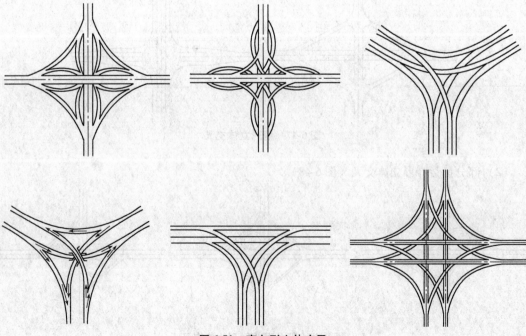

图6-51 定向形立体交叉

(4)迂回形立体交叉(图6-52)。

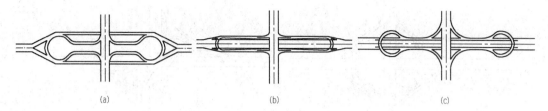

图6-52 迂回形立体交叉

(a)双隧道远引式;(b)双跨线匝道桥远引式;(c)双跨线桥远引式

(5)环形立体交叉(图6-53)。

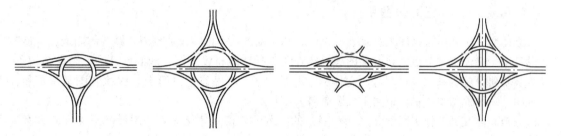

图6-53 环形立体交叉

(6)涡轮式立体交叉(图6-54)。

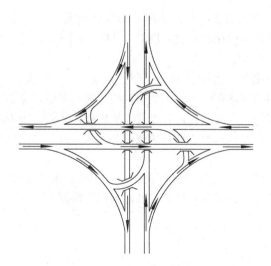

图6-54 涡轮式立体交叉

(7)组合式立体交叉(图6-55)。

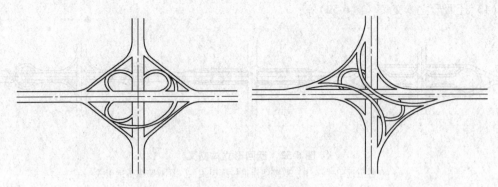

图 6-55　组合式立体交叉

6.6.4　立体交叉识图

立体交叉工程图包括图纸目录、总说明、总平面图、平面线位数据图、路线纵断面图、横断面设计图、立体交叉节点大样设计图等，此外还包括跨线桥设计图、涵洞设计图、路面结构图、管线及附属设施等系列设计图等。立体交叉一般是道路工程图的一部分，因此在图纸目录和设计说明、总平面图中通常以道路工程图命名。

城市立体交叉的施工图设计是一个复杂的过程，城市立体交叉施工图设计虽然没有方案设计阶段的宏观统筹，但多了许多细部的精确计算及设计图，对设计的方法及精度有更高的要求。

如图 6-56 所示，互通采用 A 形单喇叭形立体交叉，互通式立交设匝道，匝道路基宽均为 9.0 m，总长 3 177.9 m，图中仅展示部分图纸。

1. 平面图

图 6-56 所示为立交平面布置图，形式为喇叭形立体交叉。互通式立交的平面图从内容上分为地形和路线两部分。平面图的比例一般采用 1∶1 000 ~ 1∶3 000。

2. 线位数据图

图 6-57 所示为线位数据图，互通立交在空间比较复杂，有的互通为两层空间交叉，有的为四层空间交叉，本图为两层空间交叉。为了能够准确地表示图样，有必要把主线、支线、匝道一条条分离出来，标明各线段的走向、起止点里程、平曲线特征桩、偏角、曲线长，以及与平面图上的坐标网连接关系的各桩号坐标点。平面曲线的各元素等数据如图 6-57 中的表所列。

3. 连接部详图

图 6-58 所示为连接部详图，连接部详图表明匝线主线分流、合流楔形端的设计，表示匝线与主线的立体交叉，表明各线路对应桩号的设计标高高程数据。

第6章 道路工程图

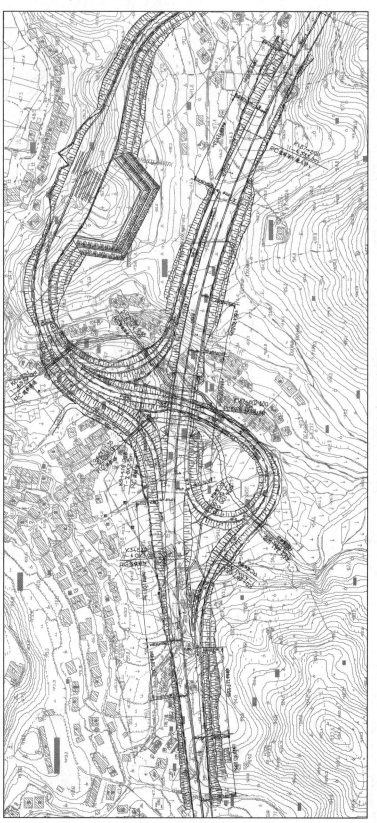

图 6-56 互通立交平面布置图

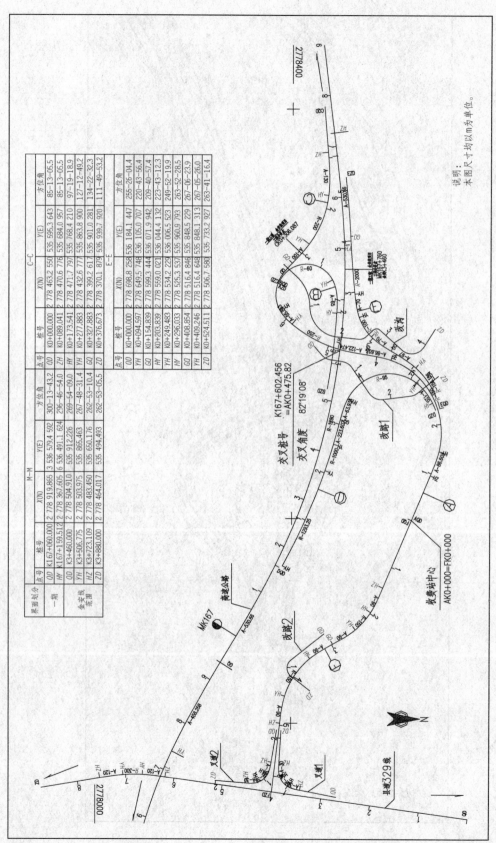

图6-57 互通立交平面线位数据图

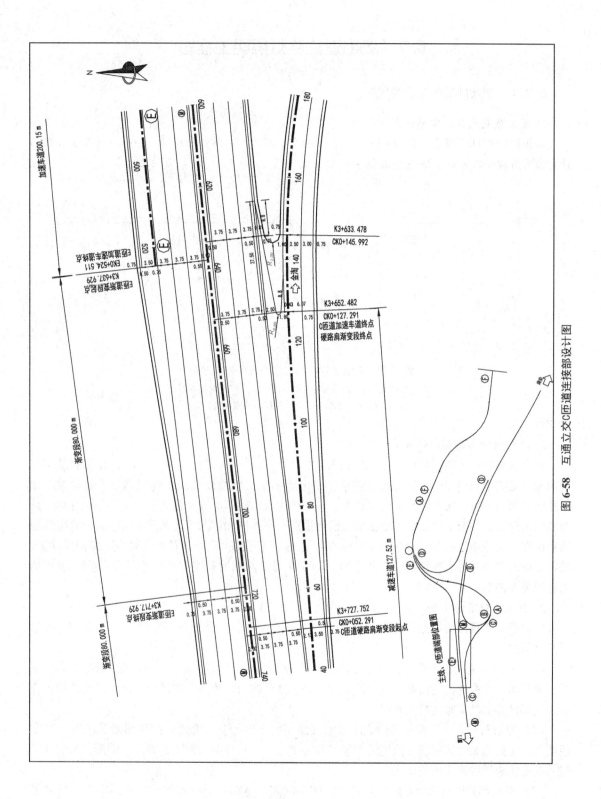

图 6-58 互通立交C匝道连接部设计图

6.7 城市道路路灯照明工程图

6.7.1 路灯照明工程图概述

1. 常规照明灯具的布置方式

常规照明灯具的布置可分为单侧布置、双侧交错布置、双侧对称布置、中心对称布置和横向悬索布置五种基本方式，如图6-59所示。

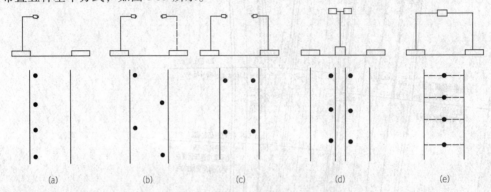

图6-59 常规明明灯具布置的五种基本方式
(a) 单侧布置；(b) 双侧交错布置；(c) 双侧对称布置；
(d) 中心对称布置；(e) 横向悬索布置

2. 路灯照明工程图的组成

城市道路照明工程图是市政建设项目各类图纸的重要组成部分之一。它的任务主要是用来表明城市道路中照明点的平面位置及照度、供电点的位置电缆线径及工作原理等内容。城市道路照明工程图，虽然属于建筑电气工程图，但它的组成与建筑电气工程图的组成不完全相同。路灯照明工程图，一般来说仅由图纸目录、设计说明、平面图和详图等几部分组成，而没有电气照明系统图，这是路灯照明工程图组成与建筑电气工程图组成的唯一不同点。根据道路使用功能，城市道路照明可分为主要供机动车使用的机动车交通道路照明和主要供非机动车与行人使用的人行道照明两类。

3. 照明工程图的特点

掌握照明工程图的特点，对阅读照明工程图具有很重要的指导作用，照明工程图主要有以下几个特点：

（1）简图是电气工程图的重要表现形式。简图是业内人员的一种专业用语，不是指内容简单，而是指形式简化。使用这一术语的目的，是把这种图与其他的图相区别，也表示电路中各设备、元部件等的功能和连接关系图。

（2）图形符号、文字符号是构成路灯电气照明施工图的基本要素。照明图纸除扼要的文字说明外，主要是采用国家统一规定的图形符号并加注文字符号绘制而成，因此，图形符号、文字符号就是构成照明施工图的语言。

（3）电路都必须呈闭合回路。只有构成闭合回路的电路，电流才能够流通，电气设备才能启动和正常工作。

(4) 电路、设备构成一个整体。
(5) 照明工程施工通常与主体工程道路工程施工相互配合进行。例如，路侧石和人行便道施工完成，才能进行管线和灯位及井位的施工。

6.7.2 路灯照明工程图识读

1. 路灯照明工程图的识读步骤

以具体的工程施工图为例介绍路灯照明工程施工图的识读步骤。

(1) 查看图纸目录。了解工程项目图纸组成内容、张数、图号及名称等。

(2) 阅读设计说明。了解工程具体情况及设计依据和标准。了解图纸中用文字可以表达清楚的（如供电电源的来源、管线敷设方式及规格型号、灯杆高度、工程规模等）及施工应注意的事项等，图 6-60 所示为某城市道路路灯照明工程施工图设计说明。

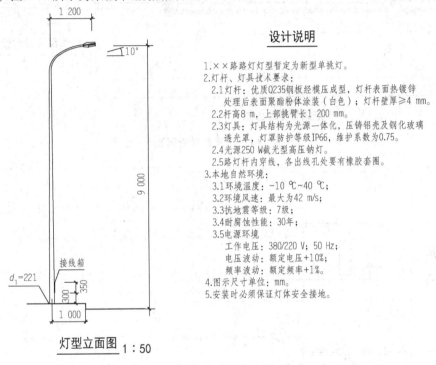

图 6-60 某城市道路路灯照明工程施工图设计说明

(3) 阅读横断面图。通过过路管横断面图，了解管线的布设位置、基础的位置等，如图 6-61 所示。图中尺寸均以米（m）为单位，高程为黄海高程，坐标为北京坐标。本图为路灯线路电缆横穿混凝土路面配管图，电缆过路保护管均采用埋地式 GG 镀锌钢管，保护管在穿电缆线前应采用油麻绳封堵两端口。保护管与地下管线等的间距按施工规范要求。沟槽回填密实度应符合道路要求。

(4) 阅读系统图。在关于"路灯照明工程图的组成和特点"中说明路灯照明工程图一般没有系统图，但根据工程项目规模大小的不同，有些照明供电电源部分也有系统图。阅读系统图的目的是了解线路走向、每个点的供电电源的位置、用电点的位置及其供电半径，以便掌握送电前后的运行情况，如图 6-62 所示。

(5) 阅读电路图和接线图。由电气工程图的特点得知，任何一个电路都必须由 4 个基本要素(电源、开关、导线、用电器)构成一个整体的闭合回路,路灯照明电路也是由电源、开关、导线和光源(用电器)构成的闭合回路。因此,在识读路灯照明施工图时,要了解各供电设备、用电设备的运行原理,方便设备的安装以及后期的使用及维修。因路灯照明工程的设计一般是由设计说明、平面图、系统图、路断面图等绘制描述的,在这一过程中,对电路中所采用的设备、器具、元件的性能、特点、型号、规格等也应同时有所了解,以便为下一步计算工程数量打好基础,如图 6-63 所示。

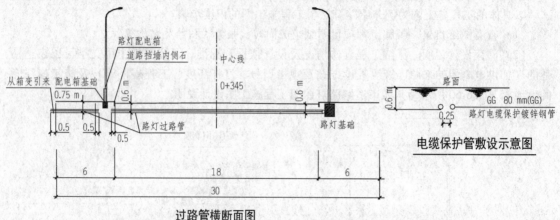

图 6-61 过路管横断面图

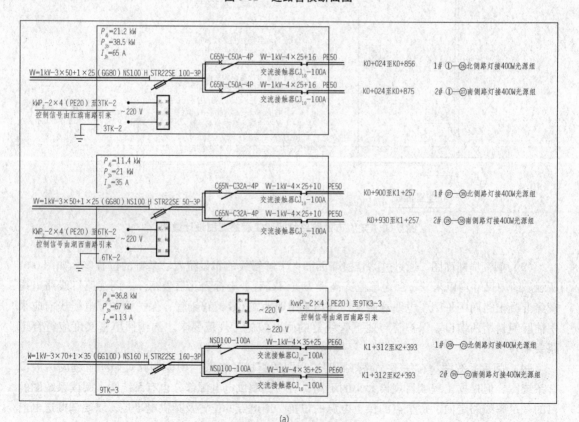

(a)

图 6-62 照明控制箱配电系统图
(a) 照明控制箱配电系统图(一)

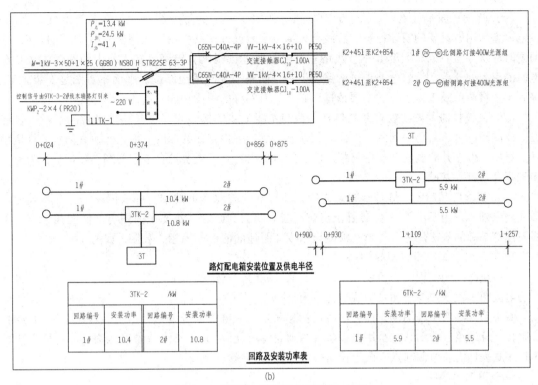

(b)

图 6-62　照明控制箱配电系统图（续）

(b) 照明控制箱配电系统图（二）

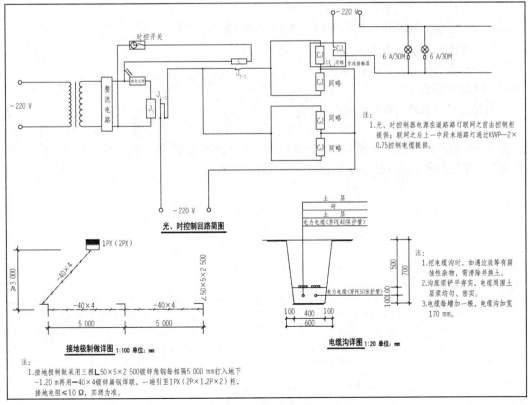

图 6-63　电路图和接线图

（6）阅读平面布置图。平面布置图是路灯照明工程中的重要图纸，包括各类电气平面图、供电设备和用电设备的安装位置、管线敷设部位、敷设方式及所用导线规格、型号，所以在读平面图时应从左至右或从上至下一个回路一个回路地进行阅读。但读者在工作中的阅读方法是从电源的引入处开始，沿着电路走过的路线，一个回路一个回路地阅读。平面布置图是安装施工、编制工程量清单及工程预算的主要依据，必须具有熟练的阅读功能，如图 6-64 所示。

（7）阅读检查井图。检查井是灯杆电源与主线电缆的接线点，也是路灯出现问题时的检修点。此图阅读时，需要平面图与剖面图相结合，以了解检查井的深度、内径、检查井盖的规格型号及材质、检查井的做法和所用材料。除了解以上内容外，还要结合工程现场实际情况，为下一步工程算量打好基础。

（8）阅读灯基础图。灯基础图是详细描述灯杆安装地面下的图。一般情况下，灯基础为矩形独立基础，采用不小于 C20 混凝土浇筑而成。此图阅读时，需要平面图与剖面图相结合，主要识读灯基础的规格尺寸、外形、混凝土强度、距地面的标高等相关数据，如图 6-65 所示。

2. 路灯照明工程图识图的方法

城市道路照明工程图识读没有固定的方法。同时，路灯照明工程图一般来说，比工业建设项目的电气图不仅张数少，而且内容也比较简单。

城市路灯照明工程图的识读方法，概括起来是：从电源来源处起，沿电能输送电路的方向，分系统、分道路、分街巷，至用电设备（主要是指电光源），一条线一条线地阅读。这种方法可用程序式表达为：电源起点—配电设备—控制设备—用电设备。

3. 识图注意事项

（1）注意从粗到细，循序看图，切忌粗糙、杂乱无章、无头无序地看。

（2）注意相互对照，综合看图。

（3）注意由整体到局部及重点看图。

（4）注意在施工现场和日常生活中，结合实际看图。

（5）注意图中说明或附注。

（6）注意索引标志和详图标志。

（7）注意标高和比例。

（8）注意材料规格、数量和做法。

总之，阅读电气工程图，不像阅读建筑工程图那样：先左后右，先上后下，先内后外地阅读。为了更好地利用图纸指导施工和编制好电气工程工程量清单和工程预算，对路灯照明工程图的阅读，应根据各人的实际情况，自己灵活掌握并应有所侧重。

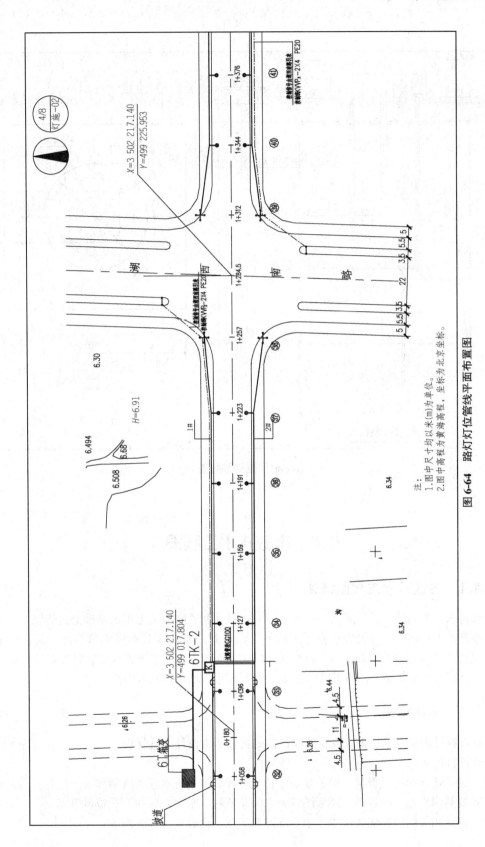

图 6-64 路灯灯位管线平面布置图

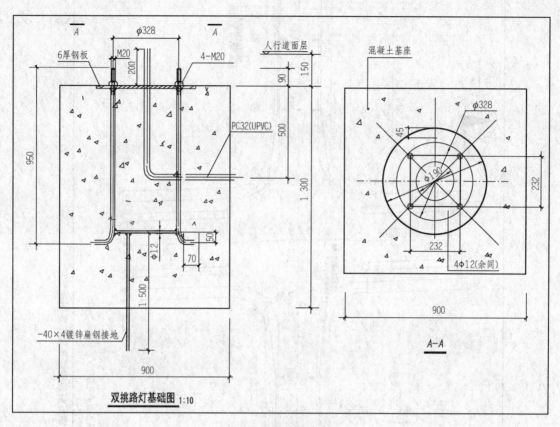

图 6-65 路灯基础图

6.8 市政排水工程图

6.8.1 市政排水工程图概述

市政排水工程图的设计,通常在排水工程初步设计和道路相关工程图基础上进行。

市政排水工程图的设计内容包括市政雨水、污水管道系统及其附属构筑物等。其设计文件一般应包括图纸目录、设计总说明、材料表、排水平面图、雨污水纵断面图、管位图等。若不进行初步设计而直接进入施工图设计阶段,则要补绘雨水、污水汇水范围图。

6.8.2 基础资料

基础资料可由建设单位提供或在建设单位的配合下由设计人员收集。

基础资料包括:

(1) 设计任务相关的资料:相关规划、初步设计资料、排水现状资料和水环境资料等。

(2) 自然因素相关的资料:地形图资料、气象资料、水文资料和地质资料等。

(3) 设计相关的国家法律法规、地方标准和条例、设计规范和标准等。

6.8.3 设计总说明

排水工程图设计总说明用于介绍工程项目的背景情况、设计依据、设计参数、施工要求、施工注意事项、验收标准和施工质量要求、特殊情况处理方法等，是对整个设计图纸的概括说明，可以指导施工单位看懂图纸并按图施工。

设计总说明的具体内容可以参考已有的类似工程，也可以重新编写，图 6-66 所示为某工程排水管道设计施工说明。

6.8.4 雨水、污水汇水范围图

1. 雨水、污水汇水范围图的识读

施工图设计阶段的雨水、污水汇水范围一般与初步设计的一致。因此，在初步设计阶段需要进行雨水、污水汇水范围图的绘制。若不进行初步设计而直接进入施工图设计阶段，则需补绘雨、污水汇水范围图，图 6-67 所示为某工程雨水、污水汇水范围图。

雨水、污水汇水范围图表达的是雨水、污水管道系统收集和输送雨水、污水的范围，可以清楚地显示本工程接纳雨水、污水的地块范围。需要注意的是：污水的汇水范围不包括道路面积；雨水汇水范围则包含道路面积。因此，两者的汇水范围是不相同的。

2. 雨水、污水汇水范围图的绘制

（1）绘制汇水范围线。汇水范围的划分需要考虑相关规划和地形特点。

（2）标注流向箭头。在汇水范围线内的道路两侧地块绘制地块汇水方向箭头；在道路范围内绘制管道水流方向箭头。

（3）汇水范围面积的量取与标注。汇水范围的面积一般以公顷（ha）为单位。

（4）图例的标注。在图形左下角标注相关图例。

6.8.5 管位图

在道路专业提供的横断面设计图基础上，对道路下各工程管线的敷设位置进行排列的图纸称为管位图。管位的确定首先应满足总体规划图、专项规划图和初步设计的相关要求。

管位图一般应在排水平面图绘制之前完成，成果常放置在排水纵断面图之后，图 6-68 所示为道路标准横断面管位图。

管位图的绘制如下：

（1）管位布置。根据总体规划图、专项规划图、初步设计和《城市工程管线综合规划规范》（GB 50289—2016）的管位布置要求，进行管位布置。

（2）管道间距的标注。用线型标注命令标注出各工程管线的距离。

6.8.6 排水平面图

排水平面图是排水管道设计的重要组成部分。图上应标明排水管道及其附属设施的具体位置、设计参数及其与现有管道、建筑和道路的相互关系等。具体而言，应标注排水管道的设计管径、管长、坡度、排水方向及其与道路中心线的间距等，还应标明排水检查井的中心桩号、设计地面标高、上下游管内底标高和雨水口位置等。

排水平面图的绘图比例通常与道路平面设计图一致，一般为 1∶500 或 1∶1 000。

以雨水管道设计为例（图 6-69），排水平面图的绘图步骤如下：

（1）雨水管线的精确定位。

排水管道设计施工说明

一、设计依据

1.1 《深圳市宝安区市政详规（2003）》及《宝安中心区市政工程统一设计原则》。

1.2 各专业有关国家、行业地方技术规程、规范等。

二、概述

本次设计为深圳市宝安中心区湖滨西路（宝安大道—海滨大道）市政工程（设计号市政200404）的给排水管线设计。设计图中深圳坐标系、黄海高程、设计图中给水管道所注标高为管中心标高（m）计。其余标高为管道所注标高为管底标高，污水管道所注标高为管线注标高为管线内底标高；雨水管线所注标高为管顶标高。设计开挖前应先对原标高进行复测，并做好现状管线的保护工作，并在确定的现状管线与设计管线或现状管线能顺利接入现状相接的系统，方可施工，并把设计发现的现状管线交叉时注意现状管线的保护、反时与监理公司商量，合理安善解决。

三、设计范围

全线给水、污水。

四、排水工程

4.1 雨水、污水管渠中心线和检查井平面定位；除有定位坐标外，管渠中心位置根据其与道路中心线平行距离确定，检查井位置根据道路里程桩号确定。

4.2 管道选材与接口：雨水、污水管道采用Ⅱ级承插式钢筋混凝土排水管，雨水口连接管采用Ⅱ级承插式钢筋混凝土排水管。接口均采用橡胶圈接口，橡胶圈应耐酸碱腐蚀、耐老化。

4.3 雨水、污水管一般采用大开挖埋地建设，管道基础根据各管段管顶覆土深度分别采用120°、180°混凝土基础，施工详见045516－3、4、5、6、18、19。管道施工后，管道施工及验收规范》（GB 50268—2008）。回填土，夯实密度要求详见《给水排水管道工程施工及验收规范》（GB 50268—2008）。如遇不良地基，需另按要求进行地基处理后再做管基施工，必要时通知设计人员到现场协调处理。

4.4 检查井施工：检查井设在行车道上时其井盖和盖座采用重型。沥青路面的井盖和缘化带上时其井盖和盖座应设置混凝土井圈，井圈宽度为0.13 m，高度为0.09 m，混凝土强度等级为C30。检查井设计并顶标高与实际路面不符时，应以实际路面为准，并做到与路面严格平接，检查井均按有地下水施工。井详见国标02（03）S515。

4.5 雨水口：雨水口采用铸铁雨水算。雨水口连接管采用DN300，偏沟式双算雨水口。雨水口连接管采用DN300，均以 $i = 0.02$ 坡向干管检查井位置为准。雨水口其余施工见国标16S518。路口雨水口布置以道路专业向图位置为准。给排水管道平面图中雨水口的布置只为示意。

4.6 预留支管：除特别注明外，每隔90～120 m设污水支管D400，$i = 0.005$；雨水预留支管DN600，$i = 0.003$ 坡向干管。污水预留支管检查井中心位于道路红线外1 m处。

4.7 所有雨污水检查井的井盖、井座采用非金属井盖、井座。

五、注意事项

5.1 由于受现状管道标高及道路纵坡控制有限，新设计各类管道之间的间隙控制有限，施工时要严格控制标高，否则容易发生管道相碰现象。当垂直净距少于0.15 m时中间用砂填充。

5.2 现场情况如与设计不符时，应通知甲方、监理公司反设计单位共同解决。

5.3 所有井盖及雨水算子都应安装防盗链。规格为 $\phi 8$ mm，长1.2 m，爬梯采用铸铁爬梯。

六、未尽事宜，参照《给水排水管道工程施工及验收规范》（GB 50268—2008）及其他有关规范执行。

图6-66 某工程排水管道设计施工说明

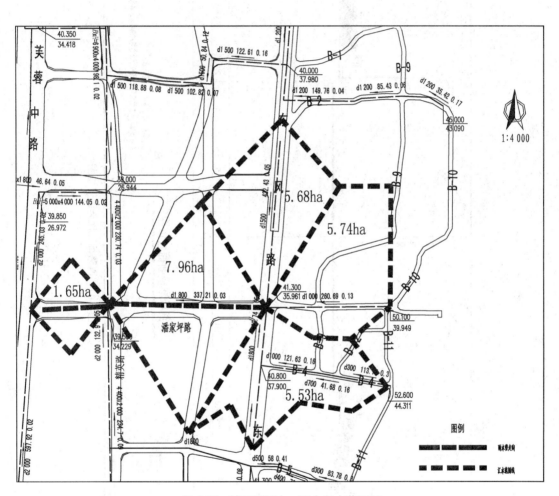

图 6-67 某工程雨水、污水汇水范围图

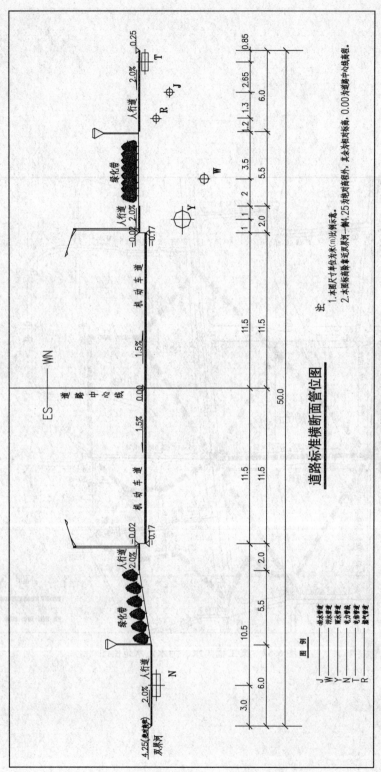

图 6-68 道路标准横断面管位图

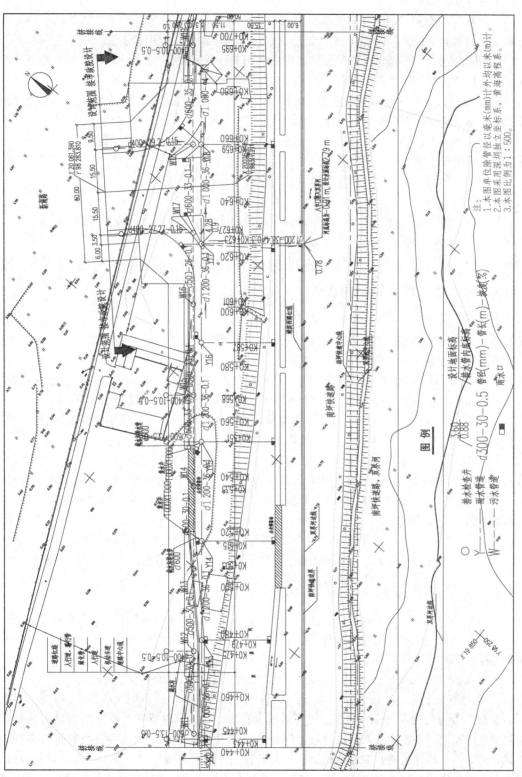

图 6-69 排水管道平面图

(2) 雨水检查井的布置。

(3) 雨水口的布置。在适当位置布置雨水口，并将其就近与检查井绘线连接。雨水口的布置应满足《室外排水设计规范（2016年版）》（GB 50014—2006）的相关要求。

(4) 管道水力计算。量取各管段长度 L 后，利用 Excel 表格进行水力计算。根据规范要求和实际情况计算各管段的管径 D、坡度 i 及上下游标高等。

(5) 井号与管道上下游标高的标注。在各雨水检查井旁标注编号；从检查井的中心处绘制标高引线，标注地面标高和井上下游标高。

(6) 管线标注。在各雨水设计管道标上标注管径 D - 管长 L - 坡度 i、水流方向箭头等。管线标注内容应平行于管道。

(7) 检查井桩号的标注。为每个检查井进行定位桩号标注。

(8) 管道定位标注。

(9) 说明与图例的标注。通常，在第一张排水平面图的左下角标注出说明与图例。

(10) 图纸分幅与指北针的设置。当道路施工范围较长，超出了一张图纸范围时，就需要进行图纸分幅。分幅后，需要在每张图纸的右上角标出管道性质及图纸序号。此外，需标出指北针方向。

6.8.7　雨水、污水纵断面图

雨水、污水纵断面图也是排水管道设计的重要组成部分，是对排水平面图的进一步说明和补充。其主要表现排水管道沿道路纵向剖面的情况，使看图者能清楚地了解管道的坡向、埋深和交叉管道的管径与标高等信息。

雨水、污水纵断面图主要包括管线、自然地面线、设计地面线、检查井、交叉管道、表格、表头、标高标尺和相关文字等内容。图 6-70 所示为雨水管道纵断面图，图中管径单位以毫米（mm）计，其余均为米（m），高程系为黄海高程系。图 6-71 所示为污水管道纵断面图，图中管径以毫米（mm）计，其余均为米（m），高程系为黄海高程系。

由于管道在沿道路方向和垂直方向的距离相差太大，纵断面图一般采用不一致的比例绘制。通常，纵向比例为横向比例的 10 倍，如纵向比例为 1∶100，横向比例为 1∶1 000；或者纵向比例为 1∶50，横向比例为 1∶500。本书示例纵向比例为 1∶100，横向比例为 1∶1 000。

绘图步骤：

(1) 表头的绘制。表头内容通常包括"自然地面标高""设计路面标高""设计管内底标高""管径及坡度""平面距离""检查井编号""管道基础""管道埋深"和"道路桩号"等。表头上方还可标注管道性质、纵向和横向比例值。

(2) 标高标尺的绘制。

(3) 参数表格的绘制。表格横线行高与表头一致。表格竖线位置根据检查井间距确定。

(4) 自然地面线和设计道路线的绘制。直接从道路纵断面图中复制这两部分内容。绘制时应注意参照点标高与标尺正确位置对齐。

(5) 管道剖面线的绘制。管道剖面线为双线图。管道断开处应绘制曲折断线标记。

(6) 检查井的绘制。

(7) 交叉管道与接入支管的绘制。与当前排水管道交叉的其他管线、道路两侧接入的支管等也需要在纵断面图中表达出来，以便施工时处理好相互之间的关系。这些管线通常以椭圆表示，其纵向管径（椭圆长轴）要按比例绘制，横向管径（椭圆短轴）以不超出检查井管径为限。椭圆根据平面图中的标高数据和桩号进行定位。此外，需标注出这些管道的性质、管径、管内底标高和位置（如 N 表示在当前设计管道的北侧等）。

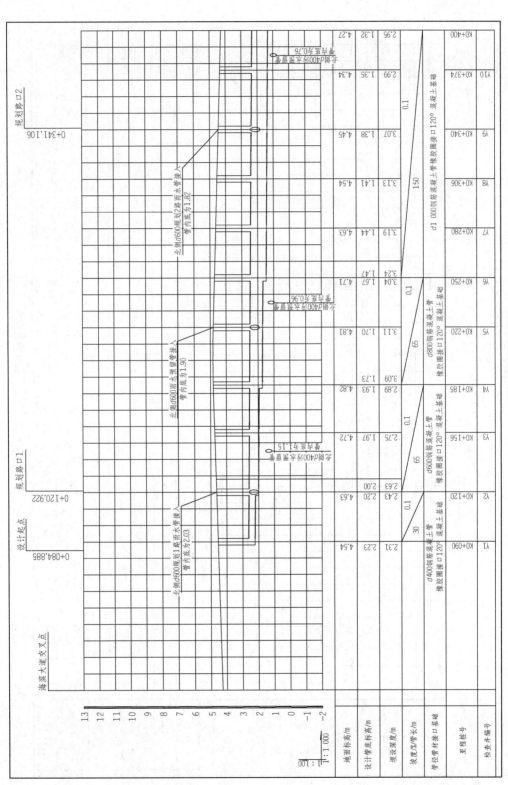

图 6-70 雨水管道纵断面图

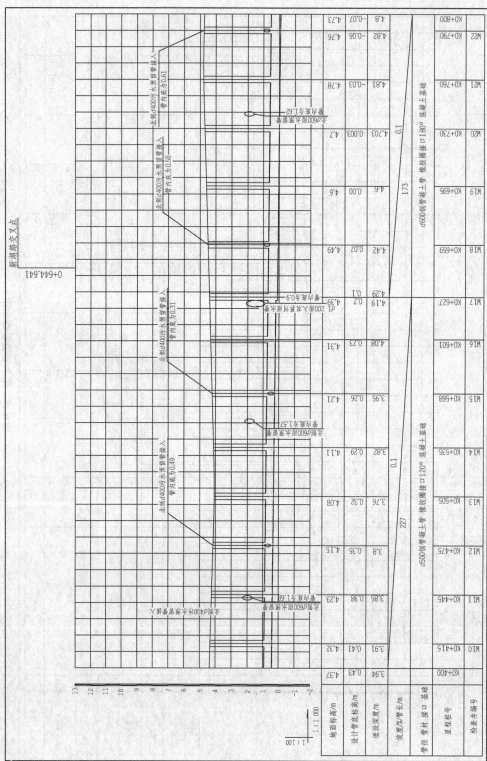

图 6-71 污水管道纵断面图

(8) 排水管道高程的调整与交会井的设置。若排水管道与其他管道交叉处的净距不能满足规范要求，甚至出现"标高打架"的情况，则要根据实际情况进行排水管道标高的调整，或布置交会井。标高应在 Excel 水力计算表格中重新修正计算，计算结果要及时返回至排水平面图和排水纵断面图。交会井的布设也应及时在排水平面图和纵断面图中体现。

(9) 设计参数的标注。根据道路纵断面图的设计参数和 Excel 水力计算表格计算结果，在纵断面图表格内标注自然和设计地面标高、管内底标高、管径及坡度、平面距离（管道长度）、检查井编号、管道埋深和检查井桩号等参数。

6.8.8 材料表

材料表又称主要材料及设备表或工程数量表，可作为工程概预算的依据、主要用于统计排水管线与检查井等附属构筑物、排水水泵及其管配件的材质、规格与数量等，如图 6-72 所示，排水工程材料表包括雨水、污水管道材料。

材料数量可根据 Excel 管道水力计算表、排水平面图和纵断面图进行统计。管道长度可通过 Excel 管道水力计算表结合排水平面图确定；检查井、雨水口等，可以直接在平面图上计数统计。

污水管道材料类					
序号	名称	型号规格	单位	数量	备注
1	钢筋混凝土排水管	$d400$	m	318	
2	钢筋混凝土排水管	$d500$	m	392	
3	钢筋混凝土排水管	$d600$	m	413	
4	污水检查井	$\phi 1000$	座	42	参见 02S515-21

雨水管道材料表					
序号	名称	型号规格	单位	数量	备注
1	钢筋混凝土排水管	$d300$	m	664	
2	钢筋混凝土排水管	$d400$	m	30	
3	钢筋混凝土排水管	$d600$	m	350	
4	钢筋混凝土排水管	$d800$	m	168	
5	钢筋混凝土排水管	$d1000$	m	453	
6	钢筋混凝土排水管	$d1200$	m	183	
7	雨水口	偏沟式双箅	个	63	
8	雨水检查井	$\phi 1000$	座	14	参见 02S515-12
9	雨水检查井	$\phi 1500$	座	4	参见 02S515-17
10	雨水检查井	矩形直线砖砌（d1200）	座	5	参见 02S515-32
11	雨水检查井	矩形直线砖砌（d1000）	座	13	参见 02S515-32
12	雨水检查井	矩形三通砖砌（d1200）	座	1	参见 02S515-34
13	排水沟	砖砌 300×300	m	751	
14	雨水箅子	球墨铸铁	m	751	参 16S518-1
15	集水井	1000×1000	座	8	井底离地面 1.8 m

图 6-72 污水与雨水管道材料表

6.9 市政给水工程图

6.9.1 市政给水工程图概述

与市政排水工程图设计类似，市政给水工程图的设计，通常是在给水工程初步设计和道路相关工程图基础上进行的。此外，根据"压力管线让重力自流管线"的布管原则，市政给水工程图通常在排水工程图完成之后进行。

市政给水工程图的设计内容包括市政道路下的给水管道系统及其附件等。其设计文件一般应包括图纸目录、设计总说明、材料表、给水平面图、给水节点详图和给水纵断面图等。当给水管道穿越铁路、房屋、河流等障碍需局部加强时，还应绘制出局部加强的工艺、结构图（如给水管道过桥布置详图）等。

6.9.2 基础资料

基础资料可由建设单位提供或在建设单位的配合下由设计人员收集。

基础资料包括：

（1）设计任务相关的资料：相关规划、初步设计资料等，用于明确设计范围、供水水源和现状资料（现有水厂或水源引入点、现有给排水系统和集中用水点位置与需水量等）。

（2）自然因素相关的资料：地形图资料、气象资料、水文资料和地质资料等。

（3）设计相关的国家法律法规、地方标准和条例、设计规范和标准等。

6.9.3 管网平差

在进行路段的给水工程图绘制前，需要确定给水管道的各设计参数，如流量、流速、管径和水头损失等。其中，管径是直接标注在给水平面图上的重要参数。

给水管网有树状网和环状网两种基本形式。当设计的管段为环状网的一部分时，则需进行管网平差，以确定其最终的各设计参数。

管网平差的常用方法有手工平差和软件平差两种。手工平差计算速度慢，计算结果精度低。软件平差是管网平差的常用方法。有专门的平差软件（如美国的 EPAnet），也有将平差功能作为设计软件一个模块的（如鸿业市政管线）。这些软件平差均以计算环状网各设计管段的流量、流速、管径和水头损失等参数为目的。

6.9.4 设计总说明

与排水工程图设计总说明类似，给水工程图设计说明主要也用于介绍工程概况、设计依据、设计内容、施工说明、验收标准和施工质量要求、施工注意事项以及特殊情况处理方法等，也是对整个设计图纸的概括说明，可以指导施工单位看懂图纸并按图施工。有时，也把图例放置在设计总说明最后。

设计总说明的具体内容可以参考已有的类似工程，也可以重新编写。图 6-73 所示为某工程排水管道设计施工说明。

给水管道设计施工说明

一、设计依据

1.1　《深市宝安区市政详规（2003)》及《宝安中心区市政工程统一设计原则》。

1.2　各专业有关国家、行业地方技术规程、规范等。

二、概述

本次设计为深圳市宝安中心区胡滨西路（宝安大道—海滨大道）市政工程（设计号市200404）的给排水管线设计。设计图中为深圳独立坐标系，黄海高程。设计图中尺寸，除已注明者外，管径、井径以毫米（mm）计，其余以米（m）计。设计图中给水管道所注标高为管中心标高；雨水管道、污水管道所注标高为管内底标高。施工开挖前应首先对地下管线进行复测，并做好现状管线的保护二作，并在确定设计管线能顺利接入现状管线或现状管线能顺利接入设计管线后，方可施工，并把发现的现状管线及时接入相应的系统，使整个系统能正常运行。设计管线与现状管线交叉时注意现状管线的保护，如遇特殊情况，及时与监理公司商量，合理妥善解决。

三、设计范围

全线给水、雨水、污水管。

四、给水工程

4.1　给水管道中心线、阀门井、室外消火栓、排泥井平面定位：除有定位坐标外，管道中心线应根据与道路中心线距离，并与道路中心线平行确定；阀门井、室外消火栓、排气阀井、排泥井应根据道路里程桩号确定。

4.2　给水管道一般采用大开挖埋设，管道基础除碰到软土地基需另做处理外，一般直接敷设在原状土上，如已扰动，则分层夯实，密实度要求参见《给水排水管道工程施工及验收规范》(GB 50268—2008）有关条文规定。管道回填土要求详见《给水排水管道工程施工及验收规范》(GB 50268—2008）有关条文规定。主干管一般采用给水球墨铸铁管，柔性橡胶圈接口，过路管及消火栓连接管 *DN*100 采用焊接钢管，焊接钢管与球墨铸铁管连接采用钢制承插口，球墨铸铁管尽量采用球墨铸铁管件。

4.3　管道转弯处，可采用管道借转，各种管材允许最大借转角度详见《给水排水管道工程施工及验收规范》(GB 50268—2008)。

4.4　设计给水管上按规范要求设置消火栓，消火栓在人行道内离道牙边 0.5 m，间距为 100～120 m，消火栓的施工详见标准图 13S201。

4.5　管道防腐：焊接钢管，球墨铸铁管内壁采用离心涂水泥砂浆防腐；球墨铸铁管外壁采用除锈后刷二道热沥青防腐，焊接钢管采用除锈后环氧煤沥青，玻璃纤维布特强级防腐，防腐等级为四油二布。管道内外防腐按《埋地钢质管道环氧煤沥青防腐层技术标准》(SY/T 0447—2014）执行。

4.6　城市道路阀门井其井盖及盖座在车行道内采用超重型，在人行道及绿化带内采用重型，在路面或人行道上阀门井其井顶标高以实际路面为准，并做到与路面平接。在绿化带外边距红线 1 m 处预留支管阀门井，其井顶标高应高出地面 0.05 m，排泥阀门井做法与上述同。给水阀门井井盖、井座采用非金属井盖、井座。

4.7　管径小于 300 mm 的采用闸阀，大于或等于 300 mm 的采用法兰式蝶阀。

4.8　阀门井、排气泥阀门井、室外地上式消火栓，钢制零件等施工分别见国标 13S201，02S403 等。阀门井按有地下水施工。

4.9　水压试验：给水管道安装完毕后，需按验收规范要求做水压试验，球墨铸铁管水压的试验压力为 1 MPa，焊接钢管水压的试验压力根据管道工作压力确定。

五、注意事项

5.1　由于受现状管道标高及道路纵坡影响，新设计各类管道之间的间隙控制有限，施工时要严格控制标高，否则容易发生管道相碰现象。当垂直净距少于 0.15 m 时，中间用砂填充。

5.2　现场情况如与设计不符时，应通知甲方、监理公司及设计单位共同协商解决。

5.3　所有井盖及雨水箅子都应安装防盗链，规格为 $\phi 8$ mm，长 1.2 m。爬梯采用铸铁爬梯。

六、未尽事宜，参照《给水排水管道工程施工及验收规范》(GB 50268—2008）及其他有关规范执行。

图 6-73　给水管道设计施工说明

6.9.5 给水平面图

1. 给水平面图识读

给水平面图是给水管道设计的重要组成部分。图上应标明地形、地物、道路、管（渠）平面位置、转角度数及坐标，示意穿越铁路、公路、河流、各类地下管缆等主要障碍的位置；布置平面管件、各类阀门、消火栓等管道附件以及泄水管、连通管等的位置；还应标注给水管道的管径及其与道路中心线的间距等；标明给水预留支管处的标高、预留支管的管径与中心桩号；标明各类阀门、消火栓等附件和泄水管、连通管等的位置；标明给水管道（包括干管和预留支管）与其他工程管线交叉的位置及交叉处的管道性质、管径和标高；示意给水管道穿越铁路、公路、河流、各类地下管缆等主要障碍的位置。此外，与给水管道节点详图对应，平面图上应标明各节点的范围线和编号。

一个工程的给水平面图通常分多幅绘制，图 6-74 所示为其中的一幅。给水平面图的绘图比例通常与道路和排水平面设计图一致，一般为 1∶500 或 1∶1 000。

2. 给水平面图绘图步骤

（1）给水管线的精确定位。

（2）预留支管的位置确定与绘制。根据道路两侧集中用水点（如居住小区、企业等）的位置、道路交叉口规划或已建给水管道的管位等，结合实际情况布置预留支管。

（3）消火栓的布置。消火栓沿道路两侧交替布置，间距不大于 110 m。消火栓一般布置在道路侧石边 0.5 m 处，水源就近从预留支管上开三通接出。

（4）阀门等附件的布置。除了消火栓自带的阀门外，在各预留支管和道路交叉口等位置均应布置阀门，以方便管道检修时切断水源。此外，若设计管道与现有管道衔接（新旧管衔接），还需布置闸阀和止回阀等附件；若衔接时管径不一致，则需布置异径管（大小头）。

（5）管道分支和管线交叉处的标高计算与标注。该步骤通常与给水纵断面图的绘制交替进行。给水纵断面图设计时，根据设计路面标高和给水管道设计管顶覆土，计算相关桩号处的设计管外顶标高，并将结果标注在纵断面图和给水平面图上。

（6）管道信息标注。管道信息包括设计管道的管径、新旧管衔接时的旧管相关信息和预留支管的桩号与管径等。

（7）节点范围的绘制与节点编号的标注。该步骤为管道节点详图的绘制做准备。在有预留支管、管道交叉或管配件等的位置绘制节点范围线，并依次进行节点编号的标注。

（8）管道定位和包方阴影线的标注。以尺寸标注命令标注给水管道与道路中心线的水平间距。给水纵断面图设计时，相关桩号处的管顶覆土不足 0.7 m 时，应返回平面图，标注包方阴影线。

（9）说明与图例的标注。通常，在第一张给水平面图的左下角标注出说明与图例。

（10）图纸分幅与指北针的设置。相关含义与操作步骤同排水平面图设计。

6.9.6 给水纵断面图

1. 给水纵断面图识读

给水纵断面图也是给水管道设计的重要组成部分，是对给水平面图的进一步说明和补充。其主要表现给水管道沿道路纵向剖面的情况，使看图者能清楚地了解管道的坡向、埋深和交叉管道的管径与标高等信息。

给水纵断面图（图 6-75）主要包括管线、自然地面线、设计地面线、交叉管道、表格、表头、标高标尺和相关文字等内容。图中单位管径以毫米（mm）计，其余均为米（m）计，高程系为黄海高程系。

第6章 道路工程图

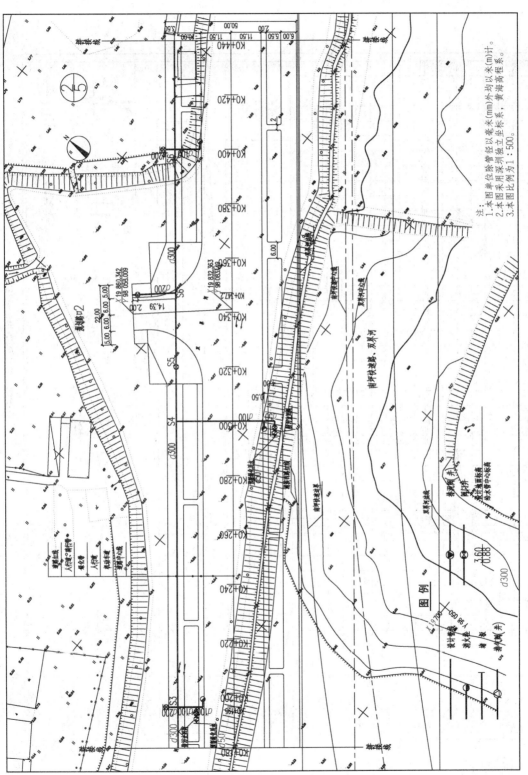

图 6-74 给水平面图

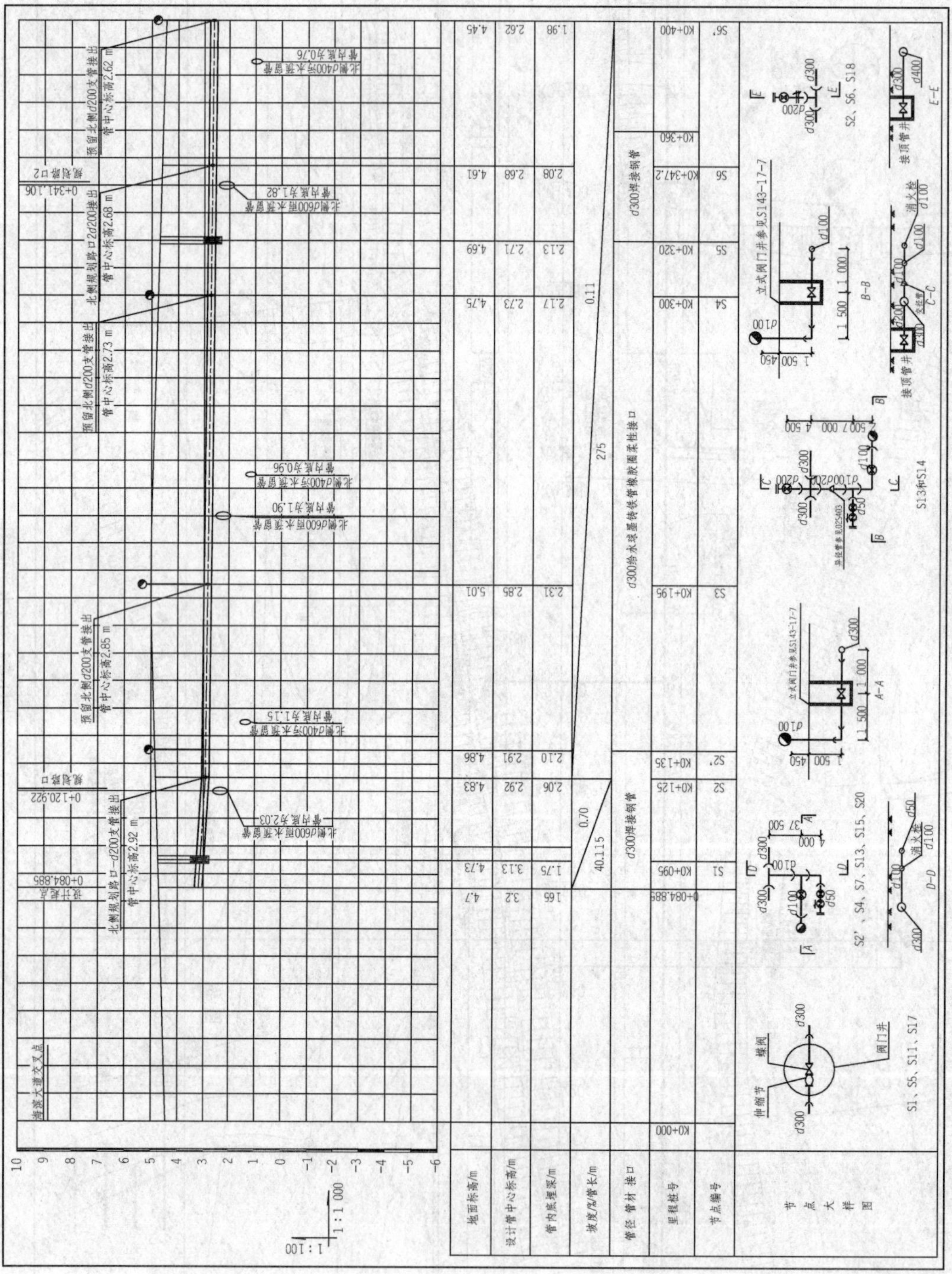

图 6-75 给水管道纵断面图

2. 给水纵断面图绘制

（1）表头的绘制。表头内容通常包括"自然地面标高""设计路面标高""设计管道外顶标高""管顶覆土""设计管径"和"道路桩号"等。表头上方还可标注管道性质、纵向和横向比例值。

（2）标高标尺的绘制。

（3）参数表格的绘制。表格横线行高与表头一致。表格竖线位置根据管道分支、管线交叉和阀门等附件位置确定。

（4）自然地面线和设计道路线的绘制。直接从道路纵断面图中复制这两部分内容。

（5）管道剖面线的绘制。管道剖面线为双线图。管道断开处应绘制曲折断线标记。

（6）交叉管道的标注。与排水纵断面图一致，交叉管道也是以椭圆表示，其纵向管径（椭圆长轴）要按比例绘制，横向管径（椭圆短轴）可参考排水纵断面图的大小绘制。椭圆根据平面图中的标高数据和桩号进行定位。此外，需标注出这些管道的性质、管径和管内底标高。

（7）给水管道标高的局部调整。若给水管道与其他管道交叉处的净距不能满足规范要求，甚至出现"标高打架"的情况，则要根据实际情况进行给水管道标高的调整。按照"压力管线让重力自流管线"的原则，排水管道的标高不变，局部增设弯头以抬高或压低给水管道的标高。标高的调整结果要及时返回排水平面图。

（8）分支管道的标注。道路两侧的给水预留支管、道路交叉口的分支管等管道的位置与管径，也应在纵断面图上体现。其具体方法同"交叉管道的标注"。

（9）设计参数的标注。根据道路纵断面图的设计参数和设计管顶覆土厚度，在纵断面图表格内标注自然和设计地面标高、设计管道外顶标高、管顶覆土、设计管径和道路桩号等参数。

6.9.7 给水管道节点详图

1. 给水管道节点详图识读

给水管道节点详图（图 6-76）是给水管道分支节点的部件安装大样，主要通过各种部件的拼装来完成。其标注内容包括部件名称、规格和编号。

节点详图可以详细表达节点位置的管道和附件等部件的连接方式，方便设计人员统计各部件的工程量，还具有明确指导施工的作用。

节点详图的绘制没有一定的比例要求。考虑到字高和图框设置等因素，建议采用与给水平面图或纵断面图一致的绘图比例。

2. 给水管道节点详图绘制注意事项

（1）节点详图表现的是给水平面图的局部大样，其管线（包括各部件）走向应与平面图中的一致。

（2）各部件编号应与材料表中的编号统一。

（3）尽量采用弯头缓和地改变管道水平或垂直的走向，以减少水头损失。三通的支线端口具有借转作用，可以调整其安装角度以减少一个弯头的布置。

（4）同心异径三通主管方向的标高与支管方向的标高不同。例如，同心异径三通 $DN300 \times 200$，主管方向（$DN300$）的标高要比支管方向（$DN200$）高 0.05 m。

（5）新旧管连接处，除考虑管径不一致时加设异径管（大小头）外，还应注意两管的管顶覆土不同时，加设两个弯头以调整接管高度。

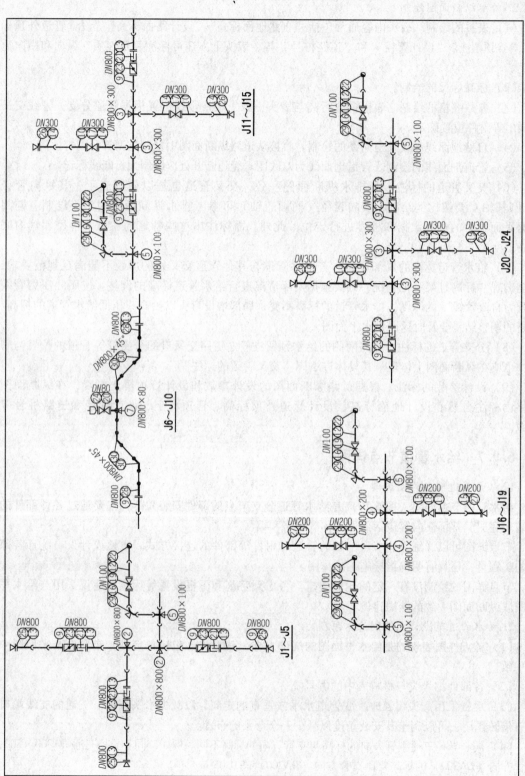

图6-76 给水管道节点详图

6.9.8 材料表

给水管道材料表是给水管道工程项目中所用材料的统计，用于指导工程施工中材料费的准备与材料的购买。材料数量可根据给水平面图、纵断面图和节点详图进行统计。管道长度可根据平面图或纵断面图确定；某些配件（如某种型号规格的弯头）数量可在节点详图中通过对相应图块的快速选择确定，某些附件（如消火栓）的数量也可以直接在平面图上计数统计。节点详图与材料表的材料编号应保持一致。此外，给水管道与管配件的压力等级应统一。

给水施工图材料表（图6-77）的绘制方法同排水施工图。

给水管道材料表

编号	名称	规格	材料	单位	数量	备注
1	钢管	$d100$		m	260	
2	给水球墨铸铁管	$d200$	铸铁	m	56	
3	给水球墨铸铁管	$d300$	铸铁	m	882	
4	钢管	$d50$		m	51	室外消火栓连接管
5	蝶阀	$d300$（含伸缩带）		个	8	
6	闸阀	$d200$		个	8	
7	阀门井	$\phi1\,400$	砖混	座	8	
8	阀门井	$\phi1\,600$	砖混	座	6	
9	室外地上式消火栓	SS100（含闸阀、阀门套筒）	铸铁	套	11	
10	排气阀井－排气阀	$\phi1\,200$	砖混	个	1	参见 S146-8-4
11	排泥（阀）井－湿井	$\phi1\,200-\phi1\,000$	砖混	4	2	参见 S146-8-7
12	防污止回阀	$d50$		个	9	
13	截止阀	$d50$		个	9	
14	地面操作立式阀门井	$d100$	砖混	座	7	参见 S143-17-7
15	钢管	$d300$		m	146	
16	排气阀	$d50$	砖混	个	1	
17	排泥阀	$d100$	砖混	个	2	
18	盘堵	$d50$		个	8	
19	盘堵	$d200$		个	7	
20	盘堵	$d300$		个	2	
21	三通	$d100-d50$		个	9	
22	三通	$d300-d100$		个	7	
23	三通	$d300-d200$		个	5	
24	三通	$d300-d300$		个	2	
25	四通	$d300-d200$		个	3	
26	异径管	$d200-d100$		个	3	

图6-77 给水管道材料表

第7章 桥梁工程图

★教学内容

桥梁工程概述；桥梁工程图识图基础；桥梁工程图识读；桥梁工程图读图和画图步骤。

★教学要求

1. 掌握桥梁布置图及桥梁钢筋混凝土构件图的绘制步骤、过程、绘图的基本思路及标注方法；
2. 了解桥梁的类型、桥梁的各部分构造组成；
3. 掌握钢筋的有关知识，掌握钢筋混凝土结构图的图示特点、图示内容与图示方法；
4. 掌握桥位平面图、桥梁地质断面图、桥梁总体布置图的图示内容与图示方法；
5. 能阅读及绘制桥梁总体布置图及各构件详图，如主梁、桥台（墩）、桩基础等。

7.1 桥梁工程概述

桥梁，一般指架设在江、河、湖、海上，使车辆行人等能顺利通行的构筑物。道路路线在跨越河流湖泊、山川以及道路互相交叉、与其他路线（如铁路）交叉时，为了保持道路的畅通，就需要修筑桥梁。桥梁既可以保证桥上的交通运行，又可以保证桥下宣泄流水、船只的通航或公路、铁路的运行，是道路工程的重要组成部分。

7.1.1 桥梁的基本组成

1. 桥梁的组成

概括地说，桥梁由四个基本部分组成，即上部结构（主梁或主拱圈和桥面系）、下部结构（桥台、桥墩和基础）、支座（bearing）和附属设施（桥面铺装、伸缩缝、栏杆、灯柱、护岸、防排水系统等）。图7-1、图7-2所示为桥梁的基本组成及各组成部分示意图。

上部结构（或称桥跨结构）包括承重结构（主梁或主拱圈）和桥面系，是在路线遇到障碍（如河流、山谷或其他线路等）而中断时，跨越障碍的建筑物，它的主要作用是承受车辆荷载，并通过支座将荷载传给墩台。

下部结构包括桥墩、桥台和桥墩台之下的基础,是支承上部结构并将恒载和车辆等活载传至地基的建筑物。桥台设在桥跨结构两端,除支撑和传力作用外,还起到与路堤衔接的作用,防止路堤填土滑坡和坍落。因此,通常需在桥台周围设置石砌的锥形护坡,以保证迎水部分路堤边坡的稳定。墩台基础是把桥梁上的全部荷载传至地基的结构物,它是确保桥梁能安全使用的关键。

支座是桥跨结构与桥墩或桥台的支承处所设置的传力装置,它不仅能传递很大的荷载,还要保证桥跨结构能产生一定变位。

基本附属设施包括桥面系、伸缩缝、桥梁与路堤衔接处的桥头搭板和锥形护坡(conical slope)等。

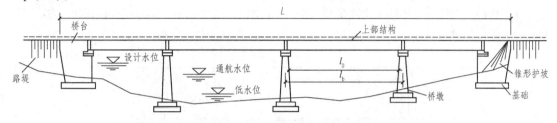

图 7-1　梁桥的基本组成

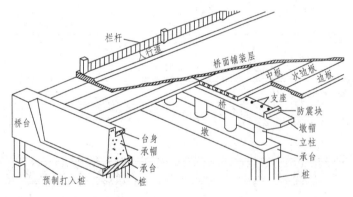

图 7-2　桥梁各组成部分示意图

2. 桥梁的主要尺寸

河流中在枯水季节的最低水位称为低水位,洪峰季节河流中的最高水位称为高水位,桥梁设计中按规定的设计洪水频率计算所得的高水位称为设计洪水位。

(1) 净跨径:是设计洪水位上相邻两个桥墩(台)之间的净距。

(2) 计算跨径:桥跨结构相邻两个支座中心距离(梁桥),两相邻拱脚截面形心点之间的水平距离(拱桥)。

(3) 总跨径:是多孔桥梁中各孔净跨径的总和,它反映了桥下宣泄水流的能力。

(4) 桥梁全长:是桥梁两端两个桥台的侧墙或八字墙后端点的距离,对于无桥台的桥梁为桥面行车道的全长。

(5) 桥面净空:桥梁行车道、人行道上方应保持的空间界限,公路、铁路、城市桥梁有相应的规定。

(6) 桥下净空(高):为满足通航(或行车、行人)的需要和保证桥梁安全而对上部结构底缘以下规定的空间界限,或设计洪水位至桥跨结构下缘的高度。

(7) 桥梁建筑高度：上部结构底缘至桥面的垂直距离或行车路面至桥跨结构最下缘的高度。

(8) 容许建筑高度：线路中所确定的桥面标高与通航（或桥下通车、人）净空界限顶部标高之差，或桥面至通航净空顶部的高度。

(9) 桥梁高度（桥高）：桥面至低水位或桥面至桥下线路路面的高度。

7.1.2 桥梁的分类

1. 按受力体系分类

按照受力体系分类，桥梁有梁、拱、索三大基本体系及它们之间的各种组合。工程中常用的桥梁有梁桥、拱桥、高架桥、斜拉桥、悬索桥等。

（1）梁桥。梁桥的主要承重构件是梁（板）。在竖向荷载作用下，梁承受竖向压力，如图7-3所示。

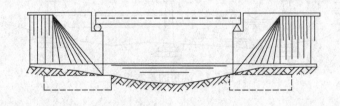

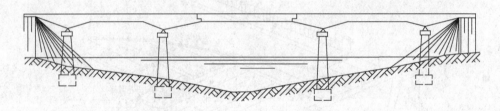

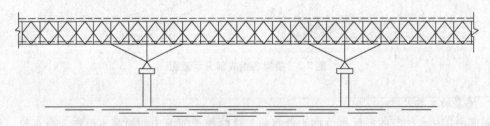

图7-3 梁桥

（2）拱桥。拱桥的主要承重结构是拱圈或拱肋。在竖向荷载作用下，拱圈（或拱肋）主要承受压力，但也承受弯矩。墩台除承受竖向压力和弯矩外，还承受水平推力，如图7-4所示。

（3）吊桥（也称悬索桥）。吊桥主要由桥塔、锚锭、主缆、吊索、加劲梁及鞍座等部分组成，以缆索作为承重构件，如图7-5所示。

（4）刚架桥。刚架桥主要承重结构是梁或板和立柱或竖墙整体结合在一起的刚架结构，如图7-6所示。

（5）组合体系桥。它是由两种以上简单基本结构（梁、拱、索）所组成，互相联系，共同受力。图7-7（a）、(b)为梁拱组合体系；图7-7（c）为主梁与斜拉索相结合的组合体系，故叫斜拉桥。

第7章 桥梁工程图

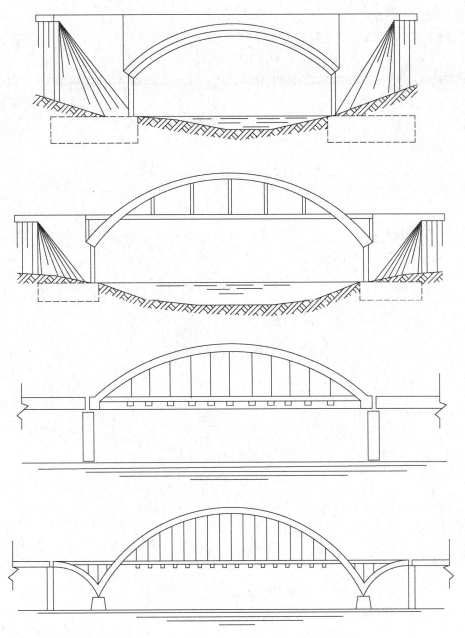

图 7-4 拱桥

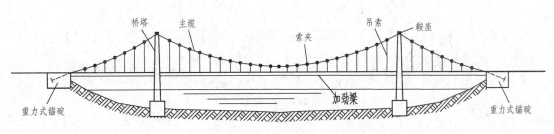

图 7-5 吊桥

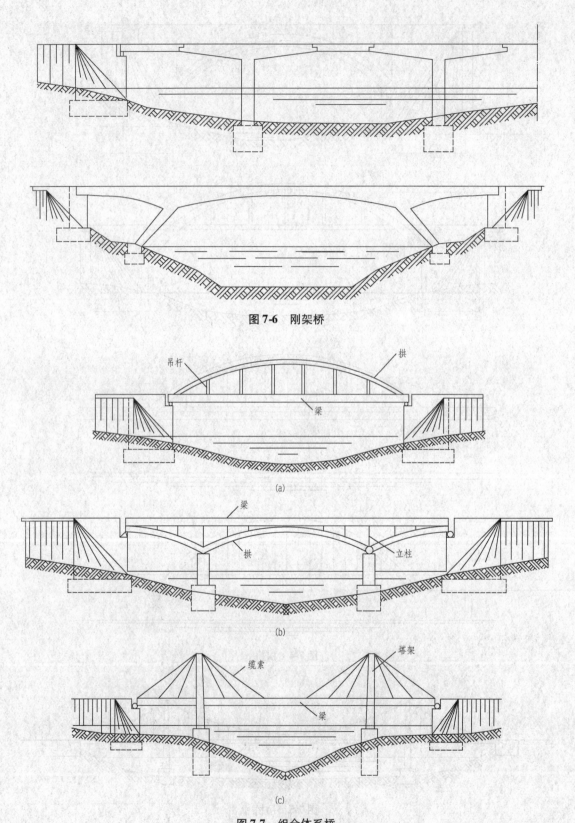

图7-6 刚架桥

图7-7 组合体系桥
(a)、(b) 梁拱组合体系桥；(c) 斜拉桥

2. 其他分类

桥梁除按受力分类外，还可以按材料、跨径、行车道位置等进行分类。

（1）按建筑材料分为钢桥、钢筋混凝土桥、石桥、木桥等。

（2）按桥梁全长和跨径的不同分为特大桥、大桥、中桥和小桥，见表7-1。

表7-1　桥梁全长和跨径分类

桥梁分类	多孔桥全长 L/m	单孔跨径/m	桥梁分类	多孔桥全长 L/m	单孔跨径/m
特大桥	$L>1\,000$	$L_K>150$	中桥	$30<L<100$	$20\leqslant L_K<40$
大桥	$100\leqslant L\leqslant 1\,000$	$40\leqslant L_K\leqslant 150$	小桥	$8\leqslant L\leqslant 30$	$5\leqslant L_K<20$

（3）按上部结构的行车位置分为上承式桥、下承式桥、中承式桥，如图7-8所示。

桥面布置在主要承重结构之上的称为上承式桥［图7-8（a）］；桥面布置在主要承重结构中间的称为中承式桥［图7-8（b）］；桥面布置在主要承重结构之下的称为下承式桥［图7-8（c）］。

(a)

(b)

(c)

图7-8　桥梁按上部结构的行车位置分类

（a）上承式桥；（b）中承式桥；（c）下承式桥

7.2 桥梁工程图识图基础

7.2.1 混凝土等级和钢筋保护层

混凝土按其抗压强度分为不同的等级，普通混凝土分 C15、C20、C25、C30、C35、C40、C45、C50、C55、C60、C65、C70、C75、C80 十四个等级。数字越大，混凝土抗压强度越高。

为了保护钢筋，防止钢筋锈蚀及加强钢筋与混凝土的粘结力，钢筋必须全包在混凝土中，因此钢筋边缘至混凝土表面应保持一定的厚度，称为保护层 c（图7-9），此厚度距离称为净距 S_n（图7-9）。

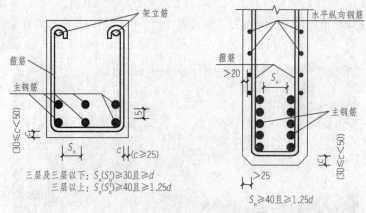

图7-9 梁内钢筋净距（单位：mm）

普通钢筋和预应力直线形钢筋的最小混凝土保护层厚度（钢筋外缘或管道外缘至混凝土表面的距离）应不小于钢筋公称直径，后张法构件预应力直线形钢筋应不小于其管道直径的1/2，且应符合表7-2的规定。

当受拉区主筋的混凝土保护层厚度大于50 mm时，应在保护层内设置直径不小于6 mm、间距不大于100 mm的钢筋网。

表7-2 普通钢筋和预应力直线形钢筋最小混凝土保护层厚度　　　　　　　　　　mm

序号	构件类别	环境条件		
		Ⅰ	Ⅱ	Ⅲ、Ⅳ
1	基础、桩其承台（1）基坑底面有垫层或侧面有模板（受力主筋） （2）基坑底面无垫层或侧面有模板（受力主筋）	40 60	50 75	60 85
2	墩台身、挡土结构、涵洞、梁、板、拱圈、拱上建筑（受力主筋）	30	40	45
3	人行道构件、栏杆（受力主筋）	20	25	30
4	箍筋	20	25	30
5	缘石、中央分隔带、护栏等构件	30	40	45
6	收缩、温度、分布、防裂等表层钢筋	15	20	25

7.2.2 钢筋的弯钩和弯起

对于光圆外形的受力钢筋，为了增加它与混凝土的粘结力，在钢筋的端部做成弯钩，弯钩的形式有半圆弯钩、直弯钩和斜弯钩三种，如图 7-10 所示。

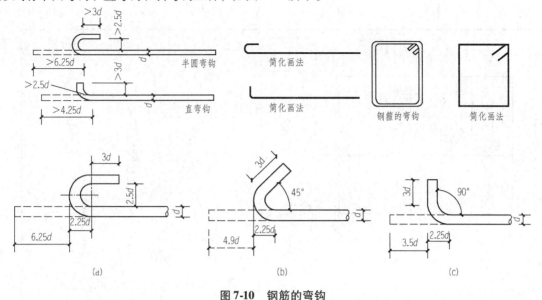

图 7-10 钢筋的弯钩
(a) 半圆弯钩；(b) 斜弯钩；(c) 直角弯钩

受力钢筋中有一部分需要在梁内向上弯起称为钢筋的弯起，如图 7-11 所示。

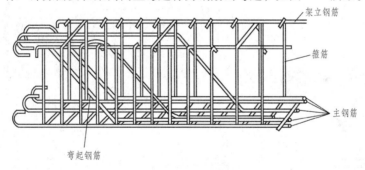

图 7-11 钢筋的弯起

7.2.3 钢筋混凝土结构图的内容与图示方法

1. 钢筋混凝土结构图的内容

钢筋混凝土结构图样分为两类：一类为构件构造图（或模板图），对于钢筋混凝土结构，只画出构件的形状和大小，不表示内部钢筋的布置情况。图 7-12 所示为构件构造图（桥墩一般构造图）。另一类为钢筋结构图（或钢筋构造图或钢筋布置图），即主要表示构件内部钢筋的布置情况。图 7-13 所示为钢筋结构图（桥墩帽梁钢筋布置图）。

2. 钢筋结构图的图示特点

（1）绘制配筋图时，可假设混凝土是透明的，能够看清楚构件内部的钢筋，图中构件的外形轮廓用细线表示，钢筋用粗实线表示，若箍筋和分布筋数量较多，也可画为中实线，钢筋的断面用实心小圆点表示，如图 7-13 所示。

（2）对钢筋的类别、数量、直径、长度及间距等要加以标注，如图 7-13 所示。

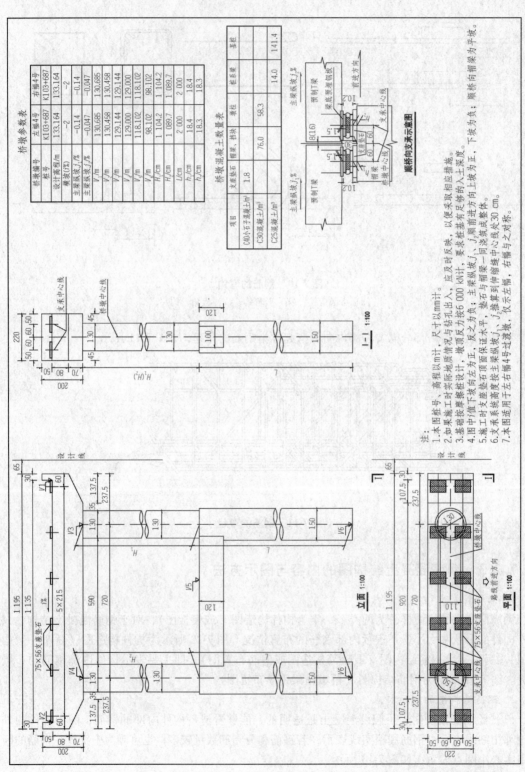

图 7-12 桥墩一般构造图

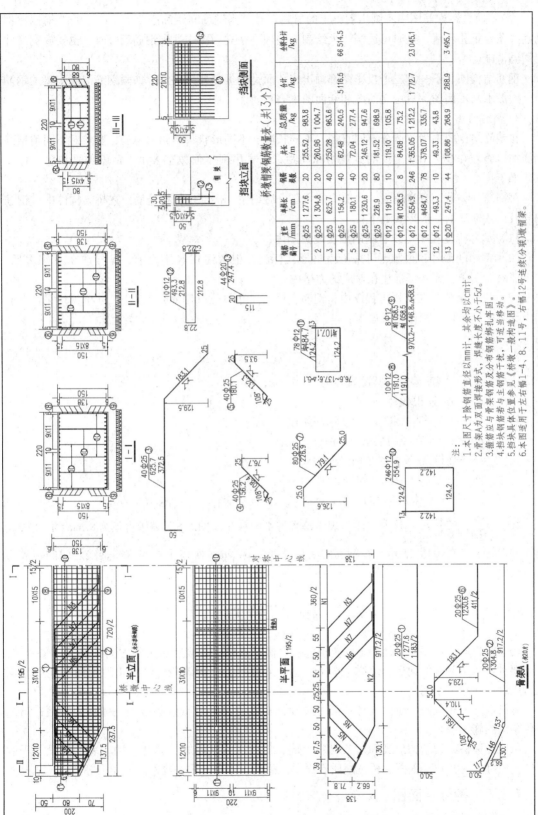

图 7-13 桥墩帽梁钢筋布置图

(3) 通常在配筋图中不画出混凝土的材料符号。当钢筋间距和净距太小时,若严格按比例画则线条会重叠不清,这时可适当夸大绘制。同理,在立面图中遇到钢筋重叠时,也要放宽尺寸使图画清晰。

钢筋结构图,不一定三个投影图都画出来,而是根据需要来决定,如画钢筋混凝土梁的钢筋图,一般不画平面图,只用立面图和断面图来表示。

3. 钢筋的编号和尺寸标注方式

在钢筋结构图中为了区分不同直径、不同长度、不同形状、不同的钢筋,要求对不同类型的钢筋加以编号并在引出线上注明其规格和间距,编号用阿拉伯数字表示。钢筋编号和尺寸标注方式如下:

对钢筋的编号,宜先编主、次部位的主筋,后编主、次部位的构造筋。在桥梁构件中,钢筋编号及尺寸标注的一般形式如下:

(1) 编号标注在引出线右侧的细实线圆圈内;

(2) 钢筋的编号和根数也可采用简略形式标注,根数注在 N 字之前,编号注在 N 字之后,在钢筋断面图中,编号可标注在对应的方格内。

(3) 尺寸单位:在路桥工程图中,钢筋直径的尺寸单位采用 mm,其余尺寸单位均采用 cm,图中无须标出单位。标注格式如下:

式中　　N——钢筋编号,圆圈直径为 4~8 mm;

　　　　n——钢筋根数;

　　　　B——钢筋直径符号,也表示钢筋的等级;

　　　　d——钢筋直径的数值,mm;

　　　　l——钢筋总长度的数值,cm;

　　　　@——钢筋中心间距符号;

　　　　s——相邻钢筋间距的数值,cm。

如:④ $\frac{12\phi 8}{l=64@12}$,其中"④"表示编号为 4 的钢筋,"12φ8"表示直径为 8 mm 的 HRB300 钢筋共 12 根,"$l=64$"表示每根钢筋的断料长度为 64 cm,@ 表示相邻钢筋轴线之间的距离为 12 cm。

7.3　桥梁工程图识读

桥梁的建造不但要满足使用上的要求,还要满足经济、美观、施工等方面的要求。修建前,首先要进行桥位附近的地形、地质、水文、建材来源等方面的调查,绘制出地形图和地质断面图,供设计和施工使用。

桥梁设计一般分两个阶段设计:第一阶段(初步设计)着重解决桥梁总体规划问题;第二阶段是编制施工图。

虽然各种桥梁的结构形式和建筑材料不同,但图示方法基本上是相同的。表示桥梁工程的图样一般可分为桥位平面图、桥位地质断面图、桥梁总体布置图、构件图、详图等。

7.3.1　桥位平面图

桥位平面图主要是表示桥梁的所在位置,与路线的连接情况,以及与地形、地物的关系。其画法与路线平面图相同,只是所用的比例较大。通过地形测量绘出桥位处的道路、河流、水准点、钻孔及附近的地形和地物,以便作为设计桥梁、施工定位的根据。图 7-14 所示为××桥桥位平面图。除了表示路线平面形状、地形和地物外,还表明了钻孔、里程、水准点的位置和数据。

桥位平面图中的植被、水准符号等均应以正北方向为准,而图中文字方向可按路线要求及总图标方向来决定。桥位平面图一般采用较小的比例,如 1∶500、1∶1 000、1∶2 000,图 7-14 采用的比例为 1∶1 000。

从图中可以看出,××桥桥位平面图绘图尺寸单位为米(m),××桥位于设计道路平面直线段上。桥梁的起点坐标:($X = 4\ 143\ 837.408$,$Y = 439\ 165.487$);沿长度方向中点坐标($X = 4\ 143\ 758.896$,$Y = 439\ 327.462$);终点坐标($X = 4\ 143\ 680.384$,$Y = 439\ 489.436$)。该桥高程采用国家黄海高程系统,图中共标出了 5 个孔号,$\frac{1}{50.05}\bigodot\frac{25.92}{18.72}$ 图示中 1 表示孔号,50.05 表示钻孔深度,25.92 表示地面标高,1.72 表示水位标高。起点和终点附近每隔 30 m 标出里程桩号为加密桩,其余每隔 90 m 标出里程桩号,具体起点桩号为 K1 + 096,终点桩号为 K1 + 456,其他桩号分别为 K1 + 126、K1 + 156、K1 + 186、K1 + 276、K1 + 366、K1 + 396、K1 + 426。图中 $\triangle \frac{G2}{26.38}$ 表示测量控制点的位置,G2 表示控制点号,26.38 表示水准标高高程。此外,图中绘出了桥梁的断面示意图,从示意图中可以看出桥梁断面包括人行道和非机动车行车道、机动车行车道组成。

7.3.2 桥位地质断面图

桥位地质剖面图或断面图是根据水文调查和地质钻探所得的资料绘制的,表示桥梁所在位置的地质水文情况,包括河床断面线、最高水位线、常水位线和最低水位线等,作为桥梁设计的依据。地质断面图为了显示地质和河床深度变化情况,特意把地形高度(标高)的比例较水平方向比例放大数倍画出。如图 7-15 所示,地形高度的比例采用 1∶500,水平方向比例采用 1∶1 500。水平向表示里程桩号和地面标高信息,竖向是柱状坐标,代表标高情况。

从图中可以看出四斗朱大桥共 13 跨,每跨 30 m。分别在桩号 K103 + 567.9、K103 + 647.8、K103 + 727.8、K103 + 817.7、K103 + 867、K103 + 937.7 处钻孔,钻孔编号分别为 SZK155、ZK29、ZK30、ZK31、SZK158、ZK32。ZK29 的 123.75/K103 + 647.8 左 2.6 m,分子为钻孔处地面标高,分母为桩号。根据第四系成因符号可知图中,Q^{el} 是残积层,Q^{dl} 是坡积层,Q_4^{el+dl} 是第四系全新统残坡积。$344°\angle 22°$ 代表岩层产状倾向(344°)、倾角(22°)。

7.3.3 预应力混凝土空心板桥总体布置图与构件图

1. 总体布置图

桥梁总体布置图又称桥型总体布置图,是指导桥梁施工的最主要图样,它主要表明桥梁的形式、跨径、孔数、总体尺寸、桥面标高、桥面宽度等各主要构件的相互位置关系,桥梁各部分的标高、材料数量以及总的技术说明等,作为施工时确定墩台位置、安装构件和控制标高的依据。总体布置图一般由立面图、平面图和剖面图组成。

图 7-16 所示为一简单的预应力混凝土空心板桥的总体布置图,绘图比例采用 1∶150,该桥总长度 21.04 m,总宽度 11.05 m,为斜桥。桥梁设计荷载为汽车-超 20 级、挂车-120;桥梁上部构造为钢筋混凝土空心板,下部构造为桩柱式墩台。支座采用 LQGY200 X28 板式橡胶支座。桥台顶处设 TST 型伸缩缝。地震烈度为 8 度。

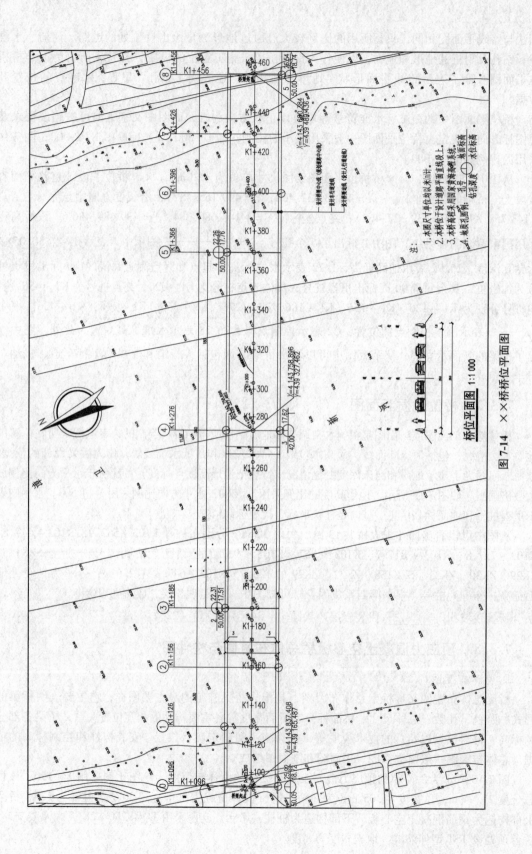

图 7-14 ××桥桥位平面图

第7章 桥梁工程图

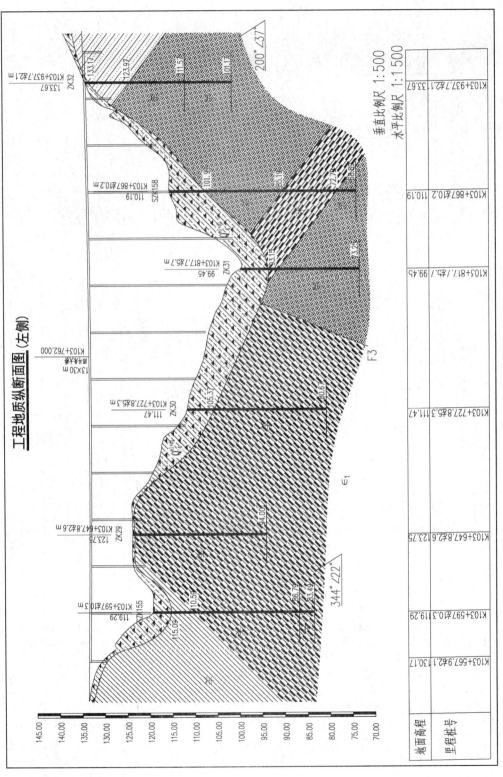

图 7-15 四斗朱大桥桥位地质断面图

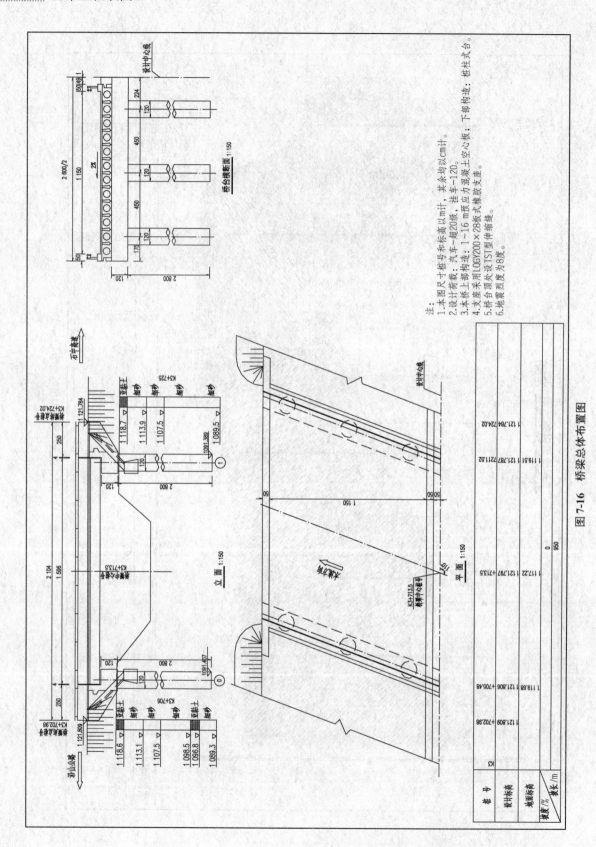

图7-16 桥梁总体布置图

(1) 立面图。立面图采用正投影法绘制，主要表现全桥的立面布置情况，可以反映桥梁的特征和桥型，是总体布置图中的主要视图。若桥梁左右对称，立面图常为半立面图和半纵剖面图合并而成。本图立面采用全立面图。从图中可以看出，桥梁上部结构仅有一跨，跨径为15.96 m，两侧桥台处伸缩缝宽度为40 mm。桥梁起点桩号为K3+702.98，桥梁终点桩号为K3+724.02，桥梁中心桩号为K3+713.5。桥梁下部结构采用单排架三柱式桥墩台，钻孔灌注桩基础，图中标出了桩基底面及各不同土层地质断面的标高。总体布置图还反映了河床地质断面及水文情况，根据标高尺寸可以知道桩基础的埋置深度、梁底的标高尺寸。

图中尺寸标注采用定形尺寸、定位尺寸、标高尺寸和里程桩号综合注法，便于绘图、阅读与施工放样。图中的尺寸单位为厘米（cm），里程桩号与标高尺寸的单位为米（m）。

(2) 平面图。桥梁的平面图是从上向下投影得到的桥面俯视图。桥梁的平面图常采用半剖半俯视、半俯视、全俯视的形式。本图因桥型简单，桥梁沿设计中心线对称，所以采用半俯视图。在平面图的下方按长对正列出路线纵断面图的资料表，资料表反映了桥梁起终点、墩台中心处的桩号、地面高程、设计高程、坡度及坡长等。这样可以清晰地表明路线与桥梁之间的联系。

平面图主要表达全桥的平面布置情况，表达桥面宽度和护栏的平面位置，结合横剖面图可以看出桥面总宽度为26.00 m，图中仅画出总宽度的1/2 （13.00 m），11.50 m是桥面净宽度，0.5 m是两侧防撞护栏宽度。

(3) 横剖面图。横剖面图主要表示桥梁的横向布置情况。横剖面的数量可根据实际需要而定，但不宜过多。本图桥型简单，仅1个横半剖面图。从图中可以看出桥梁的上部结构是由箱梁组成，横桥向坡度为2%，还可以看到桥面宽、护栏的尺寸。桥梁下部结构钻孔灌注桩直径1.2 m，桩长28 m，桩中心间距4.5 m。由于桩长较长，在绘制桩时采用了断开线，以准确而方便表达尺寸长度。

2. 桥梁构件结构图

在总体布置图中，桥梁构件的尺寸无法详细完整地表达，因此需要根据总体布置图采用较大的比例把构件的形状、大小完整地表达出来，以作为施工的依据，这种图称为构件结构图，简称构件图或构造图。构件结构图常用的比例为1∶10～1∶50，某些局部详图可采用更大的比例。结合如上简单的预应力混凝土空心板桥的总体布置图介绍构件结构图，预应力混凝土空心板桥的构件图主要包括上部结构图（预应力钢筋混凝土空心板）、下部结构图（桥台结构图）、支座构造及布置图、附属设施（泄水管布置图、锥坡构造图）。

(1) 上部结构图。预应力钢筋混凝土空心板构造图和小桥上部结构横断面图都属于上部结构构造图。

图7-17（a）所示为预应力钢筋混凝土空心板构造图。预应力钢筋混凝土空心板是该桥梁上部结构中最主要的受力构件，包括立面图、中板平面构造图、边板平面构造图、边板横断面图、中板横断面图、铰及接缝大样图，绘图比例1∶20，主要表达空心板的形状、构造和尺寸。从图中可以看出边板与中板的详细构造与尺寸。

图7-17（b）所示为某小桥上部结构横断面图（1/2断面图），绘图比例1∶40，右侧为设计中心线，沿设计中心线两侧对称。从图中可以看出，桥面结构层次为4 cm厚细粒式沥青混凝土、6 cm厚中粒式沥青混凝土、104 cm厚防水混凝土。横断面坡度为2%。

图7-18所示为空心板钢筋布置图（边板）。空心板钢筋布置图（边悬臂25 cm）包括立面、底板平面、顶板平面、横断面、一块边板工程数量表、预应力钢筋有效长度表、锐角加强筋，绘图比例为1∶30。对照阅读，再结合列出的钢筋工程数量表，就可以清楚地了解该板中所有钢筋的位置、形状、尺寸、规格、直径、数量等内容，以及几种弯筋、斜筋与整个钢筋骨架的焊接位置和长度。

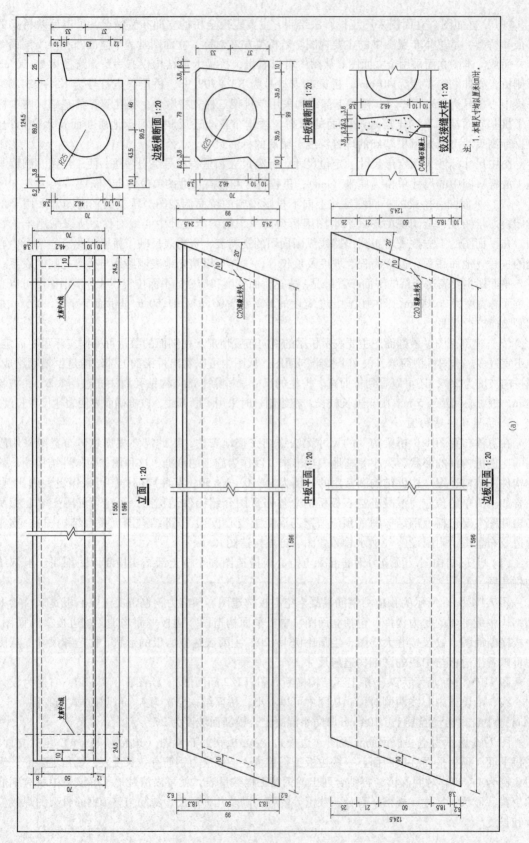

(a)

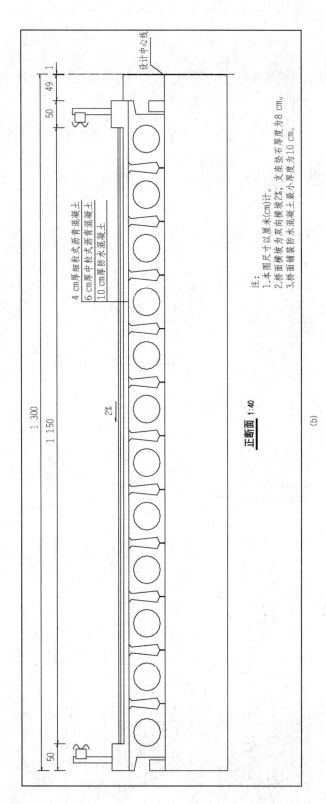

图 7-17 上部结构构造图
(a)预应力钢筋混凝土空心板构造图；(b)小桥上部结构横断面图

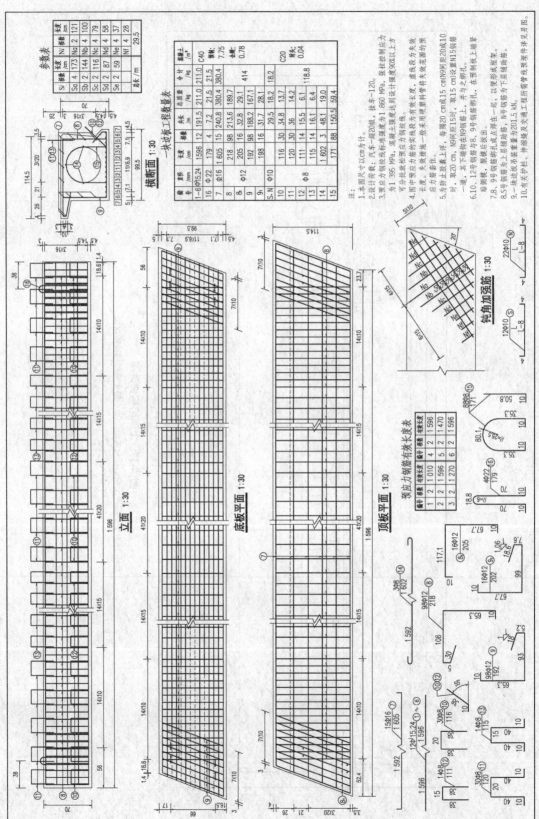

图 7-18 小桥空心板钢筋布置图(边悬臂25 cm)

立面图中加注圆圈的数字表示钢筋编号，如⑪表示编号为⑪的钢筋，⑪号钢筋是直径为 8 的 HPB300 级钢筋。图中 14×10、14×15、41×20、14×15、14×10、3×16，第 1 个数字代表钢筋根数，第 2 个数字代表钢筋间距（cm），为了准确表达钢筋长度采用了折断线。从立面图中可以看出，空心板顶部混凝土保护层厚为 30 mm，空心板底部混凝土保护层厚为 45 mm。

平面图与立面图对照可以准确识读板顶钢筋分布和板底钢筋分布，举例如下：

$\boxed{1\ 592\diagup\overset{3\phi8}{1\ 602}\ ⑭}$ 中 1 592（cm）代表钢筋长度，1 602（cm）为考虑钢筋弯起增加值后的钢筋长度，3φ8 表示 3 根直径为 8 的 HPB300 级钢筋，⑭代表钢筋编号，与横断面图中⑭钢筋一致，为空心板内部通长钢筋。

横断面图中 $\boxed{7\,6\,5\,4\,3\,2\,1\,1\,2\,3\,4\,5\,6\,7}$ 代表板底钢筋编号，左右对称。

（2）下部结构。桥梁下部结构包括桥台、桥墩和基础。由图 7-16 可知本工程桥梁为 1 跨，故无桥墩，只有桥台和基础，桥台为轻型桥台，基础为钻孔灌注桩基础。

①桥台。桥台属于桥梁的下部结构，主要支承上部的板梁。桥台作为桥梁的重要组成部分，是连接桥跨与路堤的结构物，前端支承桥跨结构，后端与路堤填土衔接兼起挡土墙的作用。它不仅要承受桥跨传来的荷载及自重，而且要承受台背填土土压力及填土上车辆荷载产生的附加土压力。因此，桥台本身应具有足够的强度、刚度和稳定性。由于桥台与桥墩功能上的差异，使两者在结构形式和受力特征上有所不同，因此，桥台在设计和计算上有它自身的特点。

桥台一般由基础、台身、台顶三部分组成。我国公路桥梁桥台的形式主要有实体式桥台（又称重力式桥台）和轻型桥台等。重力式桥台为就地建造的整体式重型结构，主要靠自重来平衡台后的土压力，桥台本身大多由混凝土或混凝土圬工材料构成，台帽则一般为钢筋混凝土。轻型桥台铁路桥梁应用很少，多在公路桥梁中采用，一般体积较小，外观轻巧、自重轻、圬工体积少，它主要借助桥台各部分的整体刚度和材料强度承受外力，从而节省圬工，降低对地基承载力的要求和扩大应用范围。轻型桥台一般为钢筋混凝土结构。

桥台图的阅读方法：看标题栏及附注说明；看桥台总图是由哪些视图组成及它们的表达方法、作用；分析桥台各部分的结构形状（基础、台身、台帽）；想象出整体。

图 7-19 所示为轻型桩柱式桥台，该桥台由台帽、台身、桥台基桩组成。其中桥台基桩为钻孔灌注桩，一共 6 根，具体参见基础图 7-20。

图 7-19（a）所示为轻型桥台一般构造图。其包括立面、平面、断面、牛腿大样、桥台桩位坐标表、标高及尺寸表。这里桥台的立面图用 A—A 剖面图代替，反映桥台的内部构造，该桥台台身采用 C30 混凝土浇筑而成，盖梁、桥台基桩、耳背墙、桥台搭板的材料为钢筋混凝土。结合图 7-16 可知 0 号桥台为桥梁起点处的桥台，1 号桥台为桥梁终点处桥台。桥梁横向左右对称，所以立面图和平面图只画出了 1/2。桥台下的基桩为一排对齐布置，桩距为 478.9 cm，每个桥台有 6 根桩。

图 7-19（b）所示为桥台帽梁钢筋布置图，包括立面、平面、A—A 断面、B—B 断面、骨架筋、挡块正立面、一个桥台帽梁材料明细表（半幅）。从图中可以看出，梁内部钢筋的分布、尺寸、型号、规格，材料的数量。例如，根据一个桥台帽梁材料明细表（半幅）可知，施工一个桥台帽梁（半幅）需要①号钢筋 10 根，每根长度 15.96 m；需要 C30 水泥混凝土 24.9 m³。立面图中显示了 A—A 断面、B—B 断面的位置，与右侧的 A—A 断面、B—B 断面图一一对应。立面图中使用了折断线表示断开界线。从骨架筋图中可以看出，帽梁中布两层钢筋处，内层钢筋采用双面焊同外层钢筋固定，N1、N3、N4 钢筋组成骨架筋。需要注意的是图中尺寸钢筋直径以毫米（mm）计，其余以厘米（cm）计。从挡块正立面图可以反映挡块与帽梁的相对位置，反映挡块

的钢筋布置，挡块和垫石混凝土与帽梁浇筑成一体。

图 7-19（c）所示为小桥桥台耳背墙钢筋布置图，包括立面、平面、$A-A$ 断面、$B-B$ 断面、一个桥台耳背墙材料明细表（半幅）。从图中可以看出，桥台耳背墙内部钢筋的分布、尺寸、型号、规格、材料的数量。例如，根据一个桥台耳背墙材料明细表（半幅）可知，施工一个桥台耳背墙（半幅）需要编号为④的钢筋 1 根，每根长度 5.82 m；需要 C30 水泥混凝土 7.8 m^3。立面图中显示了 $A-A$ 断面、$B-B$ 断面的位置，与右侧的 $A-A$ 断面、$B-B$ 断面图一一对应。立面图左右对称，故只画了 1/2 立面，右侧为设计中心线。

图 7-19（d）所示为小桥桥台搭板钢筋布置图，包括一块搭板钢筋布置图、搭板平面、$A-A$ 剖面、全桥桥头搭板钢筋明细表，绘图比例 1∶60。从图中可以看出，小桥桥台搭板钢筋布置、数量等。从一块搭板钢筋布置图中可以看出，搭板为一斜板，水平方向钢筋间距两边为 15 cm，中间为 20 cm；竖直方向钢筋间距两边为 5 cm，中间为 20 cm。图中②、⑤等代表钢筋编号，与钢筋明细表中钢筋编号一一对应。平面图中只画了 1/2，右面为设计中心线。平面图中的 $A-A$ 剖面符号与右侧的 $A-A$ 剖面图一一对应。从 $A-A$ 剖面图中可以看出桥台搭板内部的钢筋分布、钢筋间距，结合钢筋明细表可以准确确定钢筋、油毡、混凝土、水泥稳定砂砾等材料的用量。

②桩基础。桥梁的基础一般采用桩基础。桩是设置于土中的竖直或倾斜的柱型构件，在竖向荷载作用下，通过桩土之间的摩擦力（桩侧摩阻力）和桩端土的承载力（桩端阻力）来承受和传递上部结构的荷载。设置于岩土中的桩和与桩顶连接的承台共同组成的基础或由柱与桩直接连接称为单桩基础。

桩基础具有承载力高、沉降量小、能承受一定的水平荷载和上拔力、稳定性好，可以提高地基基础的刚度，改变其自振频率，可提高建筑物的抗震能力，便于实现基础工程机械化和工业化等优点。

图 7-20 所示为小桥基桩钢筋布置图，包括立面、$A-A$、$B-B$、一根基桩材料明细表，绘图比例为 1∶30。从图中可以看出桩为钻（冲）孔灌注桩。它的优点是施工过程中无挤土、无振动、噪声小，且桩径不受限制。其缺点包括泥浆沉淀不易清除，会影响端部承载力的充分发挥，并造成较大沉降。为了准确表达桩长，在立面图中采用了折断线，立面图中的 $A-A$、$B-B$ 剖面符号与右上方的 $A-A$、$B-B$ 剖面图是一一对应的。桩身采用螺旋状箍筋，由于它们的形式、规格、间距一致，所以图中可只示意一部分以减少工作量。钢筋形状和尺寸参照钢筋详图，而钢筋位置、根数应对照材料数量表查读。钢筋的焊接或绑扎要求可在说明中注明。

（3）支座构造及布置图。支座位于桥梁上部结构与下部结构的连接处，桥墩的墩帽和桥台的台帽上均设有支座，支座置于支座垫石上，板梁搁置在支座上。上部荷载由板梁传给支座，再由支座传给桥墩或桥台，可见支座虽小但很重要。在台帽的支座处受压较大，为此在支座下增设有垫石，垫石的布置可以反映支座的布置情况。因此图中绘出了垫石布置图与钢筋布置图（图 7-21），具体包括桥台横桥向支座垫石布置立面图、桥台横桥向支座垫石布置平面图、$A-A$、$B-B$、垫石平面、一块垫石材料数量表。垫石平面、$A-A$ 绘图比例为 1∶10；横桥向支座垫石布置立面图、桥台横桥向支座垫石布置平面图、$B-B$ 绘图比例为 1∶40。小桥采用 LQGY200×28 型板式橡胶支座。

（4）附属设施。桥梁的附属设施包括桥面铺装、伸缩缝、栏杆、灯柱、护岸、防排水系统等。与桥梁总体布置图对应的桥梁附属设施设计图纸有桥面铺装、伸缩缝、护栏、泄水管、锥坡，具体图纸内容略。

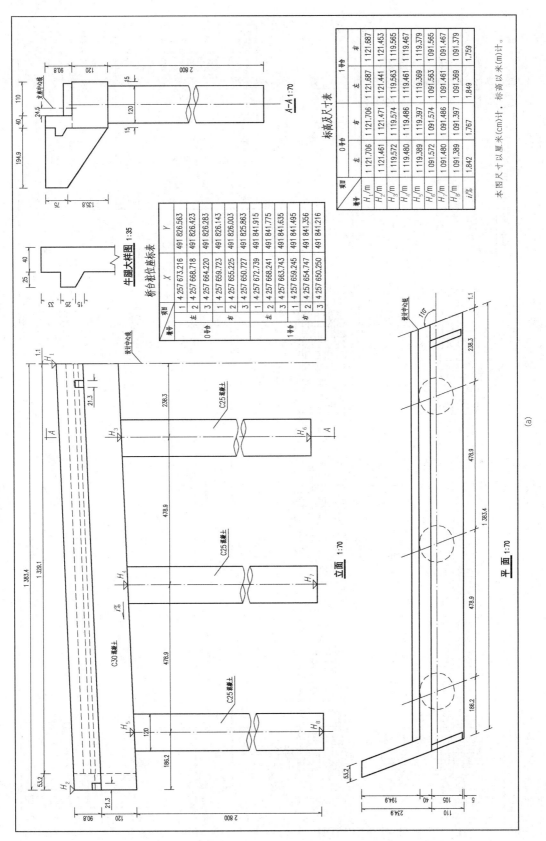

(a)

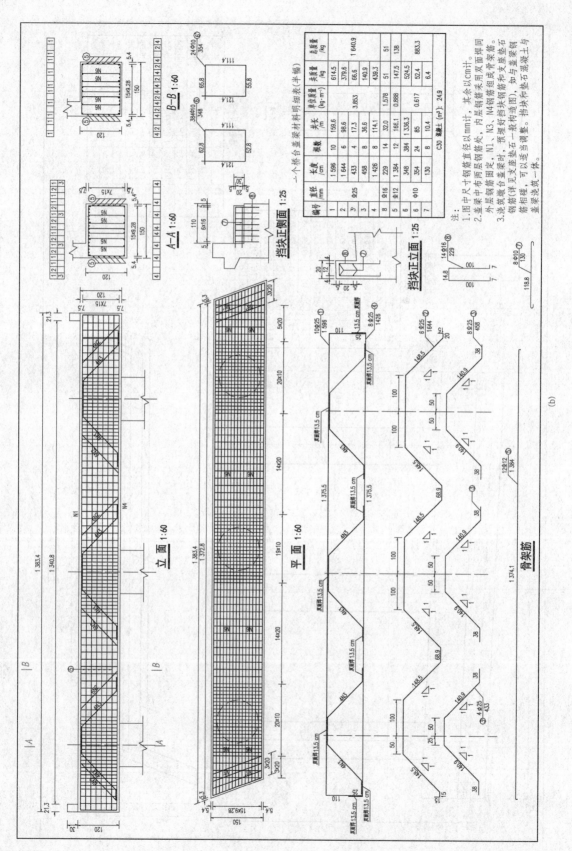

第7章 桥梁工程图

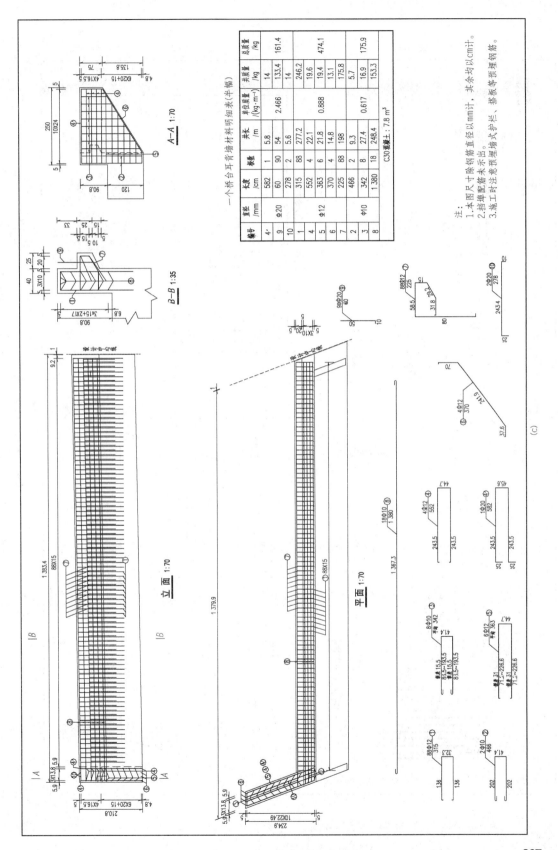

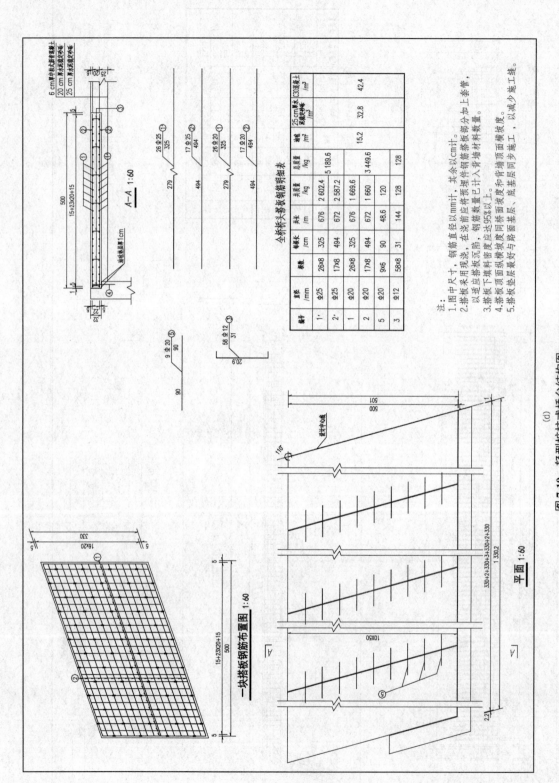

图 7-19 轻型桩柱式桥台结构图

(a) 小桥桥台一般构造图；(b) 小桥桥台帽梁钢筋布置图；(c) 小桥桥台耳背墙钢筋布置图；(d) 小桥桥台搭板钢筋布置图

第7章 桥梁工程图

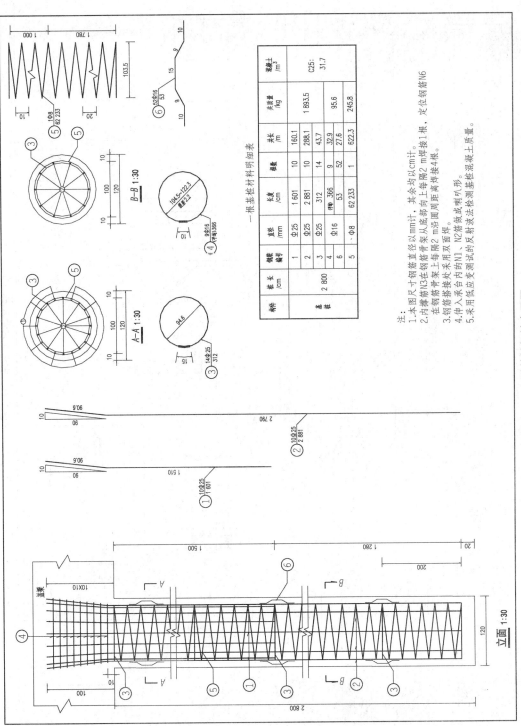

图 7-20 步桥基桩钢筋布置图

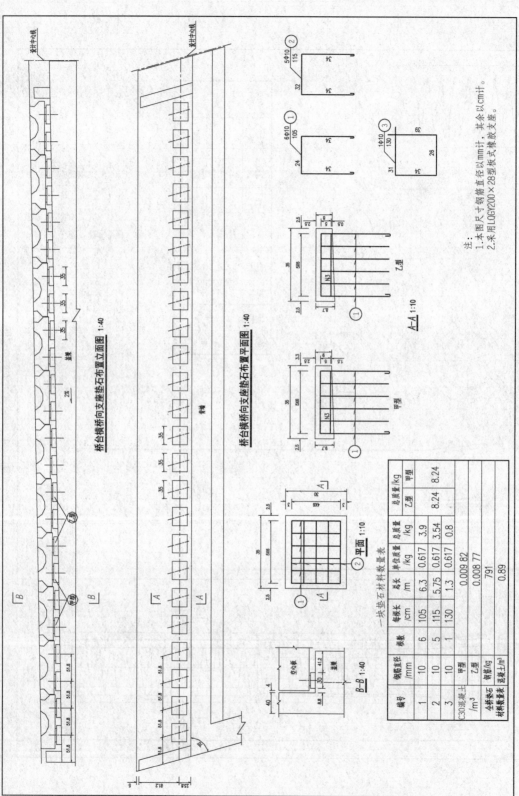

图 7-21 支座垫石布置图

7.3.4 钢筋混凝土连续箱梁桥总体布置图

图 7-22 所示为一钢筋混凝土连续箱梁桥的总体布置图，平面、立面绘图比例采用 1∶350，横断面图绘图比例为 1∶100。设计荷载为城 – B 级；桥面全宽为 0.5 + 6 + 0.5 = 7（m）；桥梁全长 108.16 m；上部结构采用普通钢筋混凝土连续箱梁。下部采用柱式墩，钻孔桩基础；U 形台，扩大基础。支座类型采用 GPZ（Ⅱ）盆式橡胶支座。桥台处伸缩装置采用 D80 型。桥面横坡由箱梁顶面调整。地震动峰值加速度为 $0.1g$。

（1）立面图。本图立面采用全立面图。从图中可以看出，桥梁上部结构有五跨，主跨 24 m，次跨 21 m，边跨 15 m，两侧搭板长 6×2 = 12（m），两侧伸缩缝宽度为 0.08×2 = 0.16（m），桥梁总长 24 + 21×2 + 15×2 + 6×2 + 0.08×2 = 108.16（m）。桥梁起点桩号为 K3 + 702.98，桥梁终点桩号为 K0 + 052.420，桥梁中心桩号为 K0 + 106.500。桥梁下部结构采用柱式墩，钻孔桩基础；U 形台，扩大基础。图中还标出了桩基底面标高、梁底标高，根据标高尺寸可以知道桩基础的埋置深度和桩长。

图中尺寸标注采用定形尺寸、定位尺寸、标高尺寸和里程桩号综合注法，便于绘图、阅读与施工放样。图中的尺寸单位为厘米（cm），里程桩号与标高尺寸的单位为米（m）。

（2）平面图。本图因桥型简单，桥梁沿设计中心线对称，所以采用半俯视图。在平面图的下方按长对正列出路线纵断面图的资料表，资料表反映了桥梁起终点、墩台中心处的桩号、地面高程、设计高程、坡度及坡长等。这样可以清晰地表明路线与桥梁之间的联系。

平面图主要表达全桥的平面布置情况，表达桥面宽度和护栏的平面位置，结合横剖面图可以看出桥面总宽度为 26.00 m，图中仅画出总宽度的 1/2（13.00 m），11.50 m 是桥面净宽度，0.5 m 是两侧防撞护栏宽度。

（3）横剖面图。横剖面图主要表示桥梁的横向布置情况。横剖面的数量可根据实际需要而定，但不宜过多。本图桥型简单，仅 1 个横半剖面图。从图中可以看出桥梁的上部结构是由箱梁组成，横桥向坡度为 2%，还可以看到桥面宽、护栏的尺寸。桥梁下部结构钻孔灌注桩直径 1.2 m，桩长 28 m，桩中心间距 4.5 m。由于桩长较长，在绘制桩时采用了断开线，以准确而方便地表达尺寸长度。

（4）工程地质情况。在立面图中有时根据需要可画出地质断面情况图。本工程未画出，但在单独的文件中对地质情况进行了说明。

勘探深度范围内分布地层主要为第四系冲积地层，现将桥位区内主要地层从上至下分述如下：

①第四系全新统（Q_4^{al}）：

a. 粉土：褐黄色，密实，湿，偶见铁锰质氧化物，钙质结核含量占 3%～5%，粒径为 5～30 mm，上部 40 cm 为耕植土。

b. 粉质黏土：褐黄色，软塑～可塑，钙质结核含量占 3%～5%，粒径为 5～30 mm，刀切面较光滑，无摇震反应，干强度中等，韧性中等。

c. 粉质黏土：褐黄色，可塑，含有零星的铁锰质氧化物，钙质结核含量占 3%～10%，粒径为 5～30 mm，刀切面较光滑，无摇震反应，干强度中等，韧性中等。

d. 粉质黏土：褐黄色～棕黄色，可塑，含有零星的铁锰质氧化物，钙质结核含量占 3%～10%，粒径为 5～30 mm，刀切面较光滑，无摇震反应，干强度中等，韧性中等。

e. 粉质黏土：棕黄色，可塑～硬塑，含有零星的铁锰质氧化物，钙质结核含量占 3%～10%，粒径为 5～30 mm，刀切面较光滑，无摇震反应，干强度中等，韧性中等。

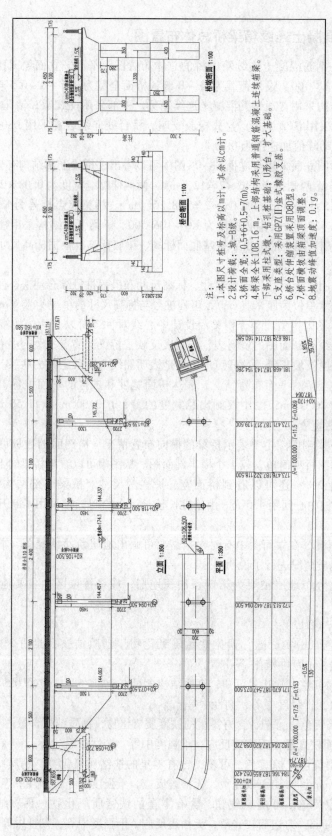

图 7-22 钢筋混凝土连续箱梁桥总体布置图

②第四系上更新统（$Q3^{al}$）：

碎石土：棕红色，密实，饱和，碎石的主要成分以砂岩为主，呈尖棱角状及次棱角状，含量占 50%～70%，一般粒径为 20～60 mm，最大粒径为 110 mm，充填物以粉质黏土为主。该层土不均匀，局部夹有薄层状粉质黏土。

7.3.5 斜拉桥桥型总体布置图

斜拉桥是我国近几年发展最快、最多的一种桥梁，它具有外形轻巧、简洁美观、跨越能力大等特点，如图 7-23 所示，斜拉桥由主梁、索塔和形成扇状的拉索组成。

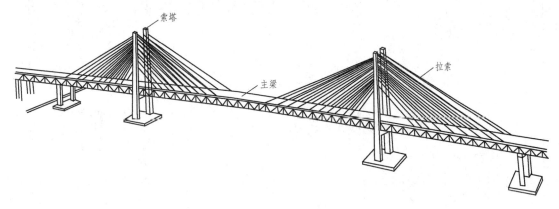

图 7-23 斜拉桥透视图

斜拉桥按材料分为钢斜拉桥、混凝土斜拉桥、结合梁（叠合梁）斜拉桥、混合梁（边跨混凝土、主跨钢）斜拉桥。

本工程为××市规划道路（××）上，跨越漳卫新河的一座大桥。该桥处在××市城区和开发区之间，属于城市桥梁。根据建设单位的选定方案，本桥主桥采用独塔双索面斜拉桥的桥型，满足造型美观，安全适用的要求，以作为××市的一个城市景观亮点，如图 7-24 所示为桥梁总体布置图。

根据图 7-24 可知，绘图尺寸单位除里程、标高以米（m）计外，其余均以毫米（mm）计。道路等级为城市主干道，设计车速 60 km/h。设计荷载取汽车超 – 20 级，验算荷载取挂车 – 120，人群荷载为 3 kN/m。地震基本烈度为 7 度，提高 1 度按 8 度设防，重要性修正系数 1.7。高程采用国家黄海高程系统。桥梁起点控制桩号 K1+096，坐标（$x=4\ 143\ 837.408$，$y=439\ 165.487$），终点桩号 K1+456，坐标（$x=4\ 143\ 680.384$，$y=439\ 489.436$），桥梁全长 360 m。桥梁中心桩号 K1+276，坐标（$x=4\ 143\ 758.896$，$y=439\ 327.462$）。

(1) 立面图。本工程立面图包括独塔双索面斜拉桥总立面 7-24（a）和桥塔横立面 7-24（b）两部分。

图 7-24（a）所示独塔双索面斜拉桥总立面，绘图比例采用 1∶1 000，由于比例较小，故仅画出桥梁的外形，梁高采用两条粗线表示，栏杆省略不画。桥墩是由承台和钻孔灌注桩所组成，它和上面的塔柱固结成一整体，使作用能稳妥地传递到地基上。立面图还反映了地质情况，根据标高尺寸可知桩基础的埋置深度和标高、桥面中心的标高尺寸。从图中可以看出，主桥为独塔双索面双跨式预应力混凝土斜拉桥，半漂浮体系，跨径组合 90 m+90 m，桥面总宽 31 m；引桥为预应力混凝土连续梁，跨径组合为 3×30 m，桥面总宽 28 m。

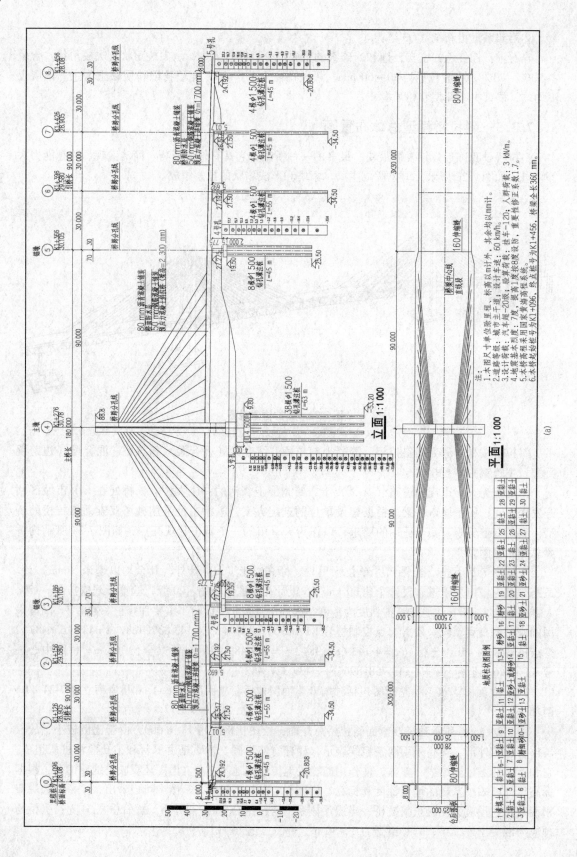

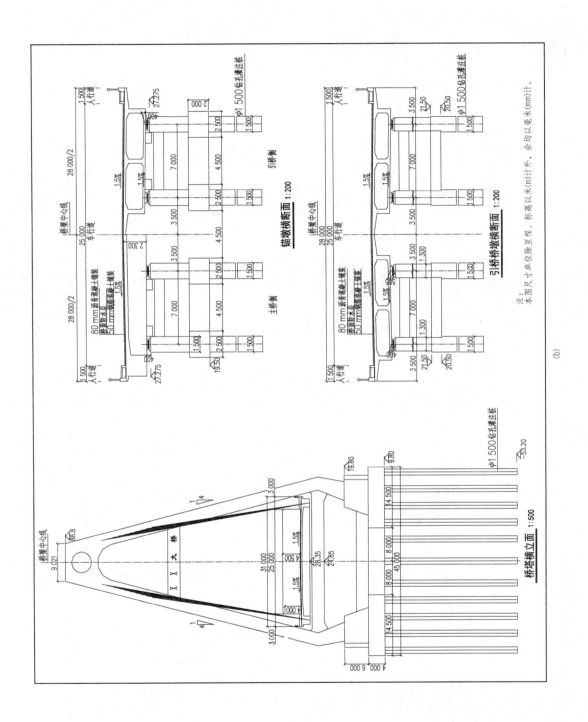

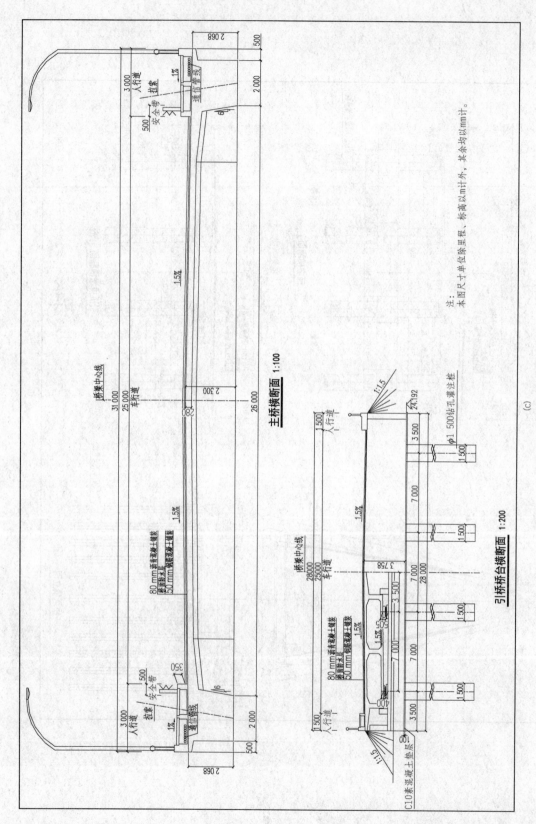

图 7-24 桥型总体布置图
(a) 桥型总体布置图(一); (b) 桥型总体布置图(二); (c) 桥型总体布置图(三)

图中标出了主梁的结构层次。斜拉桥主梁结构层次为：80 mm 沥青混凝土铺装、桥面防水层、50 mm 钢筋混凝土铺装、预应力混凝土斜拉桥（梁高 = 2 300 mm）；引桥主梁结构层次为 80 mm 沥青混凝土铺装、桥面防水层、50 mm 钢筋混凝土铺装、预应力混凝土连续梁（h = 1 700 mm）。

在平面图的下方标出了地质柱状图图例，与立面图中的桩状地质情况图相对应，可以反映地质情况。

如图 7-24（b）所示，桥塔横立面的绘图比例采用 1∶500，桥塔横立面可以反映横立面的尺寸、标高，桥面横坡等。从图中可以看出，塔顶标高 88.8 m，桥面横坡度为 1.5%，桩底标高为 -53.2 m，基础为桩基础，施工方式为钻孔灌注桩，桩径 ϕ1 500 mm。

（2）平面图。如图 7-24（a）所示，绘图比例采用 1∶1 000，以中心线为界，左右对称，显示了车行道、人行道和栏杆的宽度。平面图结合横立面图可知，桥宽：1.5 m（人行道）+ 25 m（车行道）+ 1.5 m（人行道）= 28 m，设双向 1.5% 横坡。

（3）横断面图。如图 7-24（b）、(c) 所示，本工程中横断面图包括锚墩横断面图、引桥桥墩横断面图、主桥横断面图、引桥桥台横断面图。为了表达清楚，横断面图选用的比例比立面图和平面图要大。从图中可以看出桥面宽为 28 m，其中车行道宽 25 m，两侧人行道各宽 1.5 m。桩采用钻孔灌注桩，桩径为 1 500 mm。

锚墩横断面绘图比例采用 1∶200，桥墩中心线以左为主桥侧横断面，桥墩中心线以右为引桥侧横断面，横面横坡为 1.5%，中间车行道宽度 25 m，两侧人行道宽度 1.5 m，桥面结构层依次为 80 mm 沥青混凝土铺装、桥面防水层、50 mm 钢筋混凝土铺装。引桥桥墩横断面绘图比例采用 1∶200，主桥横断面绘图比例采用 1∶100，引桥桥台横断面绘图比例采用 1∶200，其识图方法与锚墩横断面一致。

该图为总体布置图，仅把内容和图示特点做简要的介绍，许多细部尺寸和详图均没有画出。

（4）斜拉桥桥位地质断面图情况。工程有时会将桥位地质断面图情况反映在立面图，本工程斜拉桥桥位地质断面图情况如下：

地貌特征：桥位区所在的××市属黄河下游冲积平原，地势平坦，地形自西南向东北缓慢倾斜，海拔高度由 32.6 m 逐渐降到 5.3 m。勘区为一人工开挖河道，地形起伏较大；地貌单元属黄河冲积平原；地下水埋藏较浅，埋深 4.5~7.8 m，为第四系孔隙潜水，主要受大气降水及地表径流补给。地下水位年变化幅度一般在 1.00 m 左右。

地质条件：经钻探揭露，在勘探深度范围场区地层自上而下可分为 16 层：

素填土（Q_4^{ml}）褐黄色，密实，湿，主要成分为亚黏土。

黏土（Q_4^{al}）黄褐色，硬塑，土质较均匀，含少量铁锰质氧化物，局部夹亚黏土薄层。$[\sigma_0]$ = 140 kPa。

亚黏土（Q_4^{al}）黄褐色，软塑，含少量铁锰质氧化物，土质较均匀。本层只在 1#、2#、4#、5# 孔被揭露。$[\sigma_0]$ = 130 kPa。

黏土（Q_4^{al}）微棕黄色，软塑~硬塑，含少量铁锰质氧化物，夹亚黏土薄层。$[\sigma_0]$ = 140 kPa。

亚黏土（Q_4^{al}）灰黄色，软塑，见铁锰质氧化物斑点，土质较均匀。$[\sigma_0]$ = 150 kPa。

黏土（Q_4^{al}）微棕黄色，硬塑，局部见亚黏土薄层，见铁锰质氧化物。$[\sigma_0]$ = 150 kPa。

亚黏土（Q_4^{al}）灰黄色，软塑~硬塑，粉粒含量较高，含铁锰质氧化物。本层只在 1#、2#、3# 孔被揭露。$[\sigma_0]$ = 150 kPa。

亚黏土（Q_4^{al}）灰黄色，软塑~硬塑，局部粉粒含量较高，振动淅水。$[\sigma_0]$ = 160 kPa。

粉细砂（Q_4^{al}）灰黄色，中密，饱和，长英质为主，含少量黏粒。$[\sigma_0] = 160$ kPa。

亚黏土（Q_4^{al}）黄灰色，硬塑，含少量铁锰质氧化物，局部见碎贝壳。本层只在2#、3#、4#、5#孔被揭露。$[\sigma_0] = 160$ kPa。

亚黏土（Q_4^{al}）黄灰色，硬塑，粉粒含量较高，土质较均匀。$[\sigma_0] = 180$ kPa。

亚砂土（Q_4^{al}）灰黄色，密实，饱和，含少量铁锰质氧化物，振动渐水。本层只在2#、3#、孔被揭露。$[\sigma_0] = 170$ kPa。

黏土（Q_4^{al}）微棕黄色，硬塑，见少量铁锰质氧化物，局部夹亚黏土薄层。$[\sigma_0] = 170$ kPa。

亚砂土或粉砂（Q_4^{al}）亚砂土：灰黄色，密实，饱和，局部见亚黏土薄层。$[\sigma_0] = 170$ kPa。

粉细砂：灰黄色，密实，饱和，长英质，黏粒含量稍高。$[\sigma_0] = 160$ kPa。

亚黏土（Q_4^{al}）黄褐色，软塑～硬塑，黏粒含量稍高，见铁锰质氧化物。$[\sigma_0] = 200$ kPa。

亚黏土（Q_4^{al}）灰黄色～微棕黄色，硬塑，偶见小姜石，土质不均匀。$[\sigma_0] = 220$ kPa。

黏土（Q_4^{al}）微棕黄色，硬塑，含少量铁锰质氧化物。$[\sigma_0] = 250$ kPa。

亚黏土（Q_4^{al}）灰黄色，硬塑，见铁锰质斑点，土质较均匀。$[\sigma_0] = 260$ kPa。

黏土（Q_4^{al}），黄褐色，局部为灰黄色，硬塑，含少量铁锰质氧化物，见有亚黏土薄层。$[\sigma_0] = 260$ kPa。

亚砂土（Q_4^{al}），黄褐色，硬塑，饱和，粉粒含量高，见少量云母碎片。$[\sigma_0] = 250$ kPa。

亚黏土（Q_4^{al}），黄褐色，硬塑，含少量铁锰质氧化物，局部见有碎贝壳，夹有亚砂土薄层。$[\sigma_0] = 270$ kPa。

黏土（Q_4^{al}），黄褐色，局部为灰黄色，硬塑，含少量铁锰质氧化物。$[\sigma_0] = 280$ kPa。

亚黏土（Q_4^{al}），微棕黄色，硬塑，见有灰白色斑纹，含少量铁锰质氧化物，偶见有碎贝壳和小姜石。$[\sigma_0] = 290$ kPa。

黏土（Q_4^{al}），微棕黄色～微棕红色，硬塑，含少量铁锰质氧化物，偶见小姜石，夹有亚黏土薄层。$[\sigma_0] = 280$ kPa。

亚黏土（Q_4^{al}），灰黄色，硬塑，粉粒含量稍高，偶见小姜石，夹有亚砂土薄层。$[\sigma_0] = 300$ kPa。

黏土（Q_4^{al}），微棕黄色，硬塑，局部粉粒含量较高，含少量铁锰质氧化物及小姜石。$[\sigma_0] = 310$ kPa。

亚黏土（Q_4^{al}），微棕黄色，硬塑，局部粉粒含量较高，含少量铁锰质氧化物及小姜石。$[\sigma_0] = 320$ kPa。

亚黏土（Q_4^{al}），微棕黄色，硬塑，含少量铁锰质氧化物及小姜石，偶见粒径3～4 cm的钙质胶结物。$[\sigma_0] = 340$ kPa。

根据勘察结果，地基土层不需进行地震液化判别，最大冻土深度按0.5 m计。

气象条件：桥位区位于××市东南部，属暖温带大陆性季风气候，气候温和，四季分明，干湿季节明显，光照充足，年平均气温13.1 ℃，无霜期220 d，年平均降水量600 mL。

7.4 桥梁工程图读图和画图步骤

7.4.1 读图

1. 读图的方法

(1) 读桥梁工程图的基本方法是形体分析方法,桥梁虽然是庞大而又复杂的建筑物,但它由许多构件所组成,先了解每一个构件的形状和大小,再通过总体布置图把它们联系起来,弄清彼此之间的关系,就不难了解整个桥梁的形状和大小。

(2) 由整体到局部,再由局部到整体的反复读图过程。因此必须把整个桥梁图由大化小,由繁化简,各个击破、解决整体。

(3) 运用投影规律,互相对照,弄清整体。看图的时绝不能单看一个投影图,而是同其他投影图包括总体图或详图、钢筋明细表、说明等联系起来。

2. 读图的步骤

(1) 看图纸标题栏和附注,了解桥梁名称、种类、主要技术指标、施工措施、比例、尺寸单位等。读桥位平面图、桥位地质断面图,了解桥的位置、水文、地质状况。

(2) 看总体图:掌握桥型、孔数、跨径大小、墩台数目、总长、总高,了解河床断面及地质情况,应先看立面图(包括纵剖面图),对照看平面图和侧面图、横剖面图等,了解桥的宽度、人行道的尺寸和主梁的断面形式等。如有剖、断面,则要找出剖切线位置和观察方向,以便对桥梁的全貌有一个初步的了解。

(3) 分别阅读构件图和大样图,搞清构件的详细构造。各构件图读懂之后,再来阅读总体图,了解各构件的相互配置及尺寸,直到全部看懂为止。

(4) 看懂桥梁图,了解桥梁所使用的建筑材料,并阅读工程数量表、钢筋明细表及说明等。再对尺寸进行校核,检查有无错误或遗漏。

7.4.2 画图

1. 绘图方法与内容

桥梁工程图,基本上和其他工程图一样,有着共同的规律。首先是确定投影图数目(包括剖面、断面)、比例和图纸尺寸等。

(1) 桥位图。表示桥位及路线的位置及附近的地形、地物情况。对于桥梁、房屋及农作物等只画出示意性符号。常用比例为 1:500~1:2 000。

(2) 桥位地质断面图。表示桥位处的河床、地质断面及水文情况,为了突出河床的起伏情况,高度比例较水平方向比例放大数倍画出。常用比例为 1:100~1:500(高度方向比例);1:500~1:2 000(水平方向比例)。

(3) 桥梁总体布置图。表示桥梁的全貌、长度、高度尺寸,通航及桥梁各构件的相互位置。横剖面图可较立面图放大 1~2 倍画出。常用比例为 1:50~1:500。

(4) 构件构造图。表示梁、桥台、桥墩、人行道和栏杆等杆件的构造与钢筋布置。常用比例为 1:10~1:50。

(5) 大样图(详图)。钢筋的弯曲和焊接、栏杆的雕刻花纹、细部等。常用比例为 1:3~1:10。

2. 画图的步骤

画图的步骤如图 7-25 所示。

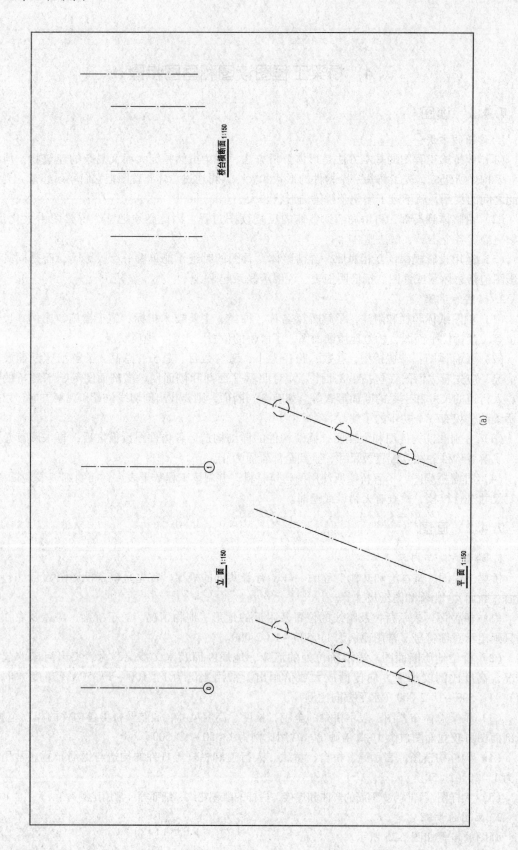

第7章 桥梁工程图

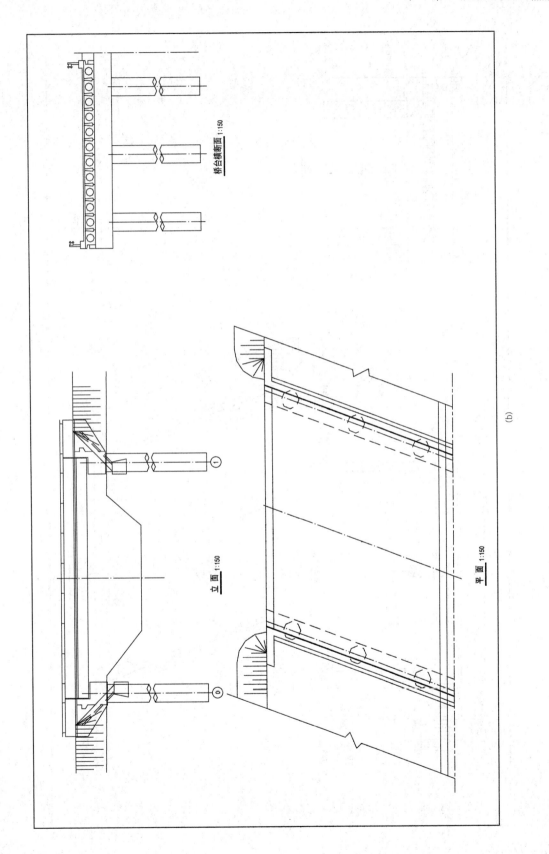

(b)

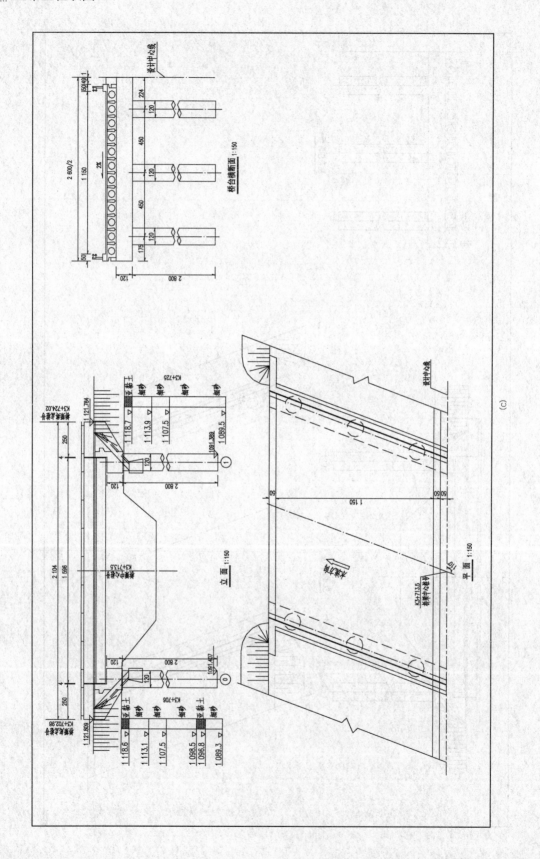

第7章 桥梁工程图

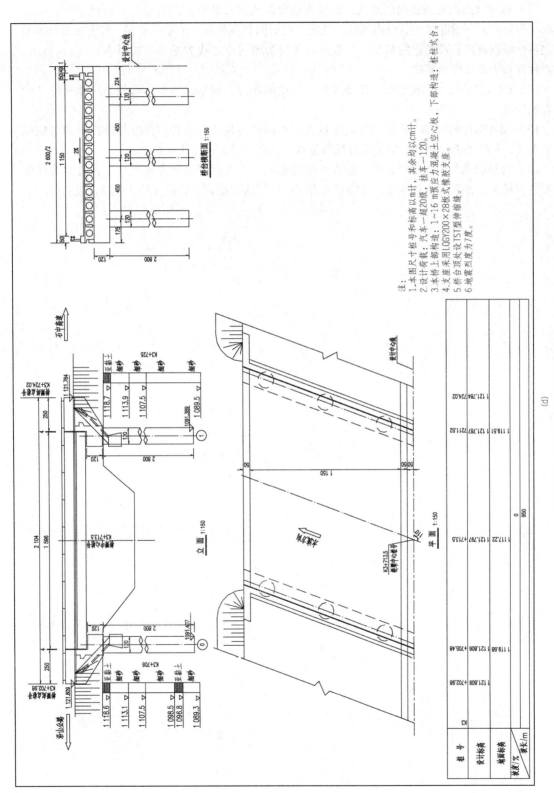

图 7-25 桥梁总体布置图的画图步骤

(a) 布置和画出各投影图的基线；(b) 画各构件主要轮廓线；(c) 画各构件细部；(d) 列路线纵断面图的资料表，检查并标注说明

（1）布置和画出各投影图的基线。根据所选定的比例及各投影图的相对位置把它们匀称地分布在图框内，布置时要注意空出图标、说明、投影图名称和标注尺寸的地方。当投影图位置确定之后便可以画出各投影图的基线，一般选取各投影图的中心线为基线。如图 7-25（a）所示，以对称线和边界线作为基线。

（2）画出构件的主要轮廓线。以基线作为量度的起点，根据标高及各构件的尺寸画构件的主要轮廓线。

（3）画各构件的细部。根据主要轮廓从大到小画全各构件的投影，注意各投影图的对应线条要对齐，并把剖面、栏杆、坡度符号线的位置、标高符号及尺寸线等画出来。

（4）列路线纵断面图的资料表、检查并标注说明。在平面图的下方按长对正列出路线纵断面图的资料表，各细部线条画完，经检查无误即可加深或上墨，最后标注尺寸注解、说明等。

第8章

涵洞工程图

● 教学内容

涵洞工程概述；涵洞工程图。

● 教学要求

1. 掌握涵洞的组成与分类；
2. 能初步阅读、绘制涵洞工程图。

8.1 涵洞工程概述

涵洞是公路或铁路与沟渠、道路相交的地方，使水、人流、车流从路下通过的小型构造物。它与桥梁的主要区别在于跨径的大小，根据《公路工程技术标准》（JTG B01—2014）中的规定，凡是单孔跨径小于 5 m，多孔总跨径小于 8 m，以及圆管涵、箱涵，无论其管径或跨径大小、孔数多少都称为涵洞。

8.1.1 涵洞工程的特性

涵洞工程具有以下特性：

（1）满足排泄洪水能力，保证在 50 年一遇洪水的情况下，能顺利快捷地排泄洪水。
（2）具有足够的整体强度和稳定性，保证在设计荷载的作用下，构件不产生位移和变形。
（3）具有较高的可靠性和耐久性，保证在自然环境中，长期完好，不发生破损。

8.1.2 涵洞的组成与分类

如图 8-1 所示，涵洞由洞身、基础和洞口三部分组成。洞身的作用是承受活载和土压力。洞口的作用是保证涵洞基础和两侧路基免受冲刷，使水流顺流顺畅。

（1）涵洞按构造形式分为圆管涵、盖板涵、箱

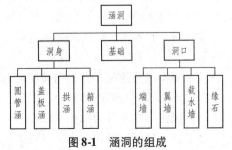

图 8-1 涵洞的组成

涵、拱涵。

①圆管涵。如图8-2所示，圆管涵主要由管身、基础、接缝及防水层构成。

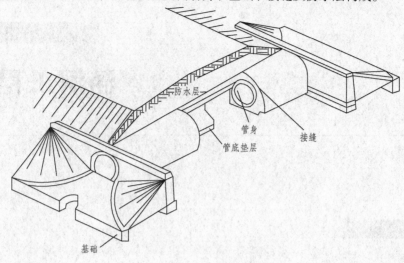

图8-2 圆管涵的组成示意图

圆管涵内直径要求（单位：cm）：50、75、100、125、150；圆管涵管壁厚要求（单位：cm）：6、8、10、12、14；管底垫层要求（单位：cm）15、20、25。

②盖板涵。如图8-3所示，盖板涵主要由盖板、涵台、洞身铺底、伸缩缝、防水层等构成。

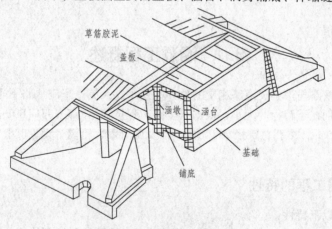

图8-3 圆管涵的组成示意图

③箱涵。如图8-4所示，箱涵主要由钢筋混凝土涵身、翼墙、基础、变形缝等组成。箱涵为整体闭合式钢筋混凝土框架结构，所以具有良好的整体性及抗震性能。一般仅在软土基上采用。

④拱涵。如图8-5所示，拱涵主要由拱圈、护拱、涵台、基础、铺底、沉降缝及排水设施组成。

（2）涵洞按建筑材料分为钢筋混凝土涵、混凝土涵、砖涵、石涵、木涵、金属涵等。

（3）涵洞按洞身断面形状分为圆形、卵形、拱形、梯形、矩形等。

（4）涵洞按孔数分为单孔、双孔、多孔等。

（5）涵洞按洞口形式分为一字墙式（端墙式）、八字墙式（翼墙式）、走廊式等。

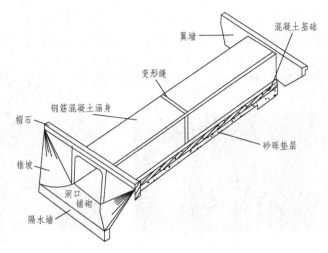

图 8-4　箱涵的组成示意图

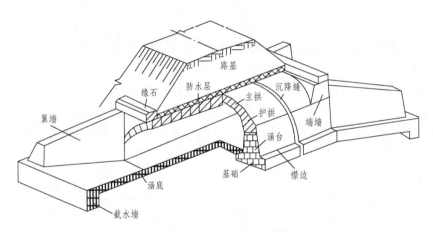

图 8-5　石拱涵的组成示意图

（6）涵洞按洞顶有无覆盖土分为明涵和暗涵（洞顶填土厚大于 50 cm）等。

明涵洞顶无填土，适用于低路堤及浅沟渠处；暗涵洞顶有填土，且最小的填土厚度应大于 50 cm，适用于高路堤及深沟渠处。

（7）按水利性能分类，涵洞可分为无压力式涵洞、半压力式涵洞、压力式涵洞。无压力式涵洞入口处水流的水位低于洞口上缘，洞身全长范围内水面不接触洞顶的涵洞；半压力式涵洞入口处水流的水位高于洞口上缘，部分洞顶承受水头压力的涵洞；压力式涵洞进出口被水淹没，涵洞全长范围内全部断面泄水。

8.1.3　涵洞的构造

涵洞由洞口、洞身和基础三部分组成。

1. 洞身

洞身是涵洞的主要部分，其作用是承受活载压力和土压力等并将其传递给地基，并保证设计流量通过的必要孔径。常见的洞身形式有圆管涵、拱涵、箱涵、盖板涵，如图 8-2 至图 8-5 所示。

2. 洞口

洞口是洞身、路基、河道三者的连接构造物，包括端墙、翼墙或护坡、截水墙和缘石等。它能保证涵洞基础和两侧路基免受冲刷,并使水流顺畅。一般进出水口均采用同一形式。常用的洞口形式有端墙式、翼墙式两种,如图8-6所示。此外还有锥坡式、八字式、直墙式、走廊式、扫坡式、平头式、流线式等,无论采取任何形式的洞口,河床都必须铺砌。

图 8-6 涵洞的洞口图
(a) 端墙式;(b) 翼墙式

常用的正交洞口的洞口建筑有八字式、端墙式、锥坡式、直墙式。

(1) 八字式(图8-7)。其特点:敞开斜置,两边八字形翼墙墙身高度随路堤的边坡变化。工程量小,水力性能好,施工简单,造价低,是最常用洞口形式。

(2) 端墙式(图8-8)。其特点:洞口建筑为垂直涵洞纵轴线、部分挡住路堤边坡的矮墙,涵身高度由涵前壅水高度或路肩高度决定。构造简单,但水力性能不好,仅适用于小流速、低冲刷的渠道。

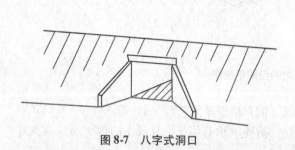 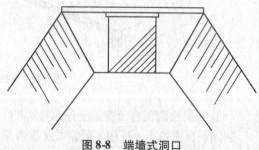

图 8-7 八字式洞口　　　　　图 8-8 端墙式洞口

(3) 锥坡式(图8-9)。其特点:在端墙式的基础上将侧向伸出的锥形填土表面予以铺砌。圬工体积较大,不够经济,但稳定性好,适用于较高大的涵洞,也是较常用的形式。

(4) 直墙式(图8-10)。其特点:可视为敞开口为0°的八字式洞口,适用于净宽窄而深并且和涵洞宽度一样的渠道。因翼墙短,造价低,多与消力池配置适用。

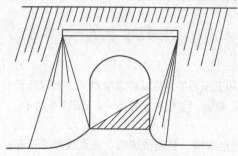 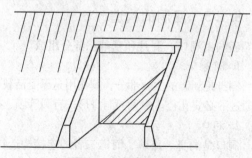

图 8-9 锥坡式洞口　　　　　图 8-10 直墙式洞口

常用的斜交涵洞的洞口建筑如下：

（1）斜交斜做［图8-11（a）］：涵洞洞身端部与路线平行，此种做法称斜交斜做。此法用工较多，但外形美观且适应水流，较常采用。

（2）斜交正做［图8-11（b）］：涵洞洞口与涵洞纵轴线垂直，即与正交时完全相同。此做法构造简单。

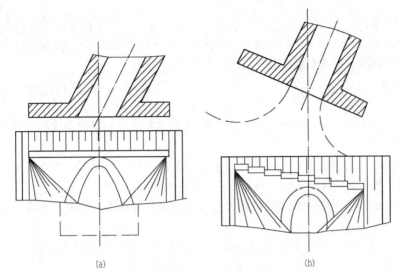

图 8-11　斜交涵洞的洞口
（a）斜交斜做；（b）斜交正做

3. 基础

（1）单孔有圬工基础［图8-12（a）］。
（2）单孔无圬工基础［图8-12（b）］。
（3）涵底陡坡台阶式基础［图8-12（c）］。

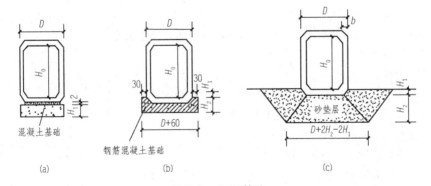

图 8-12　涵洞基础
（a）单孔有圬工基础；（b）单孔无圬工基础；（c）涵底陡坡台阶式基础

8.2 涵洞工程图识读

8.2.1 涵洞工程图识图基础

1. 涵洞的表达

表达涵洞工程图的内容主要有平面图、立面图、剖面图，此外还应画出必要的构造详图和结构图，如翼墙断面图、钢筋布置图等。

2. 涵洞的图示方法

涵洞图示方法包括以下内容：

（1）涵洞工程图以水流方向为纵向，即与路线前进方向呈一定的角度，并以纵剖面图代替立面图；

（2）平面图不考虑涵洞上方的填土，假想土层是透明的，平面图与侧面图可以以半剖形式表达，平面图一般沿基础顶面剖切，侧面图垂直于纵向剖切；

（3）洞口正面图布置在侧面图的位置，当进出水洞口形状不一样时，则需分别画出进出水洞口侧面图；

（4）涵洞的进出水洞口间应有一定的纵坡，画图时，可不考虑洞底的纵坡而画成水平的，只图示出其纵坡，但进出水洞口的高度可能不同，应加以计算。

3. 涵洞工程图的读图步骤

涵洞工程图的读图步骤如下：

（1）阅读标题栏和说明，了解涵洞的类型、孔径、比例、尺寸单位、材料等。

（2）看清所采用的视图及其相互关系。

（3）按照涵洞的各组成部分，看懂它们的结构形式，明确其尺寸大小。

①洞身；

②出口和入口；

③锥体护坡和沟床铺砌。

（4）通过上述分析，想象出涵洞的整体形状和各部分尺寸大小。

4. 涵洞的读图内容

（1）涵洞的类型、孔径；

（2）涵洞的总长度、节数、每节长度、沉降缝宽度；

（3）路堤与涵洞的关系、回填纯净黏土层厚度；

（4）洞身节的形状和尺寸——基础、边墙、拱圈；

（5）端墙的形状和尺寸——端墙、帽石；

（6）出、入口的形状和尺寸——基础、翼墙、雉墙、帽石；

（7）锥体护坡和沟床铺砌。

8.2.2 不同涵洞工程图的识读

1. 圆管涵

圆管涵由洞身及洞口两部分组成。洞身是过水孔道的主体，主要由管身、基础、接缝组成。洞口是洞身、路基和水流三者的连接部位，主要有八字墙和一字墙两种洞口形式。图 8-13 所示为圆管涵布置图,图 8-14 所示为管涵洞口和八字墙构造图。管涵采用Ⅲ级管,绘图比例为 1∶200,洞口为端墙式,并用八字翼墙与路基边坡连接。圆管涵位于××大道桩号 K1+104 段,主要起现状沟渠的连通作用,管涵全长 92.44 m,采用 2 根并行排列、间距 25 cm、直径 1.8 m 的圆管涵,管涵与道路中线分别呈 50°斜交。管涵设 0.3% 的坡率。它采用纵剖面图、平面图和洞身横断面图来表示。

(1)纵剖面图。如图 8-13 所示,采用全剖面图,图中画出涵洞的位置。剖面图中表示出涵洞各部分相对位置和构造形状,截水墙的形状,路基的宽度,路中、路肩的标高,涵底中心、进出口标高,涵底纵坡,边坡坡度等。各部分材料可在图中用图例表示出来,也可在《主要工程数量表》中标明所用材料的规格。八字墙墙体、基础及洞口铺砌采用 M7.5 浆砌片石,并采用 1∶2(体积比)M7.5 水泥砂浆勾缝。

(2)平面图。如图 8-13 所示,平面图表达洞口基础、八字墙、帽石的平面形状和尺寸。涵顶覆土虽未表达,但路基边缘线应予画出,并以示坡线表示路基边坡。

(3)侧面图。如图 8-13 所示,由洞身断面图上可知,管壁厚度为 20 cm,管径为 180 cm。洞身断面上还可以看出洞底基础的铺砌材料和厚度。

2. 盖板涵

盖板涵是指洞身由盖板、台帽、涵台、基础和伸缩缝等组成的建筑。其填土高度为 1~8 m,甚至可达 12 m,施工技术较简单,排洪能力较大。盖板涵根据洞身上部构造形式而命名,盖板若是钢筋混凝土,则称为钢筋混凝土盖板涵;若是石头盖板,则称为石盖板涵。图 8-15 所示为钢筋混凝土盖板涵,绘图比例为 1∶100,涵洞净高 132~152 cm(以 0.5% 的坡度变化),净跨 300 cm,洞身长 600 cm,总长 1 347 cm。

(1)纵剖面图。纵剖面图如图 8-15 所示,涵洞是狭长的构造物,以水流方向为纵向,从左向右,以纵剖面图代替立面图。立面图以水流从左向右为纵向,表达洞身、洞口、路基及它们之间的相互关系。从图中可以看出,进、出口都采用翼墙式洞口,洞底纵坡为 0.5%;涵洞净高 132~152 cm(以 0.5% 的坡度变化),洞身长 600 cm,总长 1 347 cm。

(2)平面图。平面图如图 8-15 所示,平面图的外形是假想涵洞砌完后还未填土时的投影,因此不考虑洞顶的覆土,需要时可画成半剖面图,水平剖切面通常设在基础顶面处。平面图表达进、出水口的形式、大小,缘石的位置,翼墙角度,路基与边坡的情况等。

(3)侧面图。侧面图如图 8-15 所示,侧面图也就是洞口立面图,若进、出水口形状不同,则两个洞口的侧面图都要画出,也可以用点画线分界,采用各画一半合成的进、出水口立面图,需要时也可增加横剖面图,或将侧面图画成半剖面图。侧面图主要表达涵洞口的基本形式,缘石、盖板、翼墙、截水墙、基础等的相互关系,宽度和高度尺寸反映各个构件的大小和相对位置。从图中可以看出,盖板涵净跨 300 cm。

3. 箱涵

箱涵指的是洞身以钢筋混凝土箱形管节修建的涵洞。箱涵由一个或多个方形或矩形断面组成,一般由钢筋混凝土或圬工制成,但钢筋混凝土应用较广,当跨径小于 4 m 时,采用箱涵。图 8-16 所示为箱涵布置图,绘图比例 1∶100,箱涵长 24.5 m。为了能够更清楚地表达箱涵的布置图,除了纵剖面、平面、立面外,还增加了 1—1 断面、过水箱涵护坡断面和涵身变形缝构造图。变形缝 4 cm×6 cm 的槽口设在顶、底板的上面和侧墙的外面,过水箱涵底板变形缝的顶面可不设油毛毡,而在填塞沥青麻絮后再灌注热沥青即可。每道涵均在涵身中部连同基础设变形缝一道。本涵地基允许承载力不得小于 131 kPa。

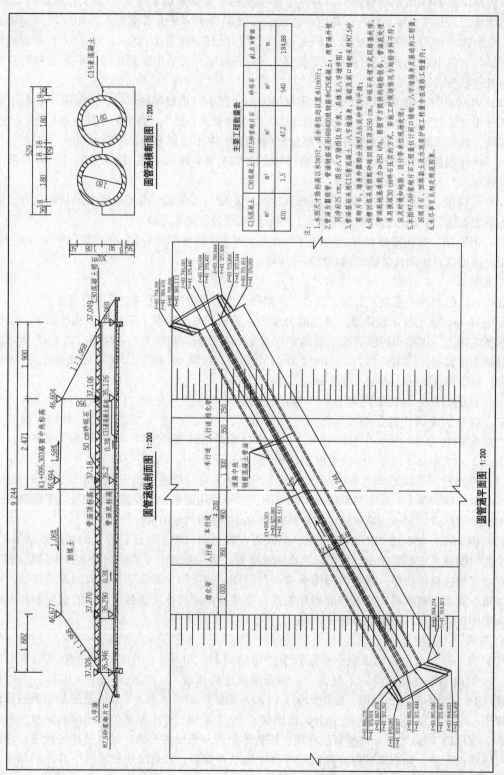

图 8-13 圆管涵布置图

第8章 涵洞工程图

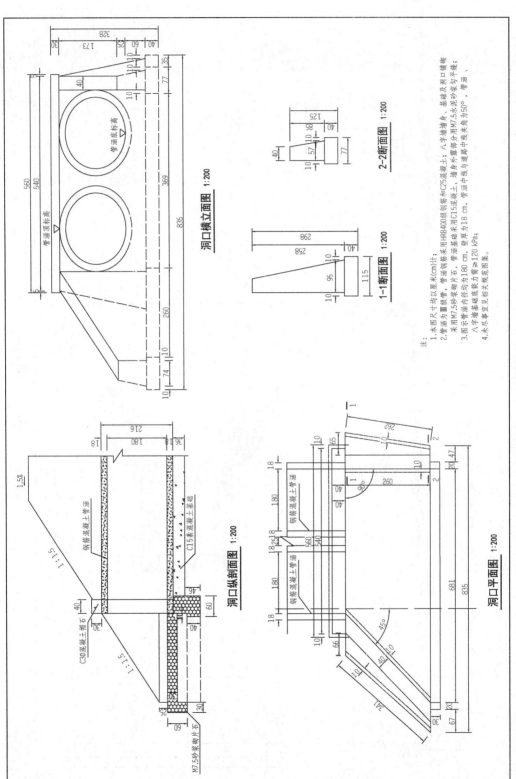

图 8-14 圆管涵洞口和八字墙构造图

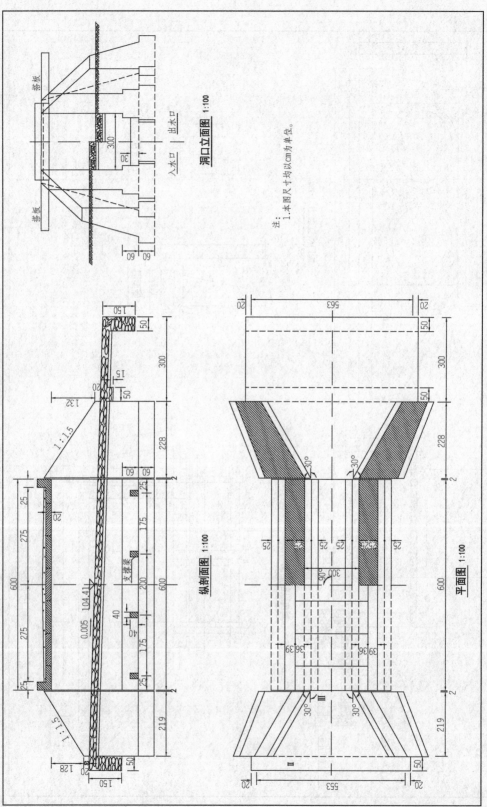

图 8-15 盖板涵布置图

第8章 涵洞工程图

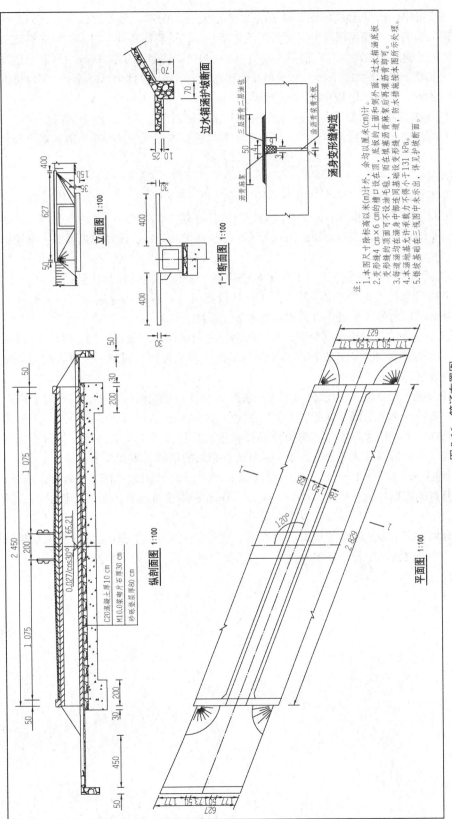

图 8-16 箱涵布置图

(1) 纵剖面图。纵剖面图如图 8-16 所示，表达洞身、洞口、路基的位置与它们之间的相互关系。从图可以看出，箱涵洞身的纵面投影长 2 450 cm，洞底标高 165.21 m，洞底纵坡为 0.027/cos30°；洞底基础做法依次为 C20 混凝土厚 10 cm→M10.0 浆砌片石厚 30 cm→砂砾垫层厚 80 cm。

(2) 平面图。平面图如图 8-16 所示为单孔钢筋混凝土箱涵，从图中可以看出，洞身长 2 829 cm，与水平面斜交 60°；洞身净宽 150 cm，箱涵壁厚 28 cm。

(3) 侧面图。侧面图如图 8-16 所示，侧面图也就是洞口立面图，图中可以反映洞口立面尺寸，箱涵与两侧路基的关系，侧面图主要表达涵洞口的基本形式。从图中可以看出，箱涵总宽度 627 cm。

4. 石拱涵

拱涵是由拱圈、涵台（墩）和基础等构成的涵洞。其泄水能力较大，可用石砌或混凝土浇筑，就地取材，但建筑高度大，施工较复杂，对地基承载力要求较高，适用于高填土、地质条件好、有石料来源的地方。按照涵洞的图示方法，石拱涵的构造图，采用纵断面图、平面图、侧面图来共同表达。

图 8-17 所示为石拱涵布置图，工程图纸中拱涵一般画出的是标准构造图，给定适用跨径，故图中的一些尺寸是可变的，用字母代替，设计绘图时，可根据需要选择跨径、涵高等主要参数，然后从标准图册的尺寸表中查得相应的各部分尺寸。

(1) 纵断面图。一般用纵剖面图来表达涵洞的纵向即洞身的长度方向，有时采用纵断面图。图 8-17 所示为纵断面图。纵断面图图示了路基宽度、填土厚度、翼墙的坡度、端部高度、涵台高度、涵身长度等内容。

(2) 平面图。如图 8-17 所示，由于该涵洞左右对称，平面图采用了长度和宽度两个方向的半平面图，前边一半是沿涵台基础的上面（襟边）做水平剖切后画出的剖面图，主要图示翼墙和涵台的基础宽度。后边一半为涵洞的外形投影图，是移去了顶面上的填土和防水层以及护拱等后画出的，拱顶的圆柱面部分也是用一系列疏密有致的细线（素线）表示的。

(3) 侧面图。如图 8-17 所示，侧面图即侧立面图，采用了全立面法。是洞口的外形投影，主要反映洞口的正面形状和翼墙、端墙、缘石、基础等的相对位置，所以习惯上称为洞口正立面图。

以上分别介绍了表达涵洞工程的各个图样，实际上它们是紧密相关的，应该互相对照联系起来读图，才能将涵洞工程的各部分位置、构造、形状、尺寸认识清楚。

第8章 涵洞工程图

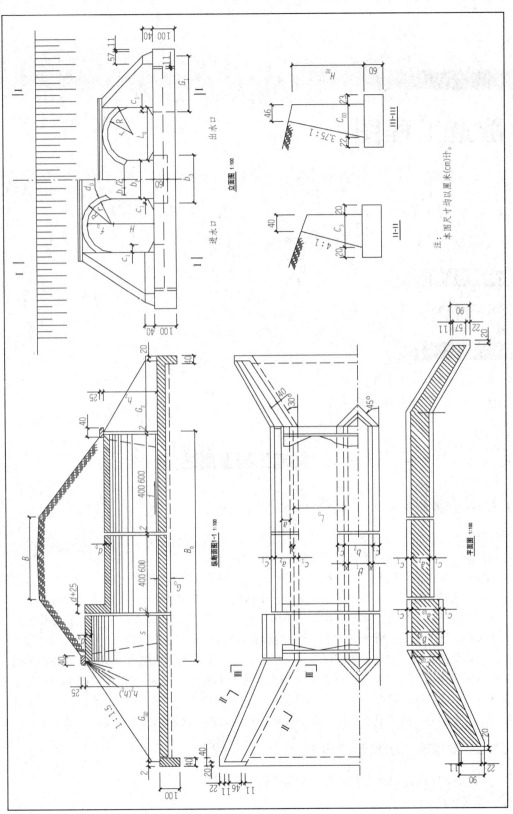

图 8-17 石拱涵布置图

第9章

隧道工程图

★教学内容

隧道工程图概述；隧道工程图。

★教学要求

1. 掌握隧道的组成与分类；
2. 能初步阅读、绘制隧道工程图。

9.1 隧道工程图概述

9.1.1 隧道概述

山岭隧道是为铁路、公路穿越山岭修建的建筑物。

隧道由洞身、洞门、洞门墙、附属建筑物组成。

洞身是隧道结构的主体部分，是列车通行的通道。洞身又有直墙式和曲墙式两种。直墙式施工简单，山体较稳定时用它。曲墙式施工复杂，山体破碎不稳定时采用它，受力效果好。

洞门位于隧道出入口处，用来保护洞口山体和边坡稳定，防止洞口坍方落石，排除仰坡流下的水。它由洞门墙（端墙、翼墙）衬砌、帽石及端墙背部的排水系统组成。

洞门墙用来挡住山体和边坡防止洞口坍方落石，端墙和翼墙都是向后倾斜的，不易被推倒。

附属建筑物包括为工作人员、行人及运料小车避让列车而修建的避人洞和避车洞；为防止和排除隧道漏水或结冰而设置的排水沟和盲沟；为机车排出有害气体的通风设备；电气化铁道的接触网、电缆槽等。通风照明、防排水、安全设备等的作用是确保行车安全、舒适。

9.1.2 隧道洞门的类型及构造

因洞口地段的地形、地质条件而异，洞门有许多结构形式。

1. 常用隧道洞门

（1）洞口环框。当洞口石质坚硬稳定（Ⅰ~Ⅱ级围岩），且地势陡峭无排水要求时，可仅设洞口环框（图9-1），起到加固洞口和减少洞口雨后滴水的作用。

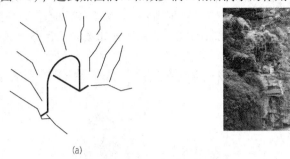

图9-1 洞口环框

(a) 简化图；(b) 工程应用实例图

（2）端墙式洞门。端墙式洞门（图9-2）适用于地形开阔、石质基本稳定（Ⅱ～Ⅲ级围岩）的地区，由端墙、洞门顶和排水沟组成。端墙的作用是抵抗山体纵向推力及支持洞口正面上的仰坡，保持其稳定。洞门顶排水沟用来将仰坡流下来的地表水汇集后排走。

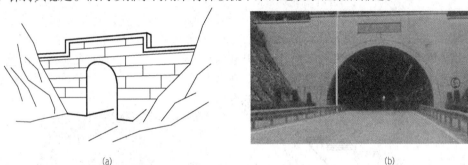

图9-2 端墙式洞门

(a) 简化图；(b) 工程应用实例图

（3）翼墙式洞门。当洞门地质较差（Ⅳ级以上围岩），山体纵向推力较大时，可以在端墙式洞门的单侧或双侧设置翼墙（图9-3）。翼墙在正面起到抵抗山体纵向推力，增加洞门的抗滑及抗倾覆能力的作用。两侧面保护路堑边坡，起挡土墙的作用。翼墙顶面与仰坡的延长面相一致，其上设置水沟，将洞门顶水沟汇集的地表水引至路堑侧沟内排走。

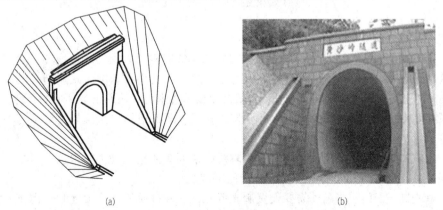

图9-3 翼墙式洞门

(a) 简化图；(b) 工程应用实例图

（4）柱式洞门。当地形较陡，地质条件较差（Ⅳ级围岩），仰坡下滑可能性较大，而修筑翼墙又受地形、地质条件限制时，可在端墙中设置2个（或4个）断面较大的柱墩，形成柱式洞门（图9-4），以增加端墙的稳定性。柱式洞门比较美观，适用于城市要道、风景区或长大隧道的洞口。

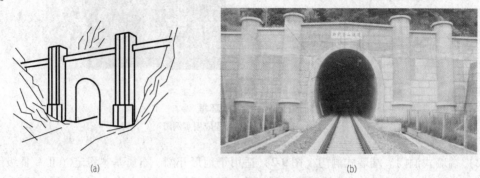

图 9-4　柱式洞门
(a) 简化图；(b) 工程应用实例图

（5）台阶式洞门。当洞门位于傍山侧坡地区，洞门一侧边仰坡较高时，为了提高靠山侧仰坡起坡点，减少仰坡高度，将端墙顶部改为逐渐升高的台阶形式，以适应地形的特点，减少洞门圬工及仰坡开挖数量，也能起到美化洞门的作用。在山坡隧道中，因地表面倾斜，故开挖路堑后一侧边坡过高，极易丧失稳定，此时可采用台阶式洞门（图9-5）。

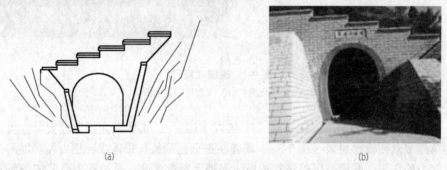

图 9-5　台阶式洞门
(a) 简化图；(b) 工程应用实例图

2. 其他隧道洞门

（1）削竹式洞门。当洞口为松散的堆积层时，通常应避免大刷仰、边坡。一般宜采用接长明洞，恢复原地形地貌的办法，此时可采用削竹式洞门（图9-6）。削竹式洞门是凸出式新型洞门，这类洞门是将洞内衬砌延伸至洞外，一般凸出山体数米。它适用于各种地质条件。构筑时可不破坏原有边坡的稳定性，减少土石方的开挖工作量，降低造价，而且能更好地与周边环境相协调。

（2）喇叭口式洞门。高速铁路隧道，为减缓高速列车的空气动力学效应，对单线隧道，一般设喇叭口洞口缓冲段，同时兼做隧道洞门（图9-7）。

（3）遮光棚式洞门。当洞外需要设置遮光棚时，其入口通常外伸很远时采用遮光棚式洞门（图9-8）。遮光构造物有开放式和封闭式之分。

图 9-6　削竹式洞门

图 9-7　喇叭口式洞门

图 9-8　遮光棚式洞门

9.1.3　隧道工程图的内容

隧道是道路穿越山岭的构筑物。它虽然形体很长，但中间断面的形状很少变化。隧道工程图除了用平面图表示它的位置外，主要还有隧道纵断面图、隧道洞门图、横断面图等。

9.2　隧道平面图

隧道平面图是指隧道中心线在水平面上的投影。隧道是线路的组成部分，线形也应满足《公路工程技术标准》（JTG B01—2014）的规定。

图 9-9 所示为隧道工程地质平面图，本线路共有 1 座隧道，为××隧道，长 475 m，属短隧道。从图中可以看出，本隧道为单洞双向交通隧道。隧道进口桩号为 K11+120，隧道出口桩号为 K11+595。从平曲线要素表中，可以看出，交点号、交点桩号的设计要素。

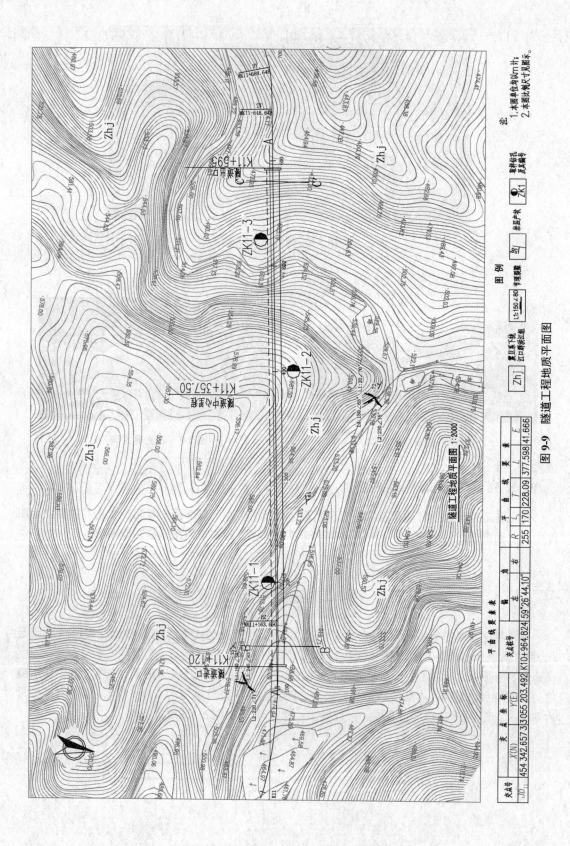

图 9-9 隧道工程地质平面图

9.3 隧道纵断面图

隧道纵断面是指沿隧道中心线展开的垂直面上的投影。隧道纵断面图表示隧道穿过山体内的地质情况，图9-10所示为隧道工程地质纵断面图。隧道纵断面图比例一般采用水平为 1∶2 000～1∶5 000，垂直方向的比例一般比水平方向大10倍，即 1∶200～1∶500。本图由于隧道较短，水平方向与垂直方向均为 1∶2 000，这里可以看到山体断面的全貌。

隧道纵断面图可以反映以下情况：

（1）隧道全长 475 m。隧道进口处于缓和曲线上，曲线进洞长度 43.659 m，缓和曲线位于 $R-255$ m，L_s2-170 m 的平曲线上，直线出洞长度为 431.341 m，单向纵坡，隧道设计纵坡为 2.265 6%。

（2）隧道场地处于地处××复式背斜北西侧，区内地貌属于构造侵蚀、剥蚀丘陵地貌区，隧道沿线地形起伏较大，山坡较陡，地面高程为 443.87～584.00 m，山体基岩大部分出露，沿线植被发育，隧道××端洞口部位离最近的简易公路 50～100 m，山间简易公路直达省道 S223，交通较为方便。

（3）根据钻孔揭露和工程地质调查，隧道区地层分布简单，分布的地层主要为第四系覆盖层、震旦系下统江口群洪江组（Zhj）。各地层的岩土特征自上而下分别如下：

①第四系覆盖层（Q_h）。

a. 粉质黏土（Q^{4dl}）：呈褐黄色、稍湿，可－硬塑状，含 5%～15% 的碎石，成分为含砾砂质板岩、板岩，直径一般为 1～5 cm。分布在隧道进口较平坦地带。

b. 碎石土：呈杂色，松散～稍密，稍湿，碎石含量约占 55%，主要成分为含砾砂质板岩，棱角状，粒径一般为 2～25 cm。钻孔揭露厚度 0.70～1.40 m。分布洞身坡顶及隧道洞口山坡坡脚地带。

②震旦系下统江口群洪江组（Zhj）。

a. 含砾砂质板岩：褐灰色，灰绿色、青灰色，砂质结构，块状构造，薄至中层状。

强风化层：褐黄色，风化节理裂隙发育，岩石破碎。经风化作用后，岩质软，破碎，强度较低，完整性较差。层厚一般为 2.10～3.05 m。其主要分布在隧道区××端和洞身段。

中风化层：褐黄色至淡灰绿色，风化节理裂隙发育，岩石较破碎，岩芯多数呈块状，少数呈短柱状，岩芯强度较低。钻孔揭露厚度一般为 9.75～16.3 m，主要分布在隧道区××端和洞身段。

微至未风化层：灰绿色，板状结构，块状构造，中层状，岩质较硬，完整。钻探出的岩芯多呈柱状和块状。钻孔揭露厚度大于 100.0 m。

b. 板岩：褐灰色，褐黄色、深灰色，板状结构，块状构造，薄层状。

强风化层：褐黄色，风化节理裂隙发育，岩石破碎。经风化作用后，岩质软，破碎，强度较低，完整性较差。层厚一般为 22.50 m。其主要分布在隧道区××端。

中风化层：褐黄色至淡灰绿色，风化节理裂隙发育，岩石较破碎，岩芯多数呈块状，少数呈短柱状，岩芯强度较低。钻孔揭露厚度大于 18.0 m，主要分布在隧道区××端。

微至未风化层：灰绿色，板状结构，块状构造，中层状，岩质较硬，完整。钻探出的岩芯多呈柱状和块状。钻孔未揭露到该层。

隧道区区域地质构造属华夏或新华夏式构造体系，地处××复式背斜北西侧，主要划分为北东向、北北东向、北东东向、北北西和北西向构造，主干构造为北东向压性构造，其他为伴生构造。隧道区附近 500 m 内无区域性断裂构造通过，其附近无新构造运动痕迹，区域稳定性好。隧道区地层属单斜构造，地层产状一般为 290°～310°∠70°～∠75°。

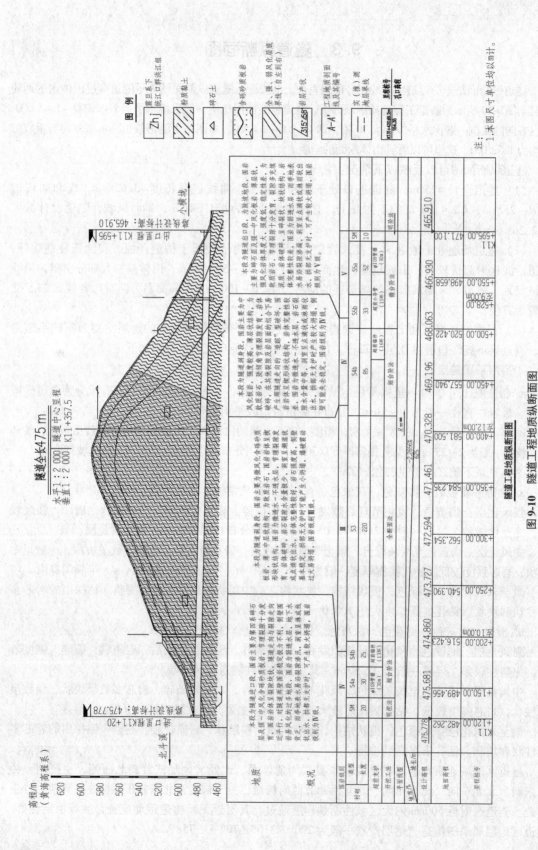

图 9-10 隧道工程地质纵断面图

9.4 隧道洞门图

隧道洞口位置的确定遵循"早进洞，晚出洞"的原则，尽量减小洞口边仰坡开挖高度，保证山体的稳定，减小对洞口自然环境的破坏。

洞门要设计综合考虑地形条件、地质条件以及洞口与环境的协调性等因素，结合洞门排水及边坡稳定的要求，力求洞门结构简洁。洞门形式的选择要考虑隧道的功能与周围环境的协调、交通工程、养护管理及隧道洞口施工条件等各方面因素，力求做到安全、适用、经济、美观、自然和谐并有利于诱导行车视线。

隧道洞门的形式很多，从构造形式、建筑材料及相对位置可以划分许多类型，使用比较多的有端墙式、翼墙式、仰斜式三种。图 9-11 所示为翼墙式洞门（进口），图 9-12 所示为端墙式洞门（出口）。

（1）立面图。隧道正立面图，是洞门的正立面投影视图。无论洞门对称与否、单洞或是双洞，都应全部画出。翼墙式洞门正立面图反映洞门式样，洞门墙上面高出的部分为顶帽，顶帽后虚线表示坡度2%。隧道洞口采用人工开挖边坡，坡度为1：0.5。端墙式洞门正立面图顶帽后虚线表示坡度2%和坡度1：5、1：2，隧道中心线两侧各有两种坡度。隧道洞口采用人工开挖边坡，坡度为1：0.75。

从立面图可以看出，隧道进口采用翼墙式洞门，隧道出口采用 C15 片石混凝土端墙式洞门，进口端设置了20 m长SM明洞，出口端设置了10 m长SM明洞。明洞采用60 cm厚钢筋混凝土结构，拱部回填土石，表层采用黏土隔水，并植草绿化。

（2）平面图。图 9-11 和图 9-12 平面图均仅画出靠近洞口的一小段，平面图表示了洞口墙顶帽的宽度，洞顶排水沟的构造及洞口外两边水沟的位置。

（3）剖面图。图 9-11 和图 9-12 中的1—1剖面图也仅画出靠近洞口的一小段。从图中可看到洞门墙倾斜坡度为1：0.5。从图中还可以看出顶帽的宽度和水沟的断面尺寸，以及隧道衬砌厚度加厚的区段。

9.5 横断面图

隧道横断面图通常是用隧道的衬砌设计图来表示的。衬砌断面设计主要解决内轮廓线，轴线和厚度三个问题。衬砌的内轮廓线应尽可能地接近建筑限界（图 9-13），力求开挖和衬砌的数量最小。衬砌内表面力求平顺，还应考虑衬砌施工的简便。隧道衬砌断面的轴线应当尽量与断面压力曲线重合，使各截面主要承受压应力。

有时隧道较长且地质情况各段又不相同，则可以设计一些针对各种地质断面而采用的标准断面。图 9-14 所示为 S4b 围岩衬砌断面图。图中洞身衬砌断面是由半径 $R = 500$、565（mm）的圆弧拱圈和半径 $R = 1\ 500$ mm 的圆弧仰拱圈所构成的图形。洞身水平向最宽度处981 cm，洞身采用复合衬砌。S4b 围岩衬砌初期支护/临时支护锚杆采用 $\phi22$ 药卷锚杆、$L = 300$ cm、间距 100 cm × 120 cm；钢筋网采用单层、$\phi8$ 钢筋、25 cm × 25 cm；喷射混凝土22 cm；钢拱架采用 $\phi22$ 格栅、间距100 cm；二次衬砌（C25）拱墙部混凝土35 cm、仰拱混凝土35 cm，断面属于Ⅳ级围岩深埋段。

隧道衬砌结构按照施工方法和作用在支护上荷载的差异，分为明洞衬砌和复合式衬砌。复合式衬砌应用新奥法原理进行设计，由锚杆、喷射混凝土、钢筋网和钢拱架支撑组成初期支护体系，模筑混凝土作为二次衬砌，共同组成永久性承载结构。必要时采用注浆等超前支护手段加固围岩，以充分发挥围岩和衬砌的承载能力，达到安全、经济、有效的目的，衬砌设计的支护参数通过工程类比和结构分析来确定。

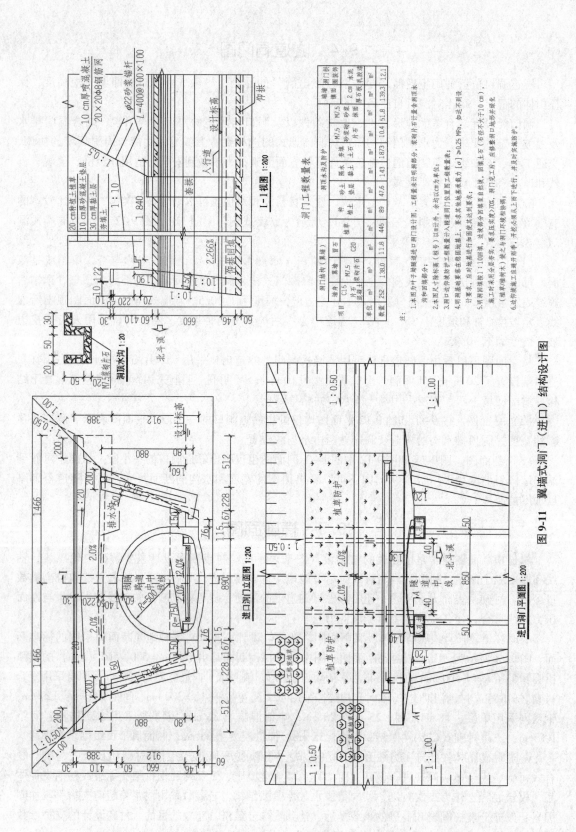

图 9-11 翼墙式洞门（进口）结构设计图

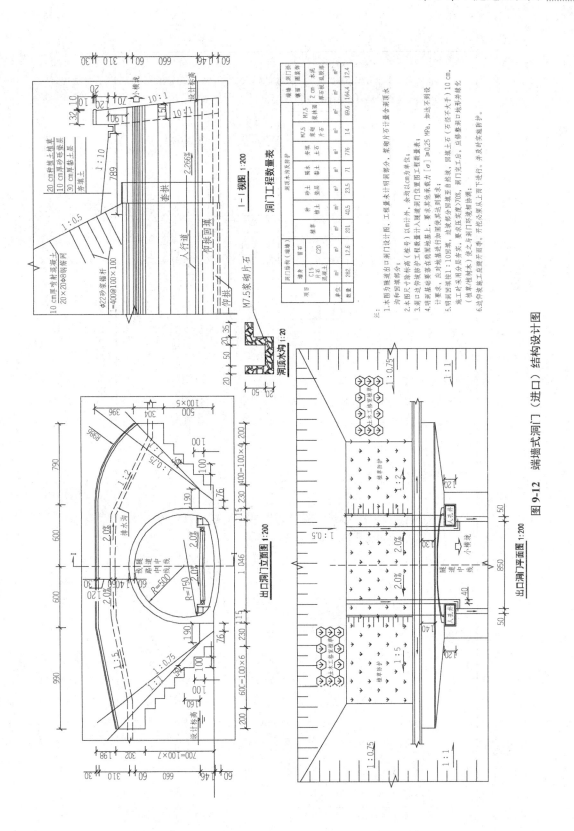

图 9-12 端墙式洞门（进口）结构设计图

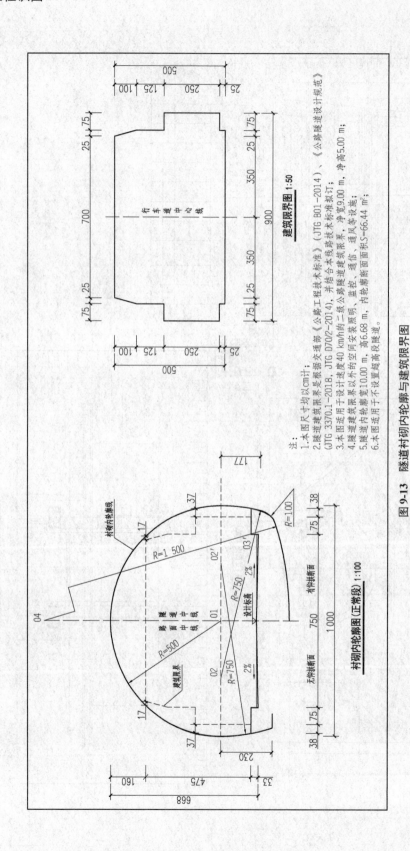

图9-13 隧道衬砌内轮廓与建筑限界图

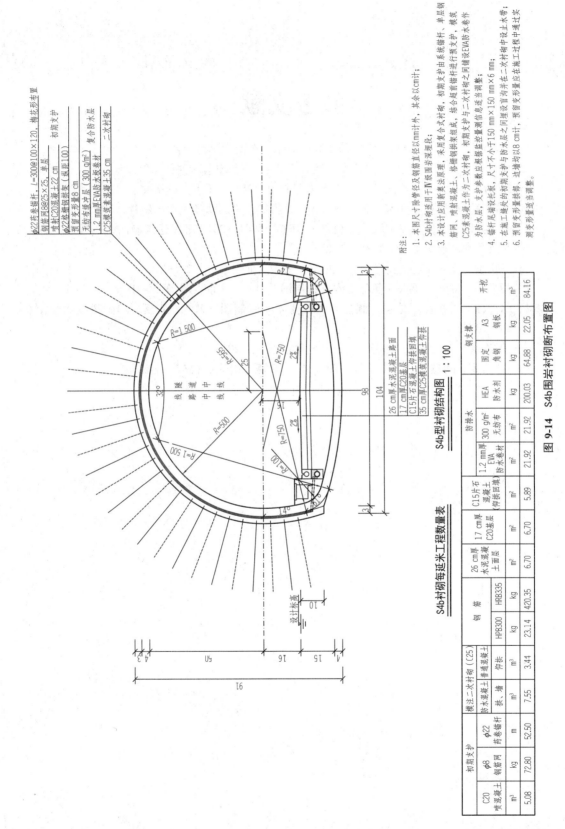

图 9-14 S4b围岩衬砌断面布置图

参考文献

[1] 于习法．土木工程制图［M］．2版．南京：东南大学出版社，2016．
[2] 林国华．土木工程制图［M］．3版．北京：人民交通出版社，2012．
[3] 赵文兰，张会平．画法几何与土木工程制图［M］．郑州：郑州大学出版社，2009．
[4] 乐颖辉，詹凤程．建筑工程制图［M］．青岛：中国海洋大学出版社，2010．
[5] 中华人民共和国住房和城乡建设部．GB/T 50001—2017 房屋建筑制图统一标准［S］．北京：中国建筑工业出版社，2018．
[6] 王晓东．土木工程制图［M］．北京：机械工业出版社，2018．
[7] 张裕媛，魏丽．画法几何与土木工程制图［M］．北京：清华大学出版社，2012．
[8] 邱小林，周亦人，刘觅．画法几何及土木工程制图［M］．武汉：华中科技大学出版社，2015．
[9] 严寒冰．工程制图［M］．北京：科学出版社，2018．
[10] 杜廷娜，蔡建平．土木工程制图［M］．2版．北京：机械工业出版社，2010．